WWW.MFSD.DE
MFSD
Modellflugsportverband Deutschland e.V.
fachkompetent. zuverlässig. unkompliziert.
LASS DEINE TRÄUME WAHR WERDEN.
WIR SICHERN DICH AB.
AF899294
CONCEPT X5
JULIUS STRAUSS
MITGLIED DER DEUTSCHEN F3K-NATIONALMANNSCHAFT
MITGLIEDSCHAFT AB 19,– EURO PRO JAHR
GEH FLIEGEN
WIR MACHEN DEN REST!
*INKL. HALTERHAFTPFLICHT-VERSICHERUNG MIT 3 MIO € DECKUNG, WELTWEIT AUCH AUSSERHALB VON MODELLFLUGGELÄNDEN

Gerald Kainberger

DAS GROSSE BUCH DES MODELLFLUGS

Theorie · Technik · Praxis

DAS GROSSE BUCH DES MODELLFLUGS

Theorie · Technik · Praxis

Gerald Kainberger

Verlag für Technik und Handwerk
Baden-Baden

vth-Fachbuch
Best.-Nr.: 310 2193

Redaktion: Dr. Paul Dauner, Maleen Thiele
Lektorat: Alfred Klüß

Bibliografische Information der Deutschen Nationalbibliothek
Die Deutsche Nationalbibliothek verzeichnet diese Publikation in der Deutschen Nationalbibliografie; detaillierte bibliografische Daten sind im Internet über http://dnb.d-nb.de abrufbar.

ISBN 978-3-88180-793-7

Bertha-Benz-Str. 7a, D-76532 Baden-Baden

Printed in Germany
Druck: Colordruck Solutions GmbH, Leimen

Inhaltsverzeichnis

Vorwort

Mühelos dahinschwebende Vögel, beobachtet während meines Fußweges zur Schule, und vor allem von der Schule nach Hause: Die Sehnsucht hat doch manchmal ihren Ursprung in der Bequemlichkeit ! Nachdem ich nächtelang die Kataloge heute wohlbekannter Modellflugzeughersteller studierte, ging ich aus Kostengründen zunächst dem statischen Modellbau mit nicht minderer Ambition nach. Nach Ausbildung und Familiengründung konnte ich schließlich die Fliegerei zu meinem Beruf machen: seit 1991 am Steuer von Verkehrsflugzeugen, seit 1995 als Kapitän. Die Faszination Modellflug wurde durch die personentragende Fliegerei keineswegs abgelöst, im Gegenteil: mehr Verständnis, mehr Zeit und nicht zuletzt mehr finanzielle Bewegungsfreiheit führten zum Wiederaufleben der „alten" Leidenschaft.

Durch die Nähe des Wohnortes zum Braunsberg im östlichen Niederösterreich ergab sich die Gelegenheit zum Hangflug. Experimentierfreudigkeit führte zu ersten Konzepterprobungen von Elektroantieben, eine Eigenkonstruktion mit Verbrennermotor folgte wenig später, und 2007 schließlich der Kontakt mit dem ‚Hubschraubervirus'. Die ersten Erfahrungen als Autor konnte ich in Internet-Enzyklopädien und so manchen Internet-Foren unter dem online-Namen „greenx" sammeln. Die erfreuliche Entwicklung des Modellfluges in den letzten Jahren, starker Andrang durch Neueinsteiger mit steilen Lernkurven und die Tendenz zu kurzen Ausbildungszeiten haben mich zur Verfassung eines Buches veranlasst. Darin soll jeder relevante Aspekt der Modellfliegerei soweit beleuchtet werden, dass der Leser in Fachdiskussionen gut mithalten und den Produktbeschreibungen diverser Kataloge folgen kann. Vor allem aber soll er in der Ausübung seiner Modellflugtätigkeit eine geradlinige Unterstützung erfahren. Ich gehe dabei von dem Grundsatz aus, dass alles leicht ist, was man *versteht*.

Das Buch richtet sich an jeden, der sich Kenntnisse und Fertigkeiten aneignen und vertiefen möchte, mit einem Schwerpunkt auf die Auseinandersetzung mit den grundlegenen Bausteinen der Modellfliegerei und deren zugehöriger Komponenten.

Ich möchte besonders meiner Frau Erika danken, die mich zu diesem Buch motivierte und mir so viel Geduld angesichts vieler vor dem Bildschirm und im Bastelkeller verbrachter Stunden entgegenbrachte. Meinem Kollegen Uwe Zorn ist es zu verdanken, dass ich mich nach einiger Skepsis für die Hubschrauberfliegerei begeistern konnte. Dr. Dieter Reisiger verdanke ich es, dass mir einige bis dahin eher mysteriöse Umstände der Aerodynamik verständlich wurden. Und nicht unbedankt sollen die vielen Fachdiskussionen mit den Nutzern der Internetforen rc-line und rc-network bleiben, die sehr geholfen haben, ein Gefühl für den Puls der Zeit zu bekommen.

Ich wünsche nun viel Vergnügen und vielleicht das eine oder andere ‚Aha !'

Gerald Kainberger

Das Fliegen ist ein Menschheitstraum,
der Modellflug gibt uns viel davon.

Das Flugmodell

Allgemeine Erkennungsmerkmale

Noch in den achtziger Jahren des vergangenen Jahrhunderts wurde in manchen Publikationen Wert auf die Unterscheidung zwischen Flugzeugmodell und Modellflugzeug gelegt. Dabei war mit Flugzeugmodell die möglichst vorbildgetreue Nachbildung eines personentragenden Flugzeuges gemeint, das entweder selbst flugfähig war oder als Standmodell ausgeführt war. Das Modellflugzeug war im Gegensatz dazu jedenfalls flugfähig, wobei die Ähnlichkeit zu einem personentragenden Vorbild nicht ausgeschlossen war. In neuerer Zeit werden solche Unterscheidungen kaum mehr getroffen, der allgemeinere Ausdruck Flugmodell setzt sich auch in den Enzyklopädien durch. Von einem solchen Gegenstand erwartet man Flugfähigkeit ohne Rücksicht auf sein Aussehen, im Gegensatz zum Standmodell.

Die Beschäftigung, ein Flugmodell zu bauen oder zu steuern wird allgemein als Modellflug bezeichnet. Diese Beschäftigung stellt auch nach Auffassung des internationalen Luftsportverbandes einen eigenen Zweig innerhalb der Fliegerei dar.

Diese Eigenständigkeit ist auch historisch gesehen berechtigt. Flugmodelle sind bis in die Antike zurückzuverfolgen, wobei als Material Vogelfedern, Holz, Seide, Papier und ähnliches zur Verwendung kam. Der Mo-

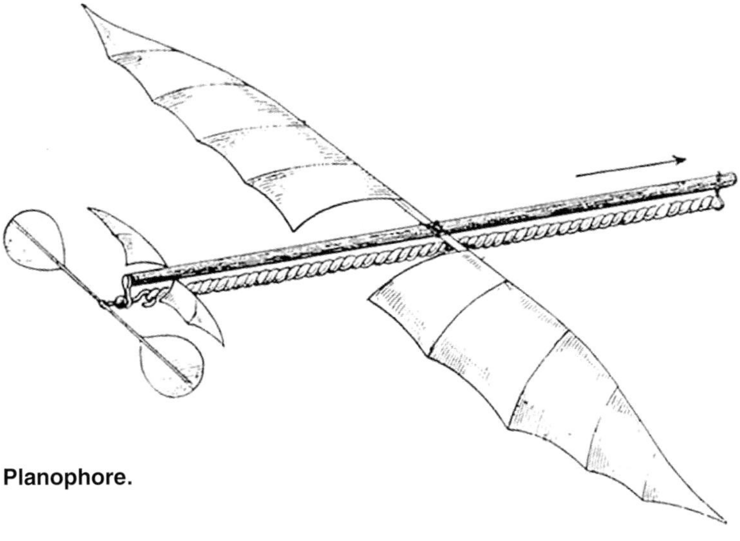

Planophore.

dellflug ist also wesentlich älter als die personentragende Fliegerei und ist historischer Bestandteil der Luftfahrt.

Im 19. Jahrhundert baute der französische Erfinder Alphonse Pénaud ein Flugmodell mit Gummiantrieb, das 1871 angeblich 60 Meter weit flog. Es trug den Namen Planophore und hatte 45 cm Spannweite. Pénaud gilt damit als Pionier der Luftfahrt. Er wies mit dem Planophore und späteren Arbeiten nach, dass mit flugfähigen Modellen preiswert und gefahrlos Erkenntnisse für personentragende Flugzeuge gewonnen werden können. Damit ist er auch ein wichtiger Wegbereiter für die Flugzeug-Konstruktion, -Entwicklung und -Erprobung. Planophore-Modelle wurden Ende des 19. Jahrhunderts in nennenswerter Stückzahl als Spielzeug vertrieben. Es besteht große Ähnlichkeit zu zeitgenössischen Produkten, insbesondere aus der Slow-und Parkflyerszene.

Zwischen den Weltkriegen wurden, bedingt durch materielle und vertragliche Einschränkungen, viele Konzepte für spätere personentragende Projekte als Flugmodell erstellt. Erste Versuche mit Fernsteuerung zu dieser Zeit waren erfolgreich, führten aber erst in den 1960er-Jahren zur verbreiteten Anwendung in Freizeit und Sport. Die Modellflugszene war dennoch durch die verhältnismäßig teueren Funkfernsteuerungsanlagen relativ klein. Erst in den späten 1980er-Jahren des vergangenen Jahrhunderts kam durch Massenfertigung im Elektronikbereich, Computertechnologie und die Verwendung bis dato unüblichen Materialien, wie zum Beispiel Baudämmplatten, ein deutlicher Aufschwung in die Branche. In den westlichen Industriestaaten konnten nun viele Interessierte in den Modellbau einsteigen. Nach oben hin ist die Kostengrenze noch immer weit offen. Mit der starken Verbreitung des Modellfluges in Personenkreise, die nicht seit dem Kindesalter mit Fliegerei und Aerodynamik befasst waren, kam auch eine stärkere Nachfrage an Schulung. Zurzeit gibt es eine stetig anwachsende Zahl von Modellflugschulen, insbesondere im von der Flugsteuerung und den Kosten her besonders sensiblen Bereich Modellhubschrauber. Des Weiteren werden verschiedene mehr oder weniger geeignete Computersimulationen zur Eigenschulung verwendet, dazu mehr in den folgenden Kapiteln. Als zentrales Objekt im Modellbau ist trotz einer stetig anwachsenden Flut an Begleitprodukten das Flugmodell selbst zu sehen. Daher nähern wir uns dem Thema Modellbau, in dem wir unsere ganze Aufmerksamkeit zunächst auf das „Objekt der Begierde“ richten und im Folgenden dessen Charakteristika beleuchten, nicht ohne dabei die Schnittstelle zum Piloten zu vergessen, und auch nicht das Umfeld, in dem alle Komponenten zum Einsatz kommen.

Die Tragfläche

Das Bauteil, das am stärksten über die Flugeigenschaften eines Flugzeuges und dadurch auch eines Flugmodells bestimmt, ist augenscheinlich die Tragfläche. Über ihre Merkmale, ihren Aufbau und ihre Wirkung soll in diesem Kapitel ausführlich geschrieben werden.

Das auffälligste Merkmal einer Tragfläche ist ihre **Spannweite**. Damit wird die kürzeste Verbindungslinie zwischen den beiden Flügelspitzen bezeichnet, die wiederum das äußere Ende der Tragflächen darstellen. Der dem Rumpf am nächsten gelegene Teil wird als Flächenwurzel bezeichnet. So augenscheinlich die Spannweite ist, so bestimmend ist ihre Größe über die Leistung, die Handhabung und nicht zuletzt über die Kosten des Modells.

Als nächstes erkennen wir in der **Tragflächentiefe** ein augenscheinliches Kennzeichen. Sie beschreibt den Abstand zwischen Flügelvorderkante und Flügelhinterkante in einer der Flugrichtung ausgerichteten Linie. Die Tragflächentiefe kann im Verlauf der Tragflächen vom Rumpf nach außen gleich bleiben, sie kann nach außen hin geringer werden oder (in seltenen Fällen) nach außen hin auch zunehmen. Tragflächentiefe und Spannweite

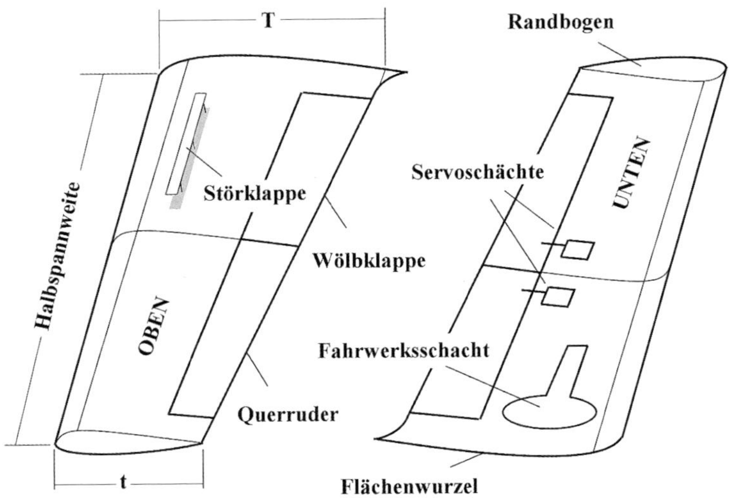

Tragflächenmerkmale.

bestimmen über den Flächeninhalt, und dieser im Verhältnis zum Gewicht des Modells gesetzt ergibt die **Flächenbelastung**, eine der aussagekräftigsten Größen in der Fliegerei überhaupt: Je größer die Flächenbelastung, desto höher die Mindestgeschwindigkeit eines Vergleichsmodells.

Das dritte augenscheinliche Merkmal ist die **geometrische Form** der Tragfläche. So unterscheidet man zum Beispiel zwischen einem so genannten Rechtecksflügel, einem gepfeilten Flügel oder einem elliptischen Flügel, um nur die gebräuchlichsten Formen zu nennen. Neben diesen augenscheinlichen Merkmalen gibt es in erster Linie die Form des Tragflächenprofiles, kurz als **Profil** bezeichnet. Es wird erkennbar, wenn man einen vertikal geführten Längsschnitt durch die Tragfläche zieht.

Eine besondere Bedeutung für viele Bereiche der Flugleistung und der Flugstabilität hat die mittlere aerodynamische Profilrippe, die im weiteren Verlauf des Buches mit dem geläufigem englischen Begriff *mean aerodynamic chord*, abgekürzt MAC, bezeichnet wird. Viele Angaben im Bereich der Fliegerei beziehen sich auf eine Prozentzahl der MAC, null Prozent beschreibt dabei die Vorderkante in Flugrichtung gesehen, hundert Prozent die Hinterkante. Bei einer MAC mit einer Tiefe von 10 cm liegt der Punkt „30 % MAC“ also genau 3 cm hinter der Flügelvorderkante. Die Bestimmung der MAC kann rechnerisch, aber auch geometrisch bestimmt werden.

Bei einem Rechtecksflügel, also einer Flügelform, die von oben oder unten gesehen genau die Form eines Rechteckes hat, ist die MAC ein beliebiger Profilquerschnitt parallel zur Flugrichtung. Bei allen anderen Flügelformen teilt die MAC den Flügel in zwei Flächen mit gleich großem Flächeninhalt.

Gehen wir nun auf Detailsuche und nähern uns den Tragflächen mit den Augen eines Detektivs: Wir haben als Spannweite, Flächentiefe, geometrische Form und Profil notiert, nun beginnen wir an der Flächenwurzel und arbeiten uns unter Zuhilfenahme von Tastsinn und Lupe in Richtung Flügelspitzen vor. Die **Oberfläche** mag uns als rau, unregelmäßig, buckelig oder ebenmäßig glatt erscheinen. Der Übergang zwischen Rumpf und Tragfläche könnte aerodynamisch verlaufend geformt sein, oder scharf rechtwinkelig. Wir könnten Hinweise in Form von Schraublöchern finden, wie die Tragfläche mit dem Rumpf verbunden wird, und ob die Tragfläche einteilig ist oder sich aus zwei Tragflächenhälften zusammensetzt. Auch ein mehrteiliger Aufbau kommt in Frage, dabei werden an einem Tragflächenmittelteil jeweils zwei Tragflächenaußenteile angebracht. Es könnte uns eine leichte **V-Stellung** der beiden Tragflächenhälften auffallen, wenn wir das Modell genau von vorn betrachten. Eine doppelte V-Stellung wäre gegeben, wenn der erste Knick-Bereich des Rumpfes sichtbar ist, und jeweils ein weiterer Knick etwa in der Mitte jeder Tragflächenhälfte.

Im inneren Tragflächendrittel könnte uns ein starres Fahrwerk auffallen, oder die Ausnehmung für ein Einziehfahrwerk. An der Tragflächenhinterkante könnten wir ein- oder mehrteilige **Klappen** entdecken, die entweder durch ein zentrales Servo angesteuert werden, oder individuell mit je einem der in Servoschächten verbauten Servos. Es könnte sich bei den Klappen um von innen nach außen durchgehende **Querruder** handeln, wären diese in eine äußere und innere Klappe unterteilt, hätten wir es mit einem Vier-Klappen-Flügel zu tun. Wir könnten die Tiefe dieser Klappen in Prozent der Flächentiefe notieren, es wären in den meisten Fällen um die 20 Prozent.

Immer noch im ersten Drittel der Spannweite könnten wir etwa in der Nähe der dicksten Stelle des Flügels eine vertikal nach oben ausfahrende Klappe entdecken, eine so genannte **Störklappe**.

Im äußeren Drittel der Spannweite könnten uns das Querruder und deren dazugehörige Servos und Servoschachtabdeckungen auffallen, oder ein Fehlen derselben. In diesem Falle hätten wir ein Zwei-Achsmodell in Händen. Ganz außen an der Tragfläche würden wir die Form des Randbogens, also des konstruktiven Anschlusses der Tragflächenspitzen, registrieren. Diese könnten zum Beispiel symmetrisch abgerundet, als TNT („Tragflügel neuer Technologie“) oder als Sichelrandbögen ausgeführt sein (siehe dazu die Abbildung).

Schließlich sollten wir an der Wurzel und an der Spitze einen genauen Abdruck vom Profil anfertigen, den wir später eventuell mit einer Profildatenbank vergleichen.

Definitionsgemäß müsste für die Konstruktion der MAC die Symmetriebene des Rumpfes anstelle der Wurzelrippe abgetragen werden. Bei dicken Rümpfen macht diese Methode aber die Berücksichtigung des Auftriebes des betreffenden Rumpfsegmentes notwendig, weshalb die Verwendung der Wurzelrippe, wie in der Skizze im Modellflug, zur Näherung der MAC verwendet werden kann.

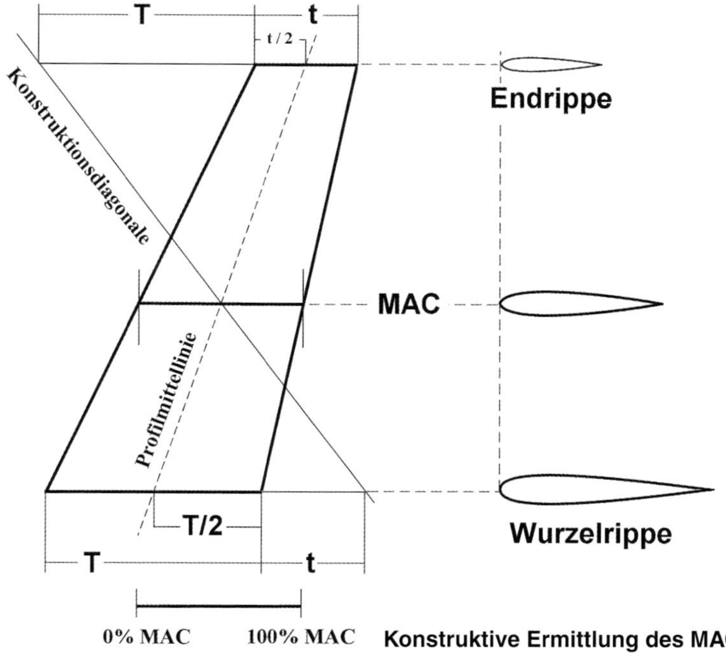

Konstruktive Ermittlung des MAC.

Nachdem wir alle Daten gesammelt haben, können wir nun zur Analyse schreiten! Wir erwarten Auskunft über den Verwendungszweck, die Herstellungskosten und natürlich über das Flugverhalten des Flugmodells, das diese Tragflächen verwendet. Viele Fragen werden alleine durch die Tragflächenanalyse erschöpfend beantwortet, manche nur zum Teil. Lassen wir nun aber die Experten der Spurensicherung- und Auswertung zu Wort kommen:

Fall 1: Rechteckige Tragflächenform, kostengünstigste Herstellung. Verwendungszweck dort, wo Energieverlust durch aerodynamische Mängel kaum eine Rolle spielt. Zum Beispiel bei Flugmodellen, die mit mehr als ausreichend Antriebsenergie in Form eines Motors ausgestattet sind, oder bei Flugmodellen, die im Verhältnis zum Tragflächeninhalt ein geringes Gewicht aufweisen. Aus diesem Verhältnis ergibt sich die

Flächenbelastung =
Gewicht : Tragflächeninhalt

Eine präzisere Einschätzung zur Flächenbelastung können wir daher nur treffen, wenn wir das Modell gewogen haben. In Kombination mit der Oberflächengüte ist es weiters zulässig zu folgern, dass es sich beim Material nicht um GFK oder CFK handelt. Da es sich bei diesem Material um das teuerste handelt, wäre es paradox, daraus eine simple, für die meisten Anwendungsarten minderwertige Tragflächenform herzustellen. Die Vorteile der ökonomischen Herstellung wären mehr als zunichte gemacht.

Was sagt uns nun die rechteckige Tragflächenform über die Betreiber des Modells? Schweigen im Walde. Geübte Piloten und Pilotinnen mit entsprechender Motorisierung können dem Publikum einer Flugvorstellung schnell die Tragflächenform vergessen machen, und zwar völlig. Für einen Rückschluss auf die Piloten brauchen wir mehr Hinweise.

Fall 2: Gehen wir nun zum anderen Extrem, was die geometrische Form betrifft, dem elliptischen Flügel mit Sichelrandbogen, das sind sichelartig nach hinten und oben gezogenen Flügelspitzen: teuerste weil aufwändigste Herstellung, egal wie man es angeht. Aber wofür der Zirkus? Die Konstruktion setzt auf *Energiehaushalt*, der Luftwiderstand der Tragfläche ist durch konstruktive Maßnahmen reduziert. Insbesondere im Kurvenflug wird der *induzierte Widerstand* minimiert. Diese Widerstandsform entsteht durch Druckausgleich zwischen der Tragflächenunterseite und der Tragflächenoberseite an der Flügelspitze.

Durch die elliptische Auftriebsverteilung, die den Druckunterschied nach außen hin verringert, und den sichelförmigen Randbogen, der die Randwirbelbildung als Resultat des Druckausgleiches hemmt, wird der induzierte Widerstand kleiner. Dies wirkt sich auf Flugphasen aus, in denen besonders viel Auftrieb von der Fläche gefordert wird, also im Kurvenflug und im Langsamflug. Die Einsatzart dieses Stückes liegt sehr wahrscheinlich in Bereichen, wo wenig sofort abrufbare Energie vorhanden ist, also im Segelflug, oder im schwach motorisierten Elektroflug. Und eben bei Wettbewerbsarten, in denen ein schneller Richtungswechsel gebraucht wird. Die Besitzer des Modells hatten scheinbar ein Motiv, bei diesem Flugmodell tief in die Tasche zu greifen.

Vereinfacht ausgedrückt sind alle Formen zwischen den Extremen „Rechteck“ und „Ellipse“ auch in ihren Eigenschaften mittelmäßig. Beim Trapezflügel beispielsweise, der die nächste Steigerungsform vom Rechtecksflügel zur Ellipse darstellt, stellt man eine geringfügige Abnahme des induzierten Widerstandes fest, bei einer geringfügig aufwändigeren Herstellung. In dieser Art stellen alle anderen Mischformen einen Kompromiss dar. Sehr häufig anzutreffen ist zum Beispiel der *Doppeltrapezflügel*: Annähernd elliptische Auftriebsverteilung, vertretbar einfache Herstel-

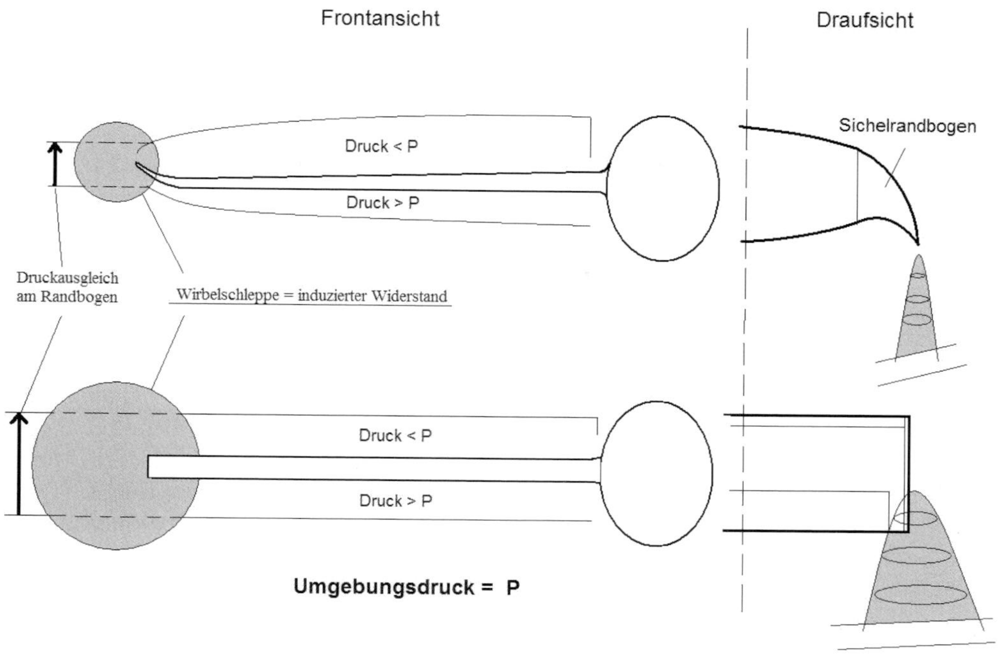

Auftriebsverteilung elliptisch/linear.

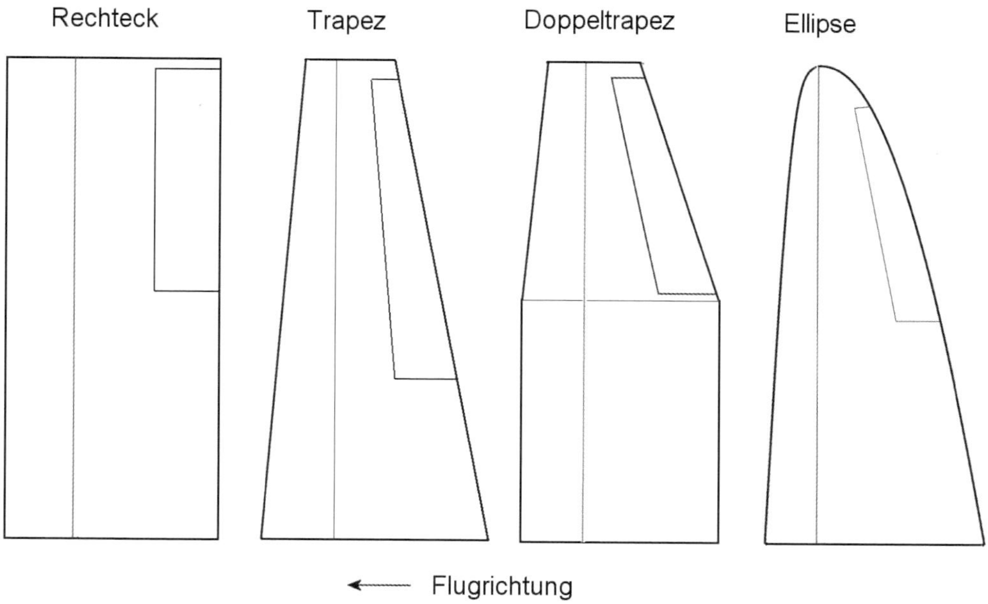

Flügelgrundrisse.

lung. Unabhängig vom Flügelgrundriss sind gelegentlich „Ohren“ an den Flügelspitzen zu beobachten. Dabei handelt es sich um eine Anformung anstelle des Randbogens, in einem Winkel von 60 bis 90° nach oben, meist nach hinten gepfeilt. Der korrekte Begriff dafür lautet *Winglet*, was direkt übersetzt nur soviel wie „Flügelchen“ heißt und nicht viel über dessen Zweck und tatsächliche Wirkung verrät. Ein Winglet vergrößert zunächst den Stirnwiderstand und damit den parasitären Widerstand, rechnerisch und praktisch wurde aber nachgewiesen, dass durch die Umleitung der Wirbelschleppe der induzierte Widerstand geringfügig verringert werden kann.(1) Im Verkehrsflugzeugbereich bringt das immerhin 3-5 % Treibstoffeinsparung. Im Modellflug fällt dieser Effekt geringer aus, da der Auftriebsbeiwert mit der Flächentiefe weniger wird. Aufwändige und daher teure Fertigung, sowie Gewichtszunahme schmälern den aerodynamischen Profit durch Winglets, man sieht sie im Modellflug hauptsächlich an vorbildgetreuen Nachbildungen von Leistungsseglern und Nurflüglern. Im letzteren Fall dienen sie vor allem der Richtungsstabilität und machen dadurch ein Höhenleitwerk überflüssig.

Kommen wir also zurück auf unsere Fläche mit der rechteckigen Geometrie. Sie weist hier eine deutliche V-Form auf, „deutlich“ heißt in diesem Fall mindestens 3° Unterschied zum plangeraden Flügel. An der Flächenwurzel finden wir keine Spuren von einer Flächenbefestigung. Das kann nur eines bedeuten: Die Tragfläche wird mit Gummibändern kreuzweise am Rumpf befestigt, daher keine Schraublöcher in den Flächen. Diese Befestigungsart weist den dazugehörigen Flieger zumindest in der Absicht der Konstruktion als „einsteigertauglich“ aus. Bei Gewalteinwirkung aufgrund einer misslungenen Landung löst sich die Fläche sanft vom Rumpf, ohne diesen zu beschädigen und ohne selbst stark beschädigt zu werden. Eine sinnvolle

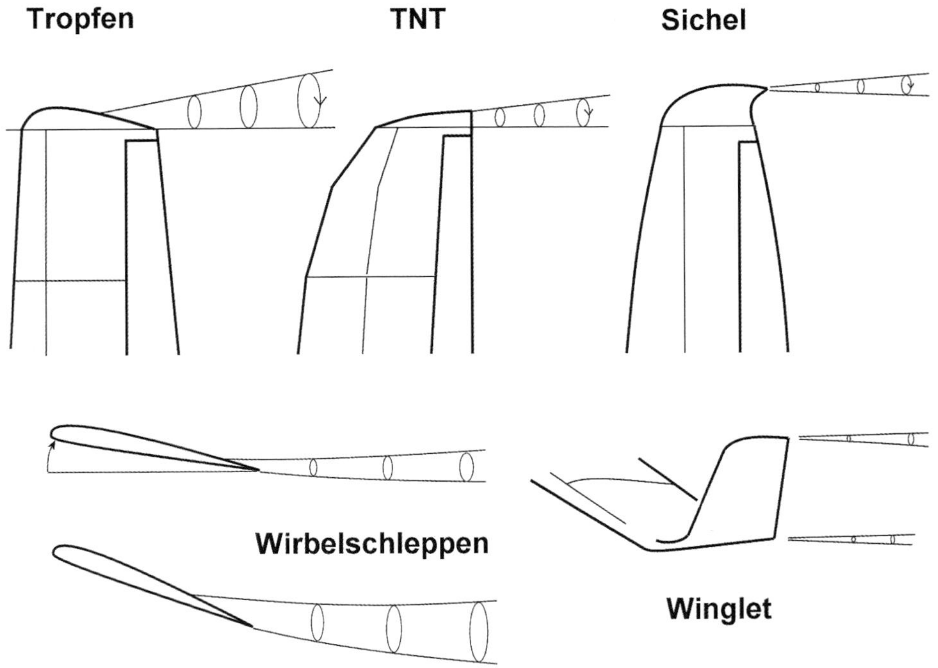

Randbögen und Winglets mit Wirbelschleppen.

(1) vergl. Hepperle, www.mh-aerotools.de, Nov. 2008

Anstellwinkel und Widerstand
Der **Anstellwinkel** bezeichnet den Winkel, in dem die *Profilsehne*, also die direkte Verbindungslinie zwischen dem vordersten und dem hintersten Punkt des Profils, zu der anströmenden Luft angestellt ist. Dieser Winkel kann positiv, beispielsweise im Steigflug, oder negativ, beispielsweise beim Einleiten des Sinkfluges, sein.
Der **Gesamtwiderstand** ist die Summe aus *parasitärem* und *induziertem* Widerstand.
Parasitärer Widerstand: Er haftet dem umströmten Körper wie ein Schädling an und wächst mit zunehmender Fluggeschwindigkeit. Die Form des Körpers, ausgedrückt durch den Widerstandsbeiwert *Cw*, dessen Größe, und die Wechselwirkung von verschiedenen angeströmten Einzelteilen, die so genannte *Interferenz*, haben Einfluss darauf.
Induzierter Widerstand: Er wird durch die Auftriebsleistung des Körpers bedingt, also induziert, und entsteht durch den Druckausgleich zwischen dem höheren Druck an der Unterseite des Körpers und dem niedrigeren Druck an dessen Oberseite. Je größer der Anstellwinkel, desto größer der Auftrieb, desto größer der Druckunterschied. Da der Anstellwinkel mit zunehmender Fluggeschwindigkeit abnimmt, nimmt analog dazu auch der induzierte Widerstand ab.

Maßnahme. Eine weitere Beobachtung unterstützt diese These: die Tragfläche hat keine Klappen und keine Querruder. Sie gehört also zu einem „Zweiachs-Modell“. Das bedeutet keineswegs, dass das Flugzeug nur zwei Steuerachsen hat, es können lediglich nur zwei Achsen direkt angesteuert werden. In diesem Fall muss es ein Höhenruder und ein Seitenruder haben, soviel können wir feststellen, ohne den Rumpf und die Leitwerke jemals gesehen zu haben. Über das Höhenruder muss das Modell demnach um die Querachse gesteuert werden, und über das Seitenruder wird die Hochachse direkt angesteuert. Die Auslegung als Zweiachser unterstreicht den Eindruck der einfachen, einsteiger-optimierten Handhabung. Außerdem entfallen die Kosten für die Anlenkung der Querruder.

Zuletzt nehmen wir noch das Profil der Rechteckfläche unter die Lupe: es ist an der Wurzel und an der Flügelspitze identisch. Bei genauem Hinsehen jedoch fällt eine leichte Verdrehung der Profilebene auf: Die Profilsehne der Flügelspitze ist etwa um 2° in Flugrichtung nach unten gedreht. War der Erbauer bei der Herstellung schlampig? Das Profil weist im Übrigen eine gerade Unterseite und eine gewölbte Oberseite auf, mit der stärksten Dikke in etwa 30 % der Flügeltiefe. Ein Vergleich mit unserer Profildatenbank identifiziert es als „Clark-Y“-Profil.

Bei der Verdrehung handelt es sich keineswegs um einen Baufehler, der Fachausdruck dafür lautet: „geometrische Schränkung“, im Gegensatz zu einer „aerodynamischen Schränkung“. Die Schränkung verbessert die Flugeigenschaften im Geschwindigkeitsbereich nahe der Abrissgeschwindigkeit. Einsteiger und manchmal auch Fortgeschrittene Piloten steuern ihre Modelle oft an der Grenze zur minimal fliegbaren Geschwindigkeit, würde die Strömung und damit der Auftrieb an der Flügelspitze zuerst abreißen, wäre ein abruptes Abkippen auf dieser Seite die Folge. Die Schränkung der Tragfläche führt dazu, dass der Abriss jedenfalls zuerst im Bereich der Tragflächenwurzel auftritt, das Flugzeug in diesem Fall keine abrupten Rollbewegungen durchführt sondern lediglich die Nase senkt, um wieder Fahrt aufzunehmen. Schränkung ist also ein feines Konstruktionsmerkmal zur Optimierung der Langsamflugeigenschaften,

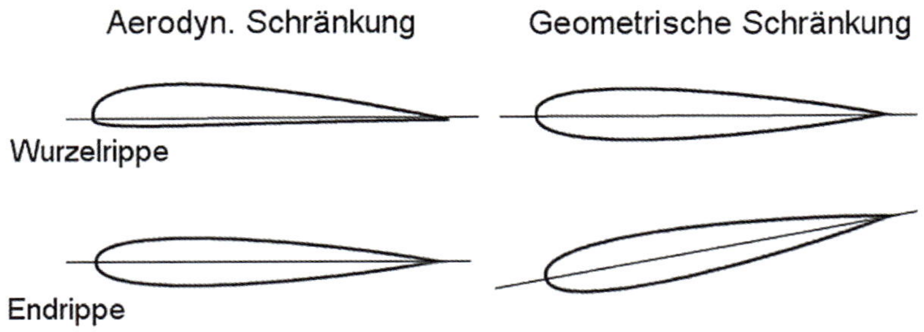

Geometrische und aerodynamische Schränkung.

kostet aber ein ganz klein wenig an Flugleistung, weil die Auftriebsleistung unter dem verdrehten Anstellwinkel entlang der Tragfläche etwas leidet. Nicht alle Tragflächen weisen eine Schränkung auf, aber die meisten.

Das Clark-Y-Profil ist ein wegen der geraden Unterseite einfach herzustellendes Allroundprofil. Es wird für Propeller-Trainer und Zweiachs-Einsteigersegler verwendet, und zwar meist in Bausätzen, bei denen die Tragfläche noch nicht fertig gebaut und bespannt ist, sondern im Bastelkeller aufgebaut werden muss.

Nun passt alles ins Bild: Bei dieser Tragfläche handelt es sich um einen Bestandteil eines Einsteigermodells, das auf geringe Anschaffungskosten und niedrige Fluggeschwindigkeit bei einfacher Handhabung optimiert ist. Eine solche Fläche wäre typischerweise als Holzrippenkonstruktion mit Folienbespannung ausgeführt. In letzter Zeit treten auch Schaumstofftragflächen mit diesen Merkmalen auf, der Verwendungszweck bleibt derselbe.

Nun wenden wir uns wieder der elliptischen Sichelrandbogen-Tragfläche zu: Sie ist dreiteilig, der Mittelteil ist gerade und weist abgestufte Schraublöcher auf, die Schrauben verschwinden also widerstandsarm im Schraubloch. Der Mittelteil hat außerdem zwei individuell angesteuerte Klappen, deren Schächte wiederum aerodynamisch raffiniert verkleidet sind. Die über je einen Kohlestift aufsteckbaren Außenflächen haben je-

Abrissgeschwindigkeit

Als **Abrissgeschwindigkeit** wird jene Fluggeschwindigkeit bezeichnet, bei der an einem *bestimmten Anstellwinkel* der Tragfläche der Auftrieb zusammenbricht.

Wird bei einer bestimmten Geschwindigkeit der Anstellwinkel so weit vergrößert, bis keine Auftriebserhöhung mehr erfolgt, nähert man sich der Abrissgeschwindigkeit für diesen Anstellwinkel. Eine weitere Anstellwinkelerhöhung führt zur Ablösung der Luftströmung an der Tragflächenoberfläche.

Durch die Ablösung der Luftströmung erfolgt ein abrupter Druckausgleich zwischen Tragflächenober- und Unterseite. Der Auftrieb, der beim Erreichen der Abrissgeschwindigkeit noch vorhanden war, bricht völlig zusammen. Diesen Vorgang nennt man auch „Überziehen“, als übermäßige Vergrößerung des Anstellwinkels durch Ziehen an der Höhenrudersteuerung.

Die Abrissgeschwindigkeit ist abhängig vom Gewicht, der Schwerpunktlage und der Luftdichte.

weils ein Querruder, die ähnlich wie die Klappen ausgeführt sind. Die Außenflächen weisen zum Mittelteil eine leichte V-Stellung auf. Die Oberfläche ist glatt und hart. Das Profil ist an der Wurzel unterschiedlich von dem Abdruck an der Flügelspitze. Es ist außerdem wesentlich dünner als das Profil der Rechtecksfläche. Dann ist ja alles klar, oder?

Genau, es handelt sich um einen widerstandsarmen Vierklappenflügel, für Schnellflug und Energieerhaltung optimiert. Das verwendete Profil ist ohne Zweifel auf hohe Fluggeschwindigkeit optimiert, gute Langsamflugeigenschaften werden durch das Absenken der Klappen hergestellt.

Durch eine entsprechend synchrone Ansteuerung der vier Klappen kann über die gesamte Spannweite eine Profilwölbung erreicht werden, indem die Klappen drei Millimeter und die Querruder zwei Millimeter nach unten angestellt werden. In diesem Beispiel wird die elliptische Auftriebsverteilung durch die stärkere Wölbung der innen liegenden Klappen noch betont. Durch eine derartige Wölbung erhöht sich die Auftriebsleistung der Tragfläche, bei nur unwesentlicher Widerstandserhöhung. Diese wandelbare Tragflächengeometrie ermöglicht Schnellflug in extremen Geschwindigkeitsbereichen einerseits und knall-eng geflogene Wenden andererseits. Eine klassische Wettbewerbssituation. Wir haben hier also eine Tragfläche, bei der keine Kosten und Mühen gespart wurden, um damit die entscheidenden Zehntelsekunden oder Zentimeter im Wettstreit gegen andere Hochleistungsmaschinen zu erkämpfen. Für exakten Kunstflug ist diese Maschine allerdings nicht optimiert, das verrät uns die leichte V-Stellung der Außenflächen. Das weist darauf hin, dass der Flieger auch während extremer Wenden noch eine gewisse Eigenstabilität um die Längsachse zeigt und somit auch bei hohen Geschwindigkeiten beherrschbar bleibt. Eine für exakten Kunstflug optimierte Maschine erfordert diese Eigenschaft nicht, hier ist eher ein neutrales Verhalten erwünscht. Also eine indifferente Stabilität um die Längsachse. Mehr davon im Abschnitt Flugstabilität.

Fall 3: Trapezförmige Tragfläche, keine V-Stellung, aber Ausschnitte für ein Einziehfahrwerk. Innen keine Klappen, aber große individuell angesteuerte Querruder. Die Servoschächte sind nicht verkleidet. Die Flügelspitzen sind als abgerundete Randbögen ausgeführt. Das Profil ist unten und oben symmetrisch gekrümmt, größte Dicke bei ca. 30 % der Profildicke.

Diese Auslegung scheint eine Demonstration von unbegrenzter Energie zu sein. Der dazugehörige Flieger ist motorisiert, soviel steht fest. Auf den induzierten Widerstand wird gar nicht geachtet, aber der parasitäre Widerstand liegt dem Konstruierenden schon eher am Herzen, er lässt das im Luftstrom liegende Fahrwerk einfahren und den Randbogen abrunden. Die maximal erreichbare Geschwindigkeit wird damit höher. Das symmetrische Profil und die fehlende V-Stellung entlarven eindeutig Kunstflug-Ambitionen. Der Einsatzzweck erfordert offenbar gute Rückenflugeigenschaften. Es ist auf Motorkunstflug mit hohen Endgeschwindigkeiten optimiert. Auch hier sitzt das Geld eher locker, denn das Einziehfahrwerk bringt im Verhältnis zu den Kosten relativ wenig widerstandsreduzierende Wirkung. Und auch der starke Antrieb, den dieses Modell braucht, ist mit Kosten verbunden. Doch für den Einsatz bei einem Schaufliegen oder gar einem Kunstflugwettbewerb ist es das dem Piloten sicher wert. Einsteiger: Hände weg, zu schnell, zu komplex im Aufbau.

Fall 4: Trapezförmige Tragfläche aus einem Stück, eine Materialanalyse ergibt: Depron, ein zur Wärmedämmung in Baumärkten erhältlicher Schaumstoff, in Platten verarbeitet. Keine Oberflächenbehandlung, kein geformtes Profil, eine drei Millimeter starke Platte mit rechteckiger Vorder-und Hinterkante. Querruder sind vorhanden. Ohne eine genaue Wägung vorgenommen zu haben, kann man sagen: das Ding ist sehr leicht.

Aerodynamik: Nein danke, dieses Konzept setzt auf Leistungsgewicht, das soll heißen, mein Antrieb ist im Verhältnis zum Gewicht des Modells so stark, dass ich die Schwerkraft aufheben kann, ohne mich um aerodynamisch optimierbaren Auftrieb und Widerstand kümmern zu müssen. Entweder also ist mein Antrieb extrem stark, oder mein Antrieb ist schwach, aber das Gewicht des Modells ist im Verhältnis dazu noch viel geringer. Bei dem Schaumstoffflügel handelt es sich offensichtlich um Letzteres. Die Kombination von moderner Elektroantriebstechnik und extrem leichten Baustoffen führt zu einer Fülle an modellfliegerischen Möglichkeiten, die in den stark wachsenden Bereich Park- und Slowflyer, Shockflyer und Saalflug ihre Anwendung findet. Aufgrund der langsamen Fluggeschwindigkeiten, des einfachen Aufbaues und der geringen Anschaffungskosten: einsteigertauglich, sofern beim Modell auf Flugstabilität geachtet wurde.

Die vier vorgestellten Fälle beschreiben, ohne Anspruch auf Vollständigkeit, die im Modellflug am stärksten verbreiteten Konzepte.

An dieser Stelle kommen wir an den **Tragflächenprofilen** nicht mehr vorbei. Um die Form von Profilen zu beschreiben, werden unmissverständliche Ausdrücke wie *Profiltiefe, Profildicke, Profilsehne* und Ähnliches verwendet. In manchen Publikationen wird zwischen symmetrischen Profilen, halbsymmetrischen Profilen und Profilen mit gerader Unterseite unterschieden. Damit ist sehr oberflächlich die geometrische Erscheinungsform gemeint: Ist die Oberseite spiegelgleich der Profilunterseite, dann ist es symmetrisch, ist die Oberseite stärker gewölbt als die Unterseite, ist es *halbsymmetrisch*, wobei diese Bezeichnung genau genommen paradox ist: In der Geometrie gibt es nur Symmetrie oder Asymmetrie, keine *Halbsymmetrie*. Entstanden ist die Bezeichnung wohl aufgrund der Beobachtung, dass es zwischen einer geraden Unterseite und einem symmetrischen Profil praktisch auf halben Weg noch ein Mittelding gibt. Heute stellen Profile, die weder eine gerade Unterseite haben noch symmetrisch sind, die klare Mehrzahl der für Tragflächen verwendeten Profile dar.

Profildatenbanken für den Modellflugeinsatz gibt es beispielsweise in Form von preiswerten Computerprogrammen. Diese Sammlungen enthalten teilweise mehrere tausend vorberechnete Tragflächenprofile und bieten auch die Option an, die bekannten Profile zu verändern oder völlig frei gestaltete Profile zu zeichnen und anschließend deren aerodynamischen Eigenschaften zu berechnen. Die Ergebnisse werden in so genannten **Profilpolaren** grafisch dargestellt. Anhand des Verlaufes dieser Polaren können Fachmänner und interessierte Laien voraussichtliche Flugeigenschaften des mit einem solchen Profil ausgestatteten Flugzeuges abschätzen. Die Sache hat nur einen Haken: Die Berechnungs-

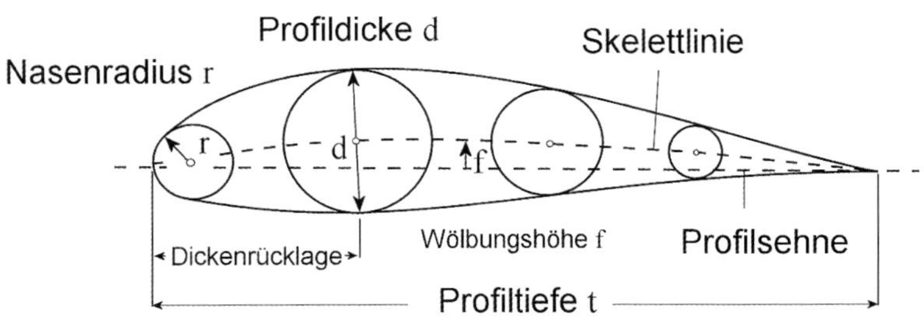

Profilkennzeichen.

methode erfasst die tatsächlichen Strömungsverläufe nicht lückenlos. Die Werte müssten im Windkanal überprüft und korrigiert werden, um für belastbare Vorhersagen verwendet werden zu können. Dennoch wird Fernpiloten und -pilotinnen viel Aufwand betrieben, die Profileigenschaften ihrer Neuschaffung rechnerisch zu verbessern, selten hat man im Modellbau ein Versuchslabor mit Windkanal zur Verfügung. Kurz und gut: Computergenerierte Profilpolaren sind besser als nichts, aber nicht endgültig aussagekräftig. Im Umfeld der Polaren tauchen oftmals amüsant klingende Wort-Neuschaffungen wie „Saugspitze", „Umschlagpunkt", „Laminarklammer" und dergleichen auf. Diese Ausdrücke beziehen sich in der Regel auf die Form von Polaren.

Zentrales Interesse genießen folgende Profileigenschaften, um als Polare ausgedrückt zu werden:

Der Auftriebsbeiwert **Ca** und der Widerstandsbeiwert **Cw,** und das *Verhältnis* zwischen diesen bei verschieden Anstellwinkeln. **„C"** stehen dabei für das englische „Coefficient", darunter ist eine dimensionslose Eigenschaft zu verstehen, das heißt: Es gibt dafür keine Maßeinheit wie Meter oder Kilogramm. Bildet man eine Kurve aus den Werten Ca/Cw über dem Anstellwinkel „alpha", wird man bei Anstellwinkelerhöhung zunächst einen Anstieg der Polare beobachten. Wird der Anstellwinkel weiter vergrößert, bildet die Ca/Cw-Polare einen Buckel und fällt im Folgenden mehr oder weniger steil ab. Ein steiler, nahezu vertikaler Abstieg ist hier ein Hinweis auf ein abruptes Abrissverhalten des Flügels. Der Widerstandsbeiwert vergrößert sich stark, der Auftrieb bricht praktisch zusammen. Eine Eigenschaft, die im Modellflug nicht erwünscht ist. Ein flacher Abstieg hingegen weist darauf hin, dass der Auftrieb sich gegen den ansteigenden Widerstand noch gut behaupten kann. Der Strömungsabriss ist graduell und noch beherrschbar. Es hat natürlich einen ganz bestimmten Grund, warum Fernpiloten und -pilotinnen ganz besonders an einem beherrschbaren Abrissverhalten interessiert sind: Die Geschwindigkeit des Flugmodells wird in der Regel durch Augenmaß geschätzt werden. Ungleich zu den personentragenden Fluggeräten mit Geschwindigkeitsmessung über den aktuellen Staudruck ist trotz allfälliger Staudrucksensoren am Modell nicht praktikabel, sich auf den Knoten genau an die Abrissgeschwindigkeit heranzutasten, selbst wenn diese genau bekannt wäre. Der Flugstil orientiert sich daran, immer ein klein wenig schneller zu fliegen als unbedingt notwendig. Doch bei wechselnden Windbedingungen sind Fehleinschätzungen und Strömungsabrisse an der Tagesordnung. Da die Strömung selten an beiden Tragflächenhälften gleichzeitig abreißt, kommt es im Fall des abrupten Abrissverhaltens zu einem jähen Abkippen des Modells über die Fläche, die den Strömungsabriss als erste erleidet. Das führt in vielen Fällen zum Absturz. Als „gutmütig" wird das Abrissverhalten dann bezeichnet, wenn der Auftrieb so langsam zusammenbricht, dass daraus kein starkes Rollmoment um die Längsachse ent-

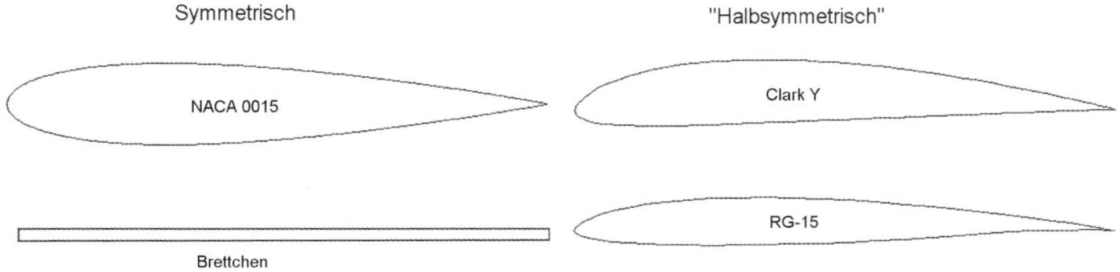

Beispiele von Profilen.

steht, sondern das Modell lediglich die Nase erdwärts senkt, um gerade soviel Geschwindigkeit aufzunehmen, bis die Strömung wieder anliegt. Ziehen wir anhand von computergenerierten Polaren nun einige Vergleiche zwischen vier exemplarisch gewählten Profilen: Als Maßstab soll das bereits erwähnte **Clark-Y** gelten, die „Mutter aller Profile“. In der Tat müssen sich alle Profile seit seinem ersten Erscheinen im Jahre 1922 daran messen. Beim Bauen der Flächen schlagen angesichts der geraden Flügelunterseite die Herzen höher. So manche ambitionierte Profilkreation neueren Datums muss sich auch von seinen Leistungsdaten geschlagen geben.

Zum Vergleich dazu das im Modellflug insgesamt wahrscheinlich am häufigsten verwendete Profil: Das **Brettchen**. Quadratischer Querschnitt, rechtwinkelige Ecken, ein ein bis fünf Millimeter starkes Brettchen aus Holz oder Schaumstoff, der aerodynamische Albtraum. Nichtsdestotrotz Standard bei Schockflyern, teilweise gesehen bei Parkflyern und im Bereich Höhen- und Seitenleitwerk bei allen möglichen Konzepten, auch als Variante mit abgerundeter Vorderkante. Außerdem betrachten wir ein symmetrisches Profil, in diesem Fall ein **NACA-0015**. Ein Konkurrent des Brettchens bei den Leitwerken, und für Tragflächen im Motorkunstflug weit verbreitet. Als viertes Beispiel nehmen wir ein klassisches Hochleistungsprofil unter die Lupe, das unvermeidliche **RG 15**. Seit über 30 Jahren im Wettkampfeinsatz bei Leistungsseglern, zwischenzeitlich totgesagt, durch die Möglichkeit präziser Fertigung und den Einsatz von Wölbklappen wieder auferstanden.

Bei der typischen Darstellung von Polardiagrammen kommt neben den Kenngrößen Ca, Cw und dem Anstellwinkel *alpha* ein Wert auf, anstelle dessen wir die Fluggeschwindigkeit erwartet hätten: die *Reynolds-Zahl*. Diese Verhältniszahl zieht über die Viskosität, vereinfacht gesagt die „Klebrigkeit“ der Luft, ins Kalkül. Da wir schon wissen, dass die Flugeigenschaften des Flugmodells sehr davon abhängen, ob die Strömung anliegt, und in welcher Weise sie sich ablöst oder gar abreißt, ist es plausibel, dass die Haftfähigkeit der Luft damit zu tun hat. Und diese Haftungseigenschaften hängen, wie wir von der Briefmarke wissen, auch von der Größe eines Gegenstandes ab. Die aerodynamischen Eigenschaften eines Flügels mit einer Flügeltiefe von fünf Metern sind also nicht dieselben, wie die seiner Verkleinerung von einer Flügeltiefe von 30 Zentimetern. Diesem Umstand trägt die Reynolds-Zahl Rechnung.

Reynolds-Zahl

Um das Verhältnis von Trägheits- zu Zähigkeitskräften allgemeingültig darzustellen, setzte der Physiker Osborne Reynolds die maßgebenden Größen in einer Formel zusammen. Diese Größen sind im Bereich der Aerodynamik die Luftdichte, ausgedrückt in Kg/m^3, die Länge des Anwendungsfalles, in unserem Fall die Profiltiefe ausgedrückt in Metern, die Strömungsgeschwindigkeit ausgedrückt in Meter pro Sekunde oder km/h.

Diese Größen sind die bestimmenden Faktoren und werden zur Bestimmung der Reynolds-Zahl, kurz *Re*, mit der kinetischen Viskosität der Luft in ein Verhältnis gesetzt. Diese Viskosität, die Zähflüssigkeit also, ist praktisch eine Konstante. Im Falle der Luft hat sie den Wert 17,2 Mikro-Pascalsekunden, kurz *„mü“ Pa.s*. Die vollständige Formel setzt sich wie folgt zusammen:

$$Re = \frac{Luftdichte\ (kg/m^3) \times Profiltiefe\ \ t\ (m) \times Strömungsgeschwindigkeit\ (m/s)}{Konstante\ (Viskosität\ derLuft = 17{,}2)}$$

Gerade im Modellbau haben wir es mit unterschiedlich tiefen Tragflächen zu tun: Nun haben wir ein Profil gefunden, das sich für unseren Einsatzzweck perfekt verhält, wie verhält es sich aber, wenn wir ein größeres Modell bauen und die Flügeltiefe daher vergrößern? Die Verwendung der Reynolds-Zahl anstelle der Geschwindigkeit erlaubt also allgemeingültige Aussagen, die Fluggeschwindigkeit und Modellgröße berücksichtigt. Sie ist genau wie die Ca, und Cw dimensionslos.

Wenn wir ein Polardiagramm basierend auf *Re* in Bezug auf ein bestimmtes Flugmodell mit festgelegten Abmessungen betrachten, so fällt anhand der physikalischen Formel Folgendes auf:

$$Re = \frac{Konstante \times Konstante \times Geschwindigkeit}{Konstante}$$

Die Luftdichte können wir uns nicht aussuchen, sie ist wetterbedingt. Wir können sie beispielsweise für 15 °C auf Seehöhe mit etwa 1,2 Kg/m³ als Konstante annehmen. Ebenso ist die Profiltiefe unseres Flugmodells eine Konstante. Die Viskosität der Luft dürfen wir als Konstante betrachten, somit bleibt die *Fluggeschwindigkeit* einzig und allein im Bruchzähler.

Um die Profileigenschaften im niedrigen Geschwindigkeitsbereich zu beurteilen, sehen wir uns also niedrige Re-Zahlen an, im Modellflugbereich unter 150.000, für die Eigenschaften bei höheren Geschwindigkeiten sind Re-Zahlen über 500.000 relevant.

Nach diesem Exkurs in die Physik lassen wir unsere vier ausgewählten Profil-Kandidaten gegeneinander antreten. Wir nützen dabei die Möglichkeit, verschiedene Profile in einem

Tabelle 1: Re-Zahl

t (cm)	25 km/h	50 km/h	100 km/h	150 km/h
15	71.311	142.623	285.247	427.871
20	95.082	190.165	380.330	570.495
25	118.853	237.706	475.412	713.118
30	142.623	285.247	570.495	855.742

Re-Zahl in Abhängigkeit zu Profiltiefe t und Geschwindigkeit in Seehöhe.

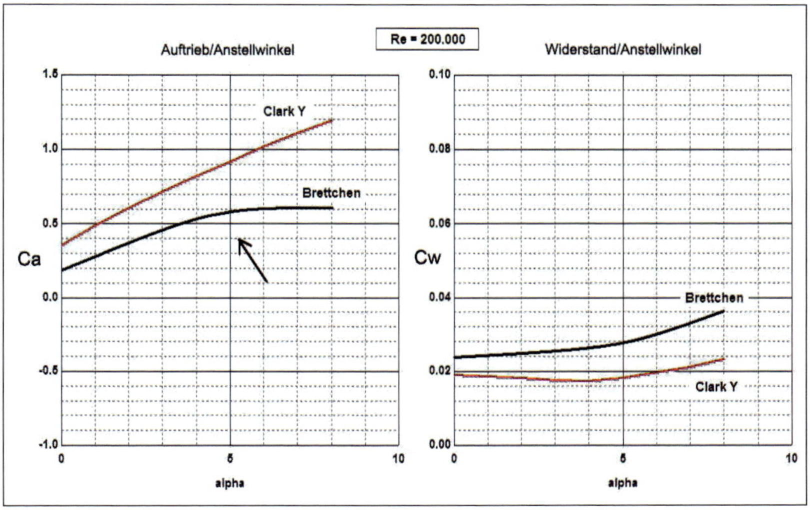

Clark-Y gegen Brettchen. Alle Polardarstellungen von Profil2, www.profili2.com.

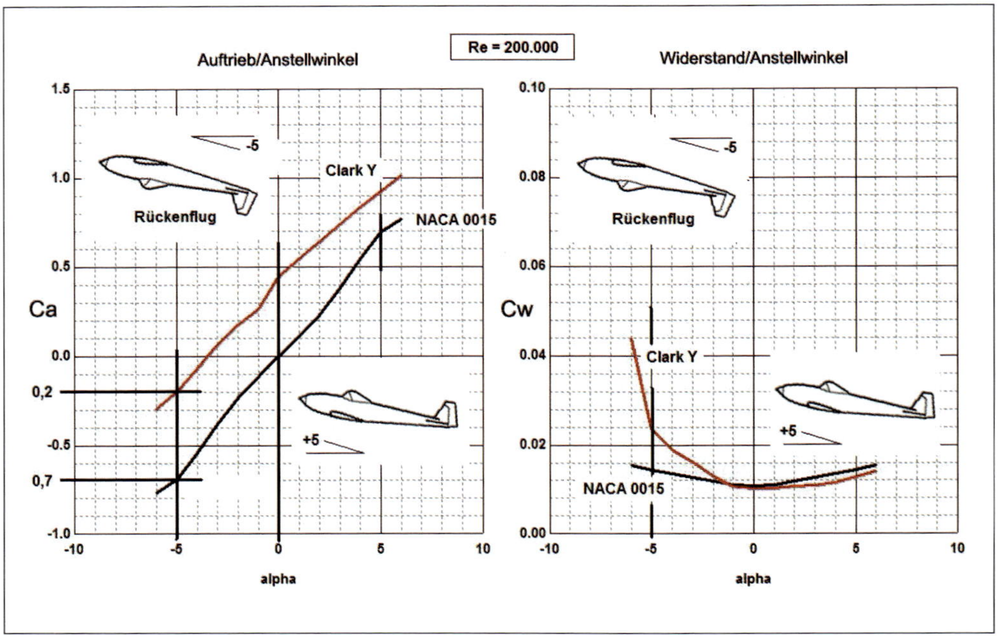

Clark-Y gegen NACA 0015.

Polardiagramm miteinander zu vergleichen. Als Vergleichsprofil dient das universelle Clark-Y. Bei allen Re-Zahlen weist das Brettchen ein deutlich schlechteres Verhältnis zwischen Ca und Cw auf, das heißt, dass der Widerstandsanstieg im Verhältnis zum Auftriebsanstieg bei Anstellwinkelerhöhung beim Brettchen höher ist als beim Clark-Y. Keine Überraschung, wenn man die scharfen Kanten des einen gegen die aerodynamischen Rundungen des anderen vergleicht. Der Strömungsabriss erfolgt ebenfalls beim Brettchen abrupter als beim Vergleichsprofil, und zwar bei der Markierung im Bereich von 5° Anstellwinkel bei 200.0000 Re. Aber dennoch: auch beim Brettchen findet bis zum Strömungsabriss ein Anstieg von Ca bei Anstellwinkelerhöung statt. Würde man den Anstellwinkel weiter reduzieren, wäre eine Entwicklung ähnlich wie beim symmetrischen NACA-Profil erkennbar, sehen wir uns das an.

Auf den ersten Blick wirkt das symmetrische NACA-Profil schwach, besonders im Vergleich der Auftriebsbeiwerte, da liegt das Clark-Y ein Stockwerk höher. Aber nur im Normalflug, denn kaum dreht man den Flieger in den Rückenflug, so kehren sich die Vorzeichen zugunsten des NACA-Profils um. Bei 200.000 Re sieht man beim NACA 0015 einen Auftriebsbeiwert von 0,7, beim Vergleichsprofil nur 0,2. Beim Widerstand ist diese Entwicklung noch drastischer: starker Anstieg bei -5° beim Clark-Y: Strömungsabriss im Rückenflug! Alle symmetrischen Profile, so unvorteilhaft ihre Werte im Normalflug auch sein mögen, wie beispielsweise beim Brettchen, können im Rükkenflug gegen unsymmetrische, für den Normalflug optimierte Profile punkten. Diese lageneutralen Eigenschaften sind für die bevorzugte Verwendung symmetrischer Profile bei Leitwerken und bei Kunstflugmaschinen verantwortlich.

Nun zum RG15-Profil. Hier vergleichen wir ein typisches Schnellflug-Profil mit unserem Allrounder. Der Widerstand des RG-Profiles ist geringer, und zwar bis zu einem Anstellwinkel von 6 Grad bei 300.000 Re. Der Auf-

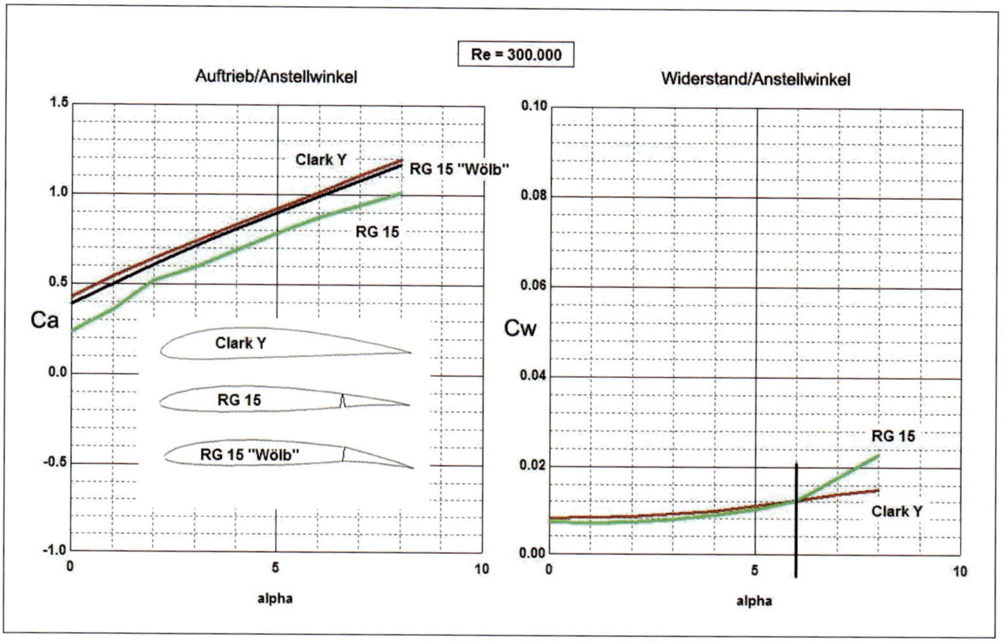

Clark-Y gegen RG 15.

triebsanstieg ist zwar schön gleichmäßig, aber stets um 0,1 geringer als beim Vergleichsprofil. Nun haben aber moderne Flügel die Möglichkeit, ihre Geometrie mittels Wölbklappen zu verändern. Dabei senkt sich zum Beispiel ein Abschnitt von 20-25 % der gesamten Profiltiefe um 3° nach unten. Diese in der Polare als „RG-15 Wölb" bezeichnete Form weist praktisch gleich gute Auftriebswerte wie das Clark-Y auf, und ist auch während des Fluges herstellbar. Die guten Wölb-Eigenschaften von Schnellflug-Profilen wie dem RG-15 haben im Wettbewerb große Bedeutung, wenn es um engen Kurvenflug bei möglichst wenig Geschwindigkeitsverlust geht. Solche Vorteile werden aber nur wirksam, wenn große Sorgfalt auf das Gesamtkonzept gerichtet wird. Denn zusätzliche Steuerflächen, wie zum Beispiel Wölbklappen, weisen auch zusätzliche Angriffspunkte für parasitären Widerstand an den Klappenspalten und an der Anlenkung der Klappen auf. Dieser zusätzliche Widerstand wird in der Polare nicht sichtbar.

Zusammenfassend ist zu sagen, dass manche typischen Profileigenschaften sich auch durch deren Polare, insbesondere im Vergleich zu anderen Profilen, sichtbar machen lassen, bei weitem aber nicht alle. Das liegt hauptsächlich in der Methode der Berechnung der jeweiligen Programme, die Ungenauigkeiten enthalten. Aus der in der Polare abgelesenen Profileigenschaft lässt sich wiederum annäherungsweise eine Aussage über die Flugeigenschaften des ganzen Flugzeuges ableiten. Ungenauigkeiten, die durch den Bau oder die Montage, manchmal sogar lediglich durch leichte Verschmutzung an der Profilnase entstehen, lassen die tatsächliche Leistung des Profils weiter von seiner Polaren-Form abweichen. Außer dem verwendeten Profil tragen hauptsächlich das Gewicht, der Antrieb, die Eigenstabilität, die Benutzerfreundlichkeit und die Erfahrung des Piloten zum erfolgreichen Flug bei.

Bei besonderen Flügelanordnungen, wie dem Rotor eines Hubschraubers, dem Nurflügler und dem Deltaflügel, finden wir genau dieselben Merkmale wie bei allen anderen Tragflächen. Unterschiedlich ist das Gesamtkonzept, also die Nutzung der Tragflächeneigenschaften für einen bestimmten Zweck. Besonders eigenwillig ist die Nutzung durch den Hubschrauber, der wartet nicht, bis er als ganzes von Luft angeströmt wird, sondern rotiert seine Tragflächen, die Rotoren genannt werden, mit Hilfe von Motorkraft im Kreis herum, während das Flugzeug selbst noch still steht. Durch Anstellwinkelvergrößerung erzeugen diese Rotoren Auftrieb, der ohne Vorwärtsgeschwindigkeit des Hubschraubers in Steigleistung umgesetzt werden kann. Auch im Bereich der Modellhubschrauber spielt das Leistungsgewicht die entscheidende Rolle, so sah man in diesem Bereich in den letzten Jahren starke Zuwächse durch leichtere Akkus sowie leichtere und stärkere Motoren.

Der Rumpf

Obwohl fast so auffällig wie die Tragfläche, hat der Rumpf eines Modellflugzeuges doch ungleich weniger Einfluss auf seine Eigenschaften. Allein die Tatsache, dass es ausgezeichnet fliegende Nurflügler, sowohl in der personentragenden Fliegerei als auch im Modellflug gibt, zeigt die Relativität seiner Bedeutung. Dennoch, wenn er schon mal da ist, sollten wir ihn auch nicht unterschätzen. Wenn der Rumpf auch aerodynamisch gesehen nicht unbedingt notwendig für den Flug ist, so hat er doch einen praktischen Nutzen, und zwar als Plattform. In seinem Inneren können Ausrüstungsteile mitgeführt werden, er kann ein Fahrwerk beinhalten oder als Montageplattform dienen, er kann den Landestoß mechanisch auffangen und so die wichtigen Tragflächen vor Beschädigung schützen. Er kann die Flugstabilität verbessern, weil durch seine Länge die Hebelarme zu den Leitwerken größer werden. Er kann und muss eine zuverlässige Plattform für den Antrieb darstellen. Er kann dem Modell ein gefälliges Aussehen geben. Er kann ja doch was.

Sein augenscheinlichstes Merkmal ist seine Form. Er kann voluminös oder schlank sein, kann im Aufbau und der Form einem Kasten ähneln oder rund sein.

Jedenfalls müssen wir die Tragflächen und die Leitwerke daran befestigen. In diesem Bereich muss er dafür Vorrichtungen aufweisen, und seien es die im rechten Winkel zur Flugrichtung durchsteckten Holzrundstäbe zum Spannen der Gummiringe um den Flügel. Oder auch ein Gewinde zur Aufnahme von Befestigungsschrauben. Oder, im Fall von seitlich angesteckten Tragflächen, Messing oder Karbonrohre zur Aufnahme von Stiften und Drähten entsprechend der Tragflächenkonstruktion. Dieser Bereich der Tragflächenbefestigung ist durchaus als neuralgisch zu

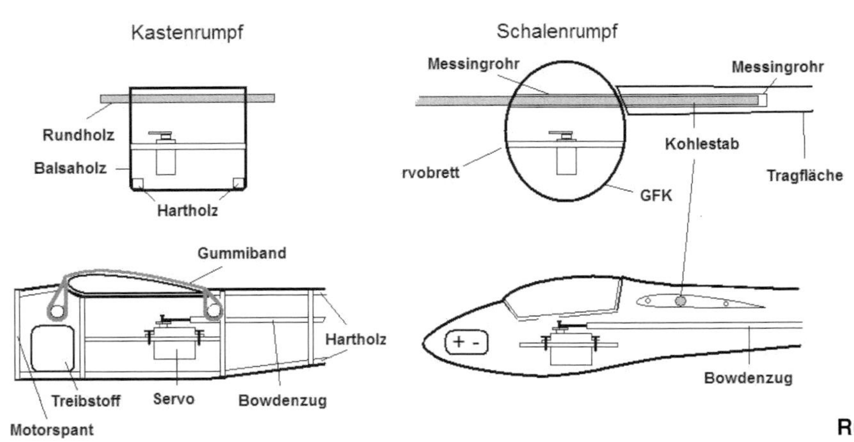

Rumpfformen.

bezeichnen. Die Tragfläche muss fest genug sitzen, um sich im Flug nicht zu verabschieden, sollte sich aber unter gewissen Umständen, und zwar unter Einfluss von Gewalt, vom Rumpf lösen, um selbst nicht abzubrechen und um den Rumpf nicht zu beschädigen. Je ungeübter man ist, desto mehr sollte man auf die zuletzt genannten Eigenschaften machen. Ein Profi, der von sich sagen kann: „Bei mir gibt es keinen Bruch“, der mag Rumpf und Tragfläche bombenfest miteinander verschrauben. Auch der Umkehrschluss gilt: weist ein Modell als einzige Option eine fest verschraubte Flächen-Rumpfverbindung auf, ist es vermutlich nicht als Einstiegsmodell gedacht. Eine häufig verwendete Lösung besteht in der Verwendung von Nylonschrauben in Metallgewinde. Bestimmte Anwendungsarten erfordern allerdings sehr steife Verbindungen, insbesondere im Wettbewerbsbereich, wo hohe Fluggeschwindigkeiten erzielt werden.

Des Weiteren lassen sich in der Anordnung der Tragflächen zum Rumpf vier grundlegende Flugzeugfamilien erkennen: Tiefdecker, Mitteldecker, Hochdecker und Mehrdecker. Im Schiffsbau werden horizontale Ebenen als Decks bezeichnet, diese Bezeichnungen sind also Erbstücke aus der Pionierzeit des Flugzeugbaus, der noch stark am älteren Bruder Schiffsbau orientiert war. Die Anordnung der Tragflächen am Rumpf spielt eine wesentliche Rolle für die Flug- und Handhabungs-Eigenschaften des Flugzeuges. Hochdecker weisen eine gute Stabilität um die Quer- und Längsachse auf, der tiefliegende Schwerpunkt macht es möglich. Außerdem ist der Aufbau aus der Sicht der Montage einfach.

Mitteldecker weisen eine neutrale Flugstabilität auf, was für präzisen Kunstflug eine Tugend darstellt. Die Tragflächen werden seitlich über einen Stahl-, Kohle oder Hartholzstab an den Rumpf angesteckt. Obwohl aufwändiger als die Montage von Hoch- oder Tiefdeckertragflächen, ist sie im Modellbau weit verbreitet. Der Aufbau als Tiefdecker ist, wie beim Hochdecker, technisch einfach herzustellen. Die Flugeigenschaften hängen von weiteren Faktoren wie V-Stellung der Tragflächen und der Schränkung ab, können also bei dieser Konfiguration von stabil bis wendig in einem weiten Bereich liegen. Viele Flugzeuge, von denen extreme Leistungen und kostengünstige Herstellung verlangt werden, weisen diese Konfiguration auf.

Der Mehrdecker weist in der Regel eine Tragfläche als Tiefdecker montiert auf, eine oder mehrere Tragflächenebenen darüber. Die Umständlichkeit dieser Konfiguration ist unübersehbar, dennoch gibt es einen guten Grund dafür: Flächenbelastung! War es in der Pionierzeit der Fliegerei aufgrund des hohen Gewichtes der Baustoffe eine Notwendigkeit, die Flächenbelastung in einem Bereich zu halten, in dem ein Flug überhaupt möglich war, so findet diese Auslegung heute neue Freunde. Im Bereich Kunstflug, Shockflyer, Parkflyer und Saalflug können in Verbindung mit leichten Baustoffen extrem geringe Flächenbelastungen erzielt werden, die die aufwändige Herstellung von profilierten Tragflächen überflüssig machen. Hohe Geschwindigkeiten sind dabei aufgrund des hohen Gesamtwiderstandes durch die große Stirnfläche nicht möglich, aber unter Umständen auch gar nicht gewünscht. Neben der Tragflächenaufnahme ist auch für die Aufnahme des Seiten- und Höhenleitwerkes zu sorgen. Hier ist die Auflagefläche geringer, also mehr handwerkliche Geschicklichkeit gefragt, als bei der Tragflächenaufnahme. Bei T- und Kreuzleitwerksanordnung ist das Seitenleitwerk in der Regel untrennbar mit dem Rumpf verbunden. Das Höhenleitwerk wird idealerweise mit Nylonschrauben befestigt oder auch mit Gummiringen aufgeschnallt, vergleichbar der Methode der Tragflächenbefestigung. Bei V-Leitwerksanordnung werden die beiden symmetrischen Leitwerke entweder auf Führungsdrähte aufgeschoben oder aufgeschraubt. Da bei dieser Anordnung die Beschädigungsgefahr bei der Landung geringer ist als beim Kreuzleitwerk, ist dies als feste Verbindung ausgeführt. Die Montage des Antriebes erfolgt in der Regel vorne, selten am hinteren Rumpfende, und heutzutage noch seltener in einer Motorgondel im Bereich des Schwerpunktes, also oberhalb der Tragflächen. Im Gegensatz zu den Tragflächen ist es empfehlenswert, den Antrieb immer fest mit dem Rumpf zu verbinden. Das Bauteil, das diese Verbindung herstellt, ist in den meisten Fällen der Motorspant. Darauf wird der Antrieb entweder direkt oder mit Hilfe eines Motorträgers montiert. Dahinter bietet das Innere des Rumpfes Platz für den Motor selbst, einen Treibstofftank oder die Antriebselektronik für einen E-Motor, eine Stromversorgung für den Empfänger der Funkfernsteuerung, gegebenenfalls die Stromversorgung für den E-Motor. Dann könnte noch ein Servobrett, meist waagrecht eingebaut, die Rudermaschinen für Höhen- und Seitenleitwerk beherbergen. Durch die Verfügbarkeit von kleinen, leichten und trotzdem zugkräftigen Servos ist die Verlegung der Höhen- und Seitenleitwerksservos zum Heck des Rumpfes möglich geworden. Von dort aus können die Ruder über kurze Schubstangen spielfrei und ohne Reibungsverlust, bedingt durch einen Bowdenzug oder eine lange im Rumpf aufliegende Schubstange, angelenkt werden. Die dämpfende Wirkung des Bowdenzuges geht dadurch aber verloren.

Nun haben wir die Transportleistung des Rumpfes hervorgehoben, aber liefert denn ein Rumpf gar keinen Auftrieb? Doch, so wie jeder Körper, der in einem bestimmten Winkel einer Luftströmung ausgesetzt ist, liefert auch der Rumpf Auftrieb, aber in der Regel in einem sehr geringen Ausmaß. Im Kunstflug wird dieser Umstand beim so genannten Messerflug genützt, einer Flugfigur, bei der die Tragflächen vertikal zum Horizont ausgerichtet sind und der Rumpf zusammen mit dem Höhenleitwerk zumindest kurzfristig den Auftrieb für einen stabilen horizontalen Flug liefert. Der Messerflug gelingt umso besser, als der Rumpf seitliche Angriffsfläche bietet, und manche Rümpfe sind von ihrem Rumpfquerschnitt darauf hin optimiert. Der Brettrumpf, also eine zweidimensionale Rumpfauslegung, bei der die mitzuführenden Komponenten nicht innen liegen, sondern außen angebracht sind, ist darin die konsequenteste Umsetzung, was auch dem Kostenfaktor und dem Leistungsgewicht zugute kommt.

Bei Vernachlässigung des Auftriebes, der genau wie bei der Tragfläche induzierten Widerstand erzeugt, bleibt als Widerstand beim Rumpf also in erster Linie der parasitäre Widerstand, der ausschließlich bremst. So können wir aus der Sorgfalt, mit der widerstandsreduzierende Maßnahmen getroffen wurden, auch beim Rumpf Schlüsse über den Verwendungszweck des Flugmodells ziehen. Nun betrachten wir einmal die Faktoren, die in spezieller Hinsicht auf einen Flugzeugrumpf Widerstand erzeugen:

- Reibung zwischen Oberfläche und vorbeiströmender Luft: je großflächiger und je rauer die Oberfläche ist, desto mehr Widerstand.
- Stirnwiderstand gegeben durch den Rumpfquerschnitt.
- Formwiderstand durch aerodynamisch ungünstig geformte, in der Luftströmung liegende Bauteile, in erster Linie der Bug (vorn) und das Heck (hinten) des Rumpfes. Der Formwiderstand wird als Widerstandsbeiwert Cw erfasst, Tropfen haben beispielsweise einen geringeren Widerstandbeiwert als Kugeln. Eine Halbkugel mit der geraden Hälfte in Richtung der anströmenden Luft hat einen größeren Widerstandsbeiwert als dieselbe Halbkugel mit der runden Seite in die Strömung gerichtet. Beide Körper habe genau denselben Querschnitt und dieselbe Oberfläche, doch unterschiedlich viel Luftwiderstand.
- Interferenzwiderstand als Folge von Störungen in der Strömung im Bereich von Tragflächen- und Leitwerksübergängen. Abgerundet verlaufende Übergänge reduzieren den Interferenzwiderstand.

Alle oben genannten gehören dem parasitären Widerstand an, sie leisten nichts Nützliches und hängen dem Träger wie ein leistungshemmender Schädling an. Je mehr Rumpf also, desto mehr Widerstand. Diese Erkenntnis führte bei den Segelflugzeugen, die nicht auf Befehl Energie entfalten können, zu den typisch schlanken, im Heck teilweise bleistiftartig eng zusammenlaufenden Rümpfen. Lediglich im Bereich des Cockpits wird dem Piloten eine tropfenförmige Ausdehnung gegönnt. Im Flugmodell sind wir dankbar für diesen Platz, um die größeren Bestandteile der Fernsteuerungsanlage darin zu platzieren. Der kleine Rumpfquerschnitt von Zweckmodellen erfordert den Einsatz von besonders kleinen Elektronikbausteinen, insbesondere der Akku muss schrumpfen.

Auf der Suche nach dem optimalen Verhältnis zwischen Auftrieb und Widerstand stößt man logischerweise auf den rumpflosen Nurflügler. Wenn es aber um das Erreichen von Höchstgeschwindigkeiten geht, ist nur das Verhältnis zwischen Antriebsenergie und Gesamtwiderstand interessant. Die Frage: „lassen wir besser den Rumpf oder die ebenfalls widerstandsliefernden Tragflächen weg?“ – wird durch die Raketen geklärt. Deren Rumpfquerschnitte nehmen Treibstoff, also Energiereserven, in ausreichender Menge für den Antrieb, und den Antrieb selber auf, es sind praktisch nur Rümpfe mit kleinen Steuerungsflügeln. Durch den gewaltigen Antrieb werden sie zu höheren Geschwindigkeiten gejagt als jeder noch so widerstandsoptimierte Nurflügler. Die Langsamflugeigenschaften sind entsprechend bescheiden.

Im Modellflug interessiert uns neben einem breiten Geschwindigkeitsspektrum auch die Flugstabilität, die Handhabung und die bautechnische Umsetzbarkeit mit den üblichen Heimwerkermitteln. Aus diesem Grund wird uns wohl der klassische Flugmodellaufbau Tragfläche-Rumpf-Leitwerke noch lange erhalten bleiben. Zusammenfassend könnte man aus aerodynamischer Sicht festhalten: je weniger Rumpf, desto besser, und wenn, dann schön rund. Aus Gründen der Handhabung und der Montagefreundlichkeit wird aber bei so manchem Modell eine gewisse Geräumigkeit geschätzt.

Die Leitwerke

Das Höhenleitwerk mit dem flexiblen Teil, dem Höhenruder, ist in erster Linie für die Stabilität um die Querachse (Längsstabilität) und die Ruderwirkung „Höhe“ oder „Tiefe“ verantwortlich. Das Seitenleitwerk ist für die Richtungsstabilität des Flugmodells zuständig. Mit dem Seitenruder steuert man das Flugzeug um die Hochachse. Der Winkel zwischen der Profilsehne des Höhenleitwerks und der Profilsehne des Tragflügels wird Einstellwinkeldifferenz genannt und kommt als EWD in den meisten Bauanleitungen vor.

Die Größe der Leitwerke, also der Leitwerksflächeninhalt, ist ein bestimmender Faktor für die Schwerpunktsbestimmung und die Richtungsstabilität des Flugmodells. Je größer der Höhenleitwerksinhalt, desto weiter rückt der zulässige Schwerpunkt nach hinten. Je größer der Seitenleitwerksinhalt, desto größer die Stabilität um die Hochachse. Die Leitwerke erzeugen Widerstand, wobei wiederum der induzierte Widerstand aufgrund der schwachen Auftriebsleistung in seiner Bedeutung zu

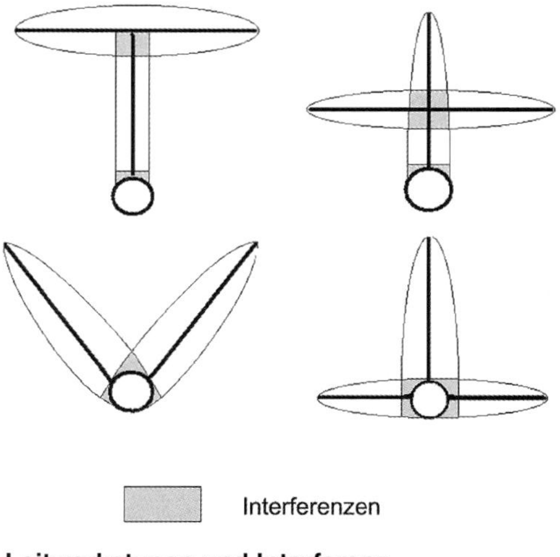

Leitwerkstypen und Interferenz.

vernachlässigen ist. Bleibt also der parasitäre Widerstand, hier sind das verwendete Profil, die Profildicke, die Größe, die Ausformung der Übergänge zum Rumpf und die Oberflächenqualität die bestimmenden Größen.

Das augenscheinlichste Merkmal der Leitwerke ist die Ausführung als Kreuz-,T- oder V-Leitwerk zu nennen. Von letzterem, also dem V-Leitwerk, hatte man sich vor allem in Modellflugkreisen noch bis in die Gegenwart Vorteile in Bezug auf den parasitären Widerstand erwartet. Man ging davon aus, dass bei zwei V-förmig angeordneten, miteinander nur an der Wurzel verbundenen Leitwerksflächen der Interferenzwiderstand günstiger sein müsste, als bei zwei miteinander gekreuzten Leitwerkswerksflächen, wo insgesamt vier rechtwinkelige Übergänge aerodynamisch als Widerstand wirksam wären. Selbst beim T-Leitwerk ergeben sich zwei rechtwinkelige Übergänge, nämlich an der Unterseite des Höhenleitwerks. Gute Ergebnisse in der Praxis und ein gefälliges Aussehen brachten diese Bauart im Bereich der Hochleistungssegler bald in Mode, und es stellte sich heraus, dass die winkelig nach oben abstehenden Leitwerke weniger beschädigungsanfällig waren als Kreuzleitwerke, bei denen die Leitwerksenden unter Umständen in Kontakt mit dem Boden kommen konnten. Bald war der Mythos entstanden, dass diese Anordnung den Gesamtwiderstand verbessert und es bei der Montage außerdem zu Gewichtseinsparung käme. Erst eine Serie von genauen Vergleichsmessungen stellte unwiderlegbar dar: Bei gleicher Effektivität muss ein V-Leitwerk größer ausgeführt werden als ein T- oder Kreuzleitwerk und ist daher mit mehr Stirnwiderstand behaftet. Der Gewichtsvorteil bei der Montage ist, wenn überhaupt, nur minimal und wirkt sich mit einer einzigen Ausnahme nicht auf das Flugverhalten aus, und diese Ausnahme ist der enge Kurvenflug. Hier bedeutet ein leichteres Leitwerk einen geringeren Kraftarm, der um die Kurve bewegt werden muss.

Bleibt also als Argument noch die geringere Beschädigungsanfälligkeit gegenüber manchen Kreuzleitwerksanordnungen und die Optik. Ich kenne genau vier Muster aus der personentragenden Fliegerei, die als V-Leitwerk ausgeführt sind, und dort spielt Widerstand und Wendigkeit eine nicht minder große Rolle als im Modellflug.

Welche Merkmale weisen nun die unterschiedlichen Leitwerksanordnungen tatsächlich auf? Bevor wir das beantworten können, sei ein Umstand erwähnt, der beim ruhenden Modell nicht erscheint. Es handelt sich um die Bildung von Turbulenzen an der gesamten Hinterkante der Tragfläche. Der bereits beschriebene Druckausgleich zwischen Tragflächenober- und Unterseite wirkt zwar am

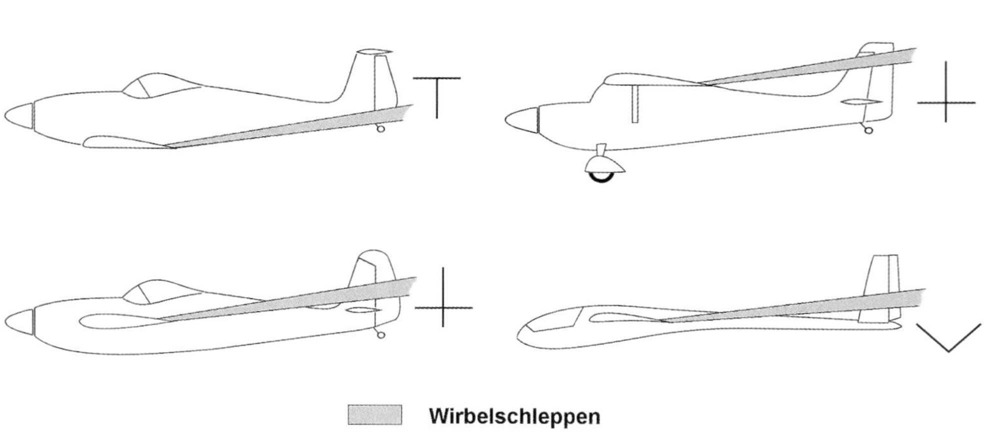

Leitwerkstypen und Wirbelschleppen.

Drehmoment
Als **Drehmoment** bezeichnet man jene physikalische Größe, die bei der Beschleunigung eines drehbaren Körpers wirkt. Es ist ein Produkt aus Kraftarm und Kraft.
Die Leistung eines Antriebes ist das Produkt seines Drehmomentes und der Winkelgeschwindigkeit der rotierenden Achse. Die Länge des Kraftarmes ist daher ein bestimmender Faktor für die Leistung eines Motors.

Leistung = Drehmoment × Winkelgeschwindigkeit
Drehmoment = Kraft × Hebelarm
Winkelgeschwindigkeit = Drehzahl × 2π

Das Drehmoment eines Antriebes wirkt nicht nur auf einen Propeller oder einen Rotor, es wirkt in entgegengesetzter Drehrichtung auch auf den Motor *zurück!*

ausgeprägtesten an den Flügelspitzen, findet aber entlang der gesamten Spannweite graduell statt. Diese Turbulenzen sind bei hohen Anstellwinkeln am stärksten und verlaufen entlang der Luftströmung heckwärts, als in Richtung der Leitwerke. Liegen die Leitwerke in einer bestimmten Fluglage, sagen wir im Langsamflug, direkt im Bereich dieser Turbulenzen, wird ihre Wirksamkeit stark beeinträchtigt. Sie werden dann nicht mehr gleichmäßig umströmt, sondern stehen relativ wirkungslos in einer richtungslos bewegten Luftmasse. Bei der Anordnung der Leitwerke ist zu berücksichtigen, diese möglichst aus dem Tragflächenwirbel herauszuhalten.

So ist durch die Anordnung Tiefdecker/T-Leitwerk oder Hochdecker/Kreuzleitwerk ein möglichst großer Abstand in der vertikalen Ebene gegeben. Bei allen anderen Anordnungen ist die Wirksamkeit des Höhenleitwerks Gegenstand von Flugerprobung und Experiment. In manchen Fällen wird die Effektivität durch schräg nach oben oder nach unten angewinkelte Höhenruder erreicht. Dadurch wird nie das ganze Leitwerk von der Tragflächenturbulenz getroffen, der schräg aus der Turbulenz herausreichende Teil ist aerodynamisch noch wirksam. V-Leitwerke weisen diese Eigenschaft ebenfalls auf. Um den ungewünschten Effekt der Abschattung durch die Tragflächenturbulenz zu reduzieren, werden die Leitwerksflächen oft etwas größer ausgeführt, als für ihre Aufgabe notwendig wäre. Die Effizienz der Leitwerke wird des Weiteren durch Störungen in deren Anströmung beeinträchtigt, die vom Rumpf ausgehen. Ein voluminöser, sich heckwärts verjüngender Rumpf bildet Verwirbelungen, die in ihrer Wirkung gleich den Wirbelschleppen der Tragflächen sind. Die Effizienz liegt bei T-Leitwerken meist über 90 %, da sie von den Störungen des Rumpfes weitgehend geschützt sind, und auch den Wirbelschleppen entgehen, sie werden nur durch die Präsenz des Höhenleitwerkes minimal gestört. Bei einem Kreuzleitwerk, das sowohl durch einen „dicken" Rumpf, als auch durch Ausläufer der Wirbelschleppen gestört wird, kann die Effizienz auf unter 30 % sinken. Es muss bei der Konstruktion bereits darauf geachtet werden, es entsprechend groß auszuführen.

Das Seitenleitwerk sorgt für Stabilität um die Hochachse, und wird in dieser Eigenschaft vom Rumpf selbst unterstützt. Je kürzer der Rumpf, desto größer muss das Seitenleitwerk ausgeführt sein, da es an Hebelwirkung einbüßt. Bei der Ausführung als V-Leitwerk entspricht die Projektion des Leitwerks auf eine horizontale Ebene der Höhenleitwerksfläche. Natürlich können die Leitwerke ihre Aufgaben nicht erfüllen, ohne Widerstand zu erzeugen. Dieser beträgt typischerweise lediglich ein Zehntel des Widerstandes, den die Tragfläche erzeugt, und oft nicht mehr, als die Ruderanlenkungen durch schlecht abgedeckte Servos, Rudergestänge und Ruderhörner erzeugen.

Der Hubschrauber

Die stark im Aufwärtstrend befindlichen Modellhubschrauber lassen sich nicht durch die Konfiguration *Tragfläche-Rumpf-Leitwerk* charakterisieren. Technisch gesehen gibt es kaum offensichtliche Parallelen zwischen Flächen- und Hubschrauberflug, im Modellflug gab es bis vor kurzem zwischen diesen beiden Kategorien selten Kontakt, obwohl seit den 1970er-Jahren funktionierende Modelle auf dem Markt sind. Die Kosten, die aus der Komplexität des Hubschraubers resultieren, mögen dafür als Begründung genügen. Dennoch, aerodynamische Umstände wie das Zusammenspiel von Auftrieb, Widerstand, Schub und Schwerkraft wirken auf den Hubschrauber genauso wie auf einen Hochleistungssegler, eine Kunstflugmaschine oder einen Betonziegel. Die Bedeutung von Drehmoment und Anstellwinkel ist gerade bei der Hubschraubertechnik enorm.

Der „Normalfall"

Oberflächlich gesehen ähnelt der Rumpf eines typischen Hubschraubers dem Körper einer Libelle: Vorne dick, nach hinten sich verjüngend. Der Grund dafür liegt keineswegs in der Ästhetik, sondern in der Zweckmäßigkeit. Der Rumpfvorderteil beherbergt den Antrieb inklusive Tank oder Antriebsakku, die Antriebsmechanik, den Empfänger der Funkfernsteuerung mit Stromversorgung und mindesten drei Servos. Da darf es schon etwas dicker sein. Tatsächlich wirkt die Anordnung der Ausrüstung im Vorderteil regelrecht beengt. Begründung: Der Schwerpunkt des Hubschraubers soll möglichst nahe an der Rotorwelle liegen, welche vom Motor ausgehend vertikal ausgerichtet ist. Das Heck des Hubschraubers hat dagegen nur einen Zweck: es soll einen sinnvollen Hebelarm für den *Heckrotor* darstellen, der dem Drehmoment des Rotors entgegenwirkt. Es ist daher in der Regel baulich zart ausgeführt, ein Kohlerohr oder ein Aluminiumgestänge, mehr nicht.

Treten wir also näher, um zu betrachten, was sich da oben am Rumpfvorderteil an der aus dem Rumpf herausragenden Rotorwelle befindet: der in unserem Fall zweiblättrige *Hauptrotor* (im Gegensatz zum *Heckrotor*) und dazu gekreuzt angeordnet, die Hilfs- oder *Hillerpaddel* (nach dem US-amerikanischen Hubschrauberkonstrukteur *Stanley Hiller*). Die Rotorblätter sind an einer kompliziert anmutenden Mechanik befestigt, das Ganze scheint nicht richtig festgeschraubt zu sein, dieser Aufbau" taumelt" regelrecht lose herum. Das muss so sein, denn der Anstellwinkel der Rotorblätter wird während der Drehung um die Rotorachse (also entlang der Rotorwelle) verändert. Man spricht von **kollektiver Blattverstellung**, wenn die Verstellung der Anstellwinkel beider Blät-

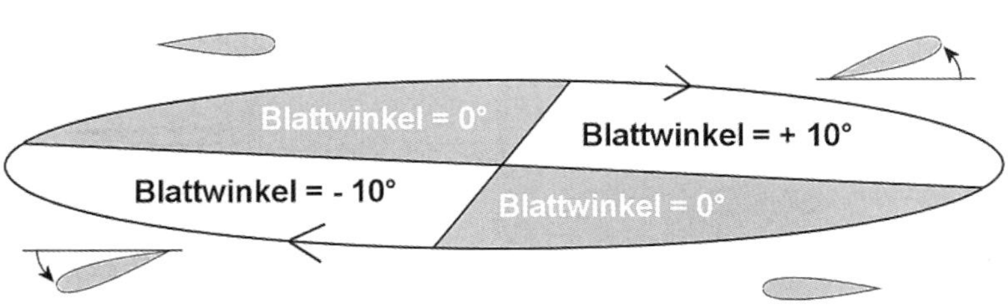

Zyklische Blattverstellung.

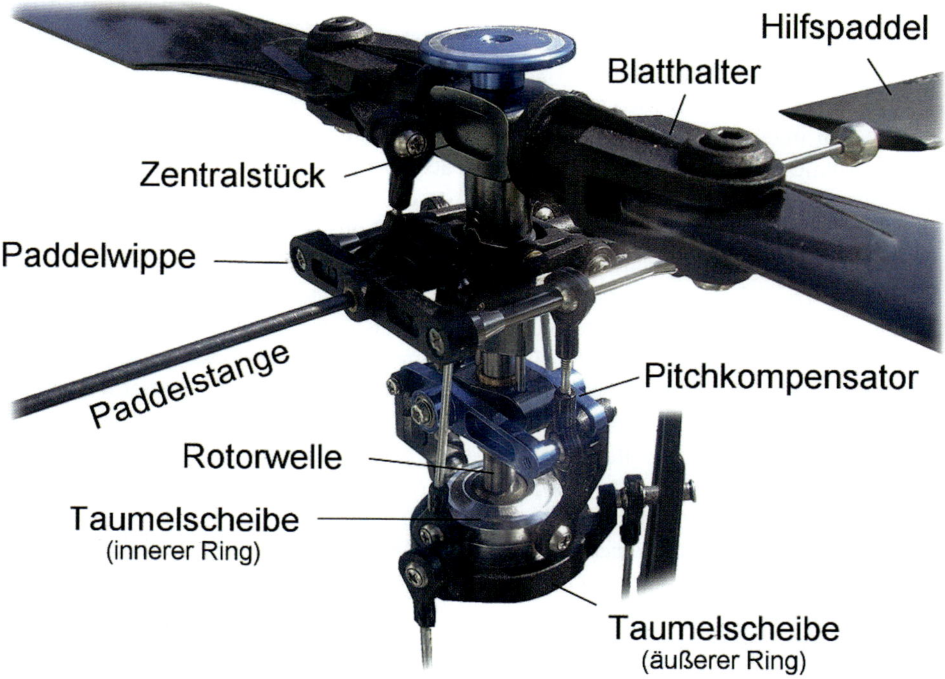

Taumelscheiben-Rotorkopfschematik.

ter gleichzeitig und gleich stark erfolgt, und von **zyklischer Blattverstellung**, wenn die Blätter unterschiedlich zueinander angestellt werden. Unter „Zyklus" wird eine volle Umdrehung des Rotors um die Rotorwelle verstanden.

Ein Vergleich mit einem voll besetzten Fußballstadion, die Fans der Heimmannschaft sitzen in der einen Hälfte des Stadions (also in einem *Sektor*), die der Gäste in der anderen Hälfte. Der Platzlautsprecher dröhnt: „Alle Zuschauer erheben sich zur Begrüßung!", ringsum sieht man die gleiche Reaktion als Entsprechung einer kollektiven Blattverstellung. Nun wieder der Lautsprecher: „Wir begrüßen jetzt unsere *Heimmannschaft* !": Die Fans im Sektor der Heimmannschaft werden nun jubeln und die Hände in die Höhe werfen, im Sektor der Gäste ist entgegengesetzte Reaktion zu erwarten, man setzt sich: zyklische Blattverstellung! Die mechanische Lösung für das Problem, eine Verbindung zu den am **Rotorkopf** befestigten Rotorblättern herzustellen, um deren Anstellwinkel während der Drehung zu verändern, heißt: **Taumelsscheibe**. Sie hat einen *äußeren* und einen *inneren Ring*. Der äußere Ring stellt mit seinen Anlenkpunkten über Kugelgelenke die Verbindung zu den Servos her. Wird durch eine Steuereingabe der äußere Ring geschwenkt, schwenkt der innere Ring in derselben Ebene mit. Der innere Ring ist mit den Hilfspaddeln verbunden, und diese sind letztendlich mit den Rotorblättern verbunden und verstellen deren Anstellwinkel. In der Regel bedeutet ein Anheben der Taumelscheibe eine Anstellwinkelvergrößerung für die Rotorblätter.

Zwar wurden von verschiedenen Herstellern verschiedene Typen von Taumelscheiben entwickelt, aber sie bedienen alle ein Grundidee: kollektive *oder* zyklische Blattverstellung zu ermöglichen, oder *beides*. In der Tat werden zur besseren Dämpfung der Steuersignale über die Taumelscheibe nur die Hilfspaddel angesteuert, die ihrerseits den Hauptrotor ansteuern. Die verschiedenen *Taumelscheibentypen* unterscheiden sich durch die Lage der Anknüpfpunkte für die Schubstangen der Servos voneinander. Darauf muss geachtet werden, wenn es um die Programmierung der Funkfernsteuerung geht.

So wie der Hubschrauber nun da steht und sich nicht rührt, lässt er wenig weitere Schlüsse zu, *wir nehmen ihn also in Betrieb:* Motor läuft, Rotor dreht sich mit einer bestimmten Drehzahl, der Heckrotor dreht sich mit, weil er mechanisch über eine Kurbelwelle oder einen Riemenantrieb mit dem Hauptrotor gekoppelt ist. In dieser Leerlaufphase sind die Rotorblätter so angestellt, dass sie *keinen* Auftrieb liefern. Wenn eine vorbestimmte Drehzahl erreicht und gehalten wird, kann der Modellhubschrauberpilot daran denken, Auftriebskraft zu erzeugen und damit die Schwerkraft zu überwinden. Also: über kollektive Blattverstellung den Anstellwinkel erhöhen. Im Hubschrauber-Jargon wird der *Anstellwinkel aller Blätter* als „*pitch*" bezeichnet (Englisch für „Neigung"), also derjenige Steuerimpuls, der über die kollektive Blattverstellung umgesetzt wird. Um den Vergleich mit dem Fußballstadion nochmals zu bedienen: „*Alle* erheben/setzten sich!".

Um vor dem ersten Start die Blattstellung zu kontrollieren, wird eine Messvorrichtung namens „Pitch-Lehre" verwendet, es wird also nachgemessen, dass der Anstellwinkel passt. Wird nun der *pitch* erhöht, setzt über die Anstellwinkelerhöhung nicht nur Auftrieb, sondern auch Widerstand ein. Man muss daher auch die Motorleistung erhöhen, sonst bricht die Drehzahl zusammen und der Flug findet nicht statt. Wird also der *pitch* so weit erhöht und dabei die Motorleistung zur Erhaltung der Drehzahl mitgefahren, kommt die Auftriebsleistung des Rotors an das Gewicht des Hub-

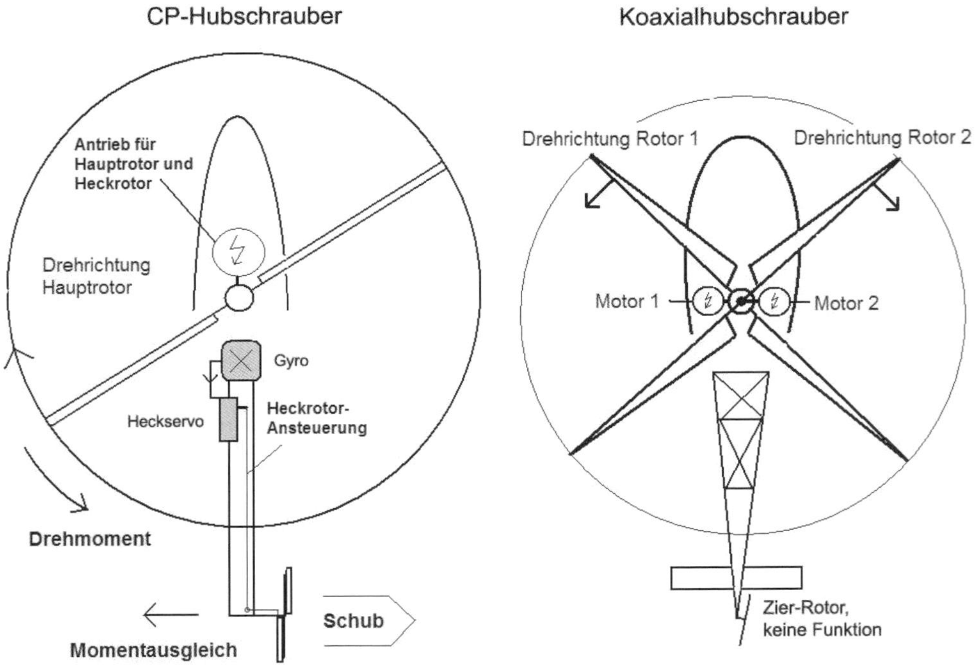

Drehmomentausgleich.

schraubers heran und möchte diese sogar noch übertreffen, sprich: die Schwerkraft überwinden. Was passiert nun, wenn der Hubschrauber die Bodenhaftung verliert? Das Drehmoment, das bislang nur den Rotor dreht, möchte jetzt den Rumpf des Hubschraubers in die entgegengesetzte Richtung drehen, da dieser nun die Bodenhaftung verliert! Nun kommt der Heckrotor ins Spiel, er soll das Drehmoment des schwebenden Hubschraubers ausgleichen. Seine Rotorachse muss daher horizontal ausgerichtet, sein Schub seitlich gerichtet sein.

Nun wurde bereits erwähnt, dass die Drehzahl des Rotors vorbestimmt ist. Sie soll sich auch während des Schwebefluges nicht wesentlich ändern. Jede Pitch-Änderung wird von einer Änderung der Motorleistung begleitet. Erhöht sich also die Motorleistung und damit das Motordrehmoment, wird gleichzeitig über die kollektive Blattverstellung der Pitch erhöht, der Hubschrauber steigt vertikal nach oben. Moment mal, der Heckrotor, der doch dieses Drehmoment ausgleichen soll, ist mechanisch mit der Drehzahl des Hauptrotors gekoppelt, wie soll er bei einer Änderung des Drehmomentes seinen seitlich gerichteten Schub ändern, wenn er seine Drehzahl nicht ändern darf?

Er muss, genau wie der Hauptrotor, seine Blätter *verstellen*, mehr Anstellwinkel bei mehr Drehmoment durch den Hauptrotor, weniger Anstellwinkel bei weniger Drehmoment. Er braucht wie der Hauptrotor die Möglichkeit zur kollektiven Blattverstellung, die *zyklische* bleibt ihm erspart. Auf die Begriffe des Flächenfluges übersetzt handelt es sich um einen Verstellpropeller. Wir nehmen gern zur Kenntnis, dass wir zur genauen Dosierung der Steuereingaben für den Heckrotor eine Unterstützung in Form eines mechanischen oder elektronischen Hilfskreisels in Anspruch nehmen. Ein sich drehender Kreisel setzt nämlich jeder Kraft, die versucht, ihn aus der einmal eingenommen Lage zu bringen, seinerseits eine Kraft entgegen, die dazu genützt werden kann, die Lage im Raum beizubehalten. Dieses Bauteil wird kurz als Gyro bezeichnet, er gibt seine Steuersignale an das Heckservo weiter. Dieses Überträgt den Steuerimpuls mittels Schubstange entlang dem Heckrohr auf den Heckrotor. Kreisel und Heckservo stellen daher eine unverzichtbare Einheit zur Bewerkstelligung des Drehmomentausgleichs dar.

Eine besondere Bauart, nämlich der *Koaxialhubschrauber*, macht sich den Drehmomentausgleich einfacher: Hier werden zwei gegenläufige Rotorebenen durch zwei gleich starke Motoren angetrieben. Das Drehmoment des einen Rotors gleicht das des anderen genau aus. Ein angebauter Heckrotor hat ausschließlich optische Wirkung. Nun ist es tatsächlich gelungen, den Hubschrauber vom Boden abzuheben und zu verhindern, dass sich der Hubschrauber um den Rotor dreht: Er schwebt!

Stellen Sie sich vor, sie stehen am Herd und gießen die kochend heiße Suppe randvoll in einen Suppenteller. Sie nehmen den Teller nun mit beiden Händen am Rand und möchten ihn zum Esstisch tragen, wo die Tischgemeinschaft wartet. Obwohl sie konzentriert vorgehen, schwappt durch ihre Gehbewegung mal ein bisschen Suppe nach dieser und jener Seite aus dem Teller. Und jedes Mal, wenn Sie sich die Finger verbrennen, haben sie sich beim Hubschrauberschwebeflug ebenfalls die Finger verbrannt!

Denn der Hubschrauber stabilisiert sich im Schwebeflug nicht von selber, tritt durch welche Umstände auch immer (Luftzug, Vibrationen, kleine Baufehler) eine Neigung der Rotorebene auf, neigt sich auch dessen Schubrichtung in die eine oder andere Richtung, er möchte aus der ruhigen Schwebelage horizontal ausbrechen. Und so wie es bei dem Suppenteller einen Balanceakt und ständige Korrekturen braucht, um die Tischgesellschaft nicht zu enttäuschen, braucht der schwebende Hubschrauber ständige Korrekturen um die Quer- und Längsachse, um seinen Standort nicht zu verlassen. Dehnen wir den Suppentellervergleich auf die Wirkung der Hilfspaddel aus, so bewirken diese, dass der

Suppenteller nicht ganz randvoll gefüllt wird. Durch die gedämpfte Weitergabe der Taumelscheibenstellung erfährt die Steuercharakteristik eine wünschenswerte Trägheit.

Um diese Korrekturen am Suppenteller nun auf den drehenden Rotor anzuwenden, brauchen wir die *zyklische Blattverstellung* („wir begrüßen die Heimmannschaft!"). Die Quer- und Längslage des Hubschraubers wird dadurch steuerbar, im „Hubi-Jargon" wieder aus dem Englischen: *„roll"* für Steuerimpulse betreffend der Querlage („Rollen"), *nick* für Steuerimpulse betreffend der Längslage (Nase rauf oder runter, „Nicken"). *Pitch* als Ausdruck für Anstellwinkel bleibt exklusiv der kollektiven Lage der Rotorblätter vorbehalten, während sich *pitch* im Flächenflug auf den Anstellwinkel der Tragflächen bezieht und somit die Längslage des ganzen Flugzeuges bestimmt.

Zusammenfassend gilt für den Schwebeflug: Wenn ausreichend Auftrieb durch den Rotor, entsprechender Drehmomentausgleich über den Heckrotor und ausreichend Balancegeschick in der Steuerung von *nick* und *roll* besteht, dann schwebt der Hubschrauber.

Es gibt drei Taumelscheibentypen, die im „Normalfall", also für kollektive *und* zyklische Blattverstellung zum Einsatz kommen: Der so genannte *mechanische Typ, die Heim-Mechanik* und die *CCPM*-Taumelscheibe, was schlicht und einfach die Abkürzung für das englische *cyclic-collektive-pitch-mixer* ist. Zu Deutsch: zyklisch, kollektiver Blattwinkel-Mischer.

Beim älteren **mechanischen Typ** ist je ein Servo für die Steuerfunktionen *pitch, roll* und *nick* zuständig. Wird zum Beispiel nur die Steuerfunktion *roll* für den Kurvenflug benötigt, haben die anderen beiden Servos Pause. Umgelegt auf den Stadionvergleich: Die Heimmannschaft schießt ein Tor, die Fans der Gäste sind erstarrt.

Die Anlenkpunkte am äußeren Ring der Taumelscheibe stehen in einem Winkelmaß

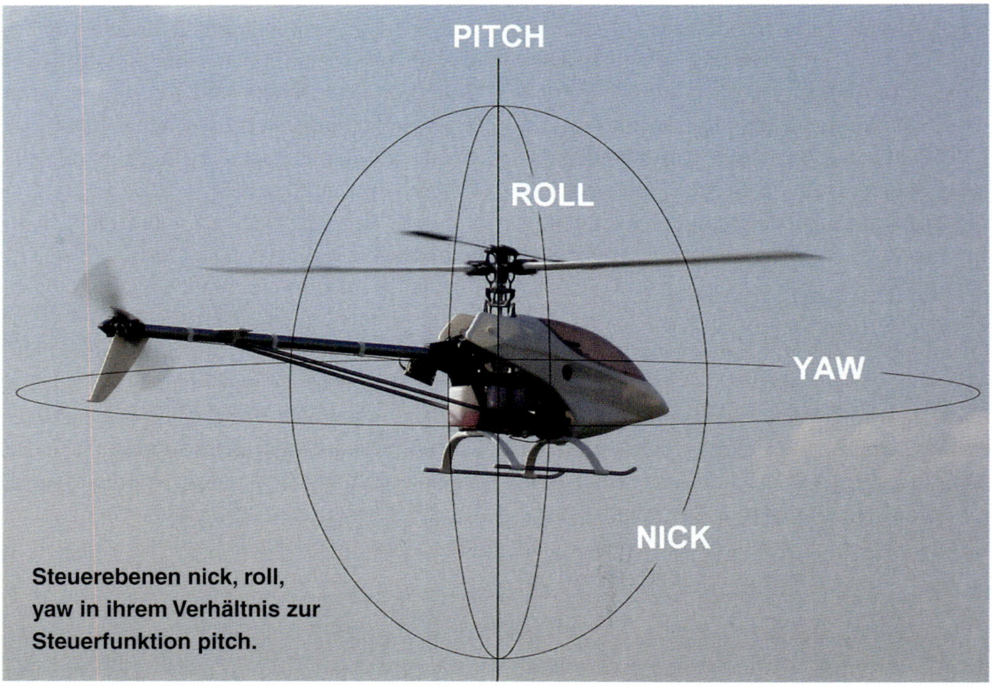

Steuerebenen nick, roll, yaw in ihrem Verhältnis zur Steuerfunktion pitch.

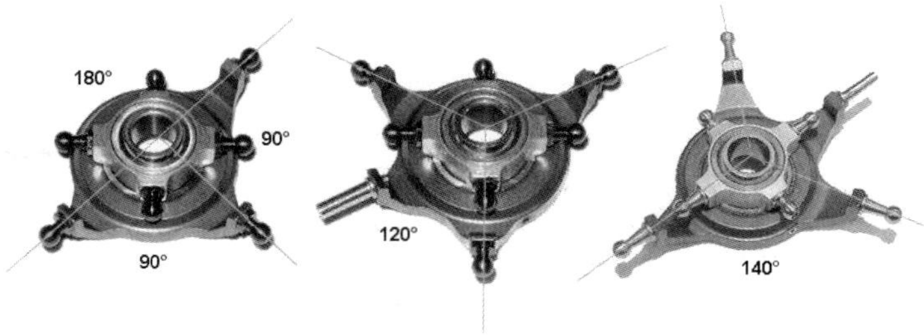

CCPM-Taumelscheibentypen.

von 90° zueinander. Die einzige elektronische Mischfunktion, die wir beim Modellhubschrauber zum Betrieb brauchen, ist die Zusammenlegung von pitch und Motorleistung auf einen Hebel an der Fernsteuerung. Beim personentragenden Hubschrauber sind diese Funktionen in der Regel getrennt, deswegen braucht man zum Steuern auch Hände *und* Füße.

Die **Heim-Mechanik**, benannt nach ihrem Entwickler Ewald Heim, stellt einen Kompromiss zwischen mechanischer- und elektronisch gemischter Mechanik dar: zwei von drei Servos werden für die Steuerfunktionen *pitch* und *roll* gemischt, das dritte ist entkoppelt und steuert alleine die *nick*-Bewegung.

Bei der **CCPM-Taumelscheibe** arbeiten die Servos zur Bewältigung einer oder mehrer Steuerfunktionen *immer zusammen.* Beispiel Suppenteller: Stellen Sie einen Suppenteller auf *drei Finger* Ihrer Hand und balancieren ihn. Sie werden feststellen, dass sich alle drei Finger *gleichzeitig* bewegen. Das geschieht ohne Nachdenken, bedarf aber einer hochkomplizierten Steuerungselektronik: Ihrem Gehirn.

Nun kommen wir auf die Taumelscheibe zurück, verpassen ihr drei Anlenkungspunkte im genau gleichen Abstand zueinander, aha: es ergibt sich ein Winkelmaß von genau 120° zwischen jedem Punkt! In unserem Beispiel soll ein Anlenkungspunkt genau in Flugrichtung liegen, die anderen beiden teilen sich das „Schlusslicht", sind also seitwärts angeordnet. Wird als Steuerfunktion nun *nick* gefordert, *heben* die beiden „Schlusslichter" die Taumelscheibe hinten, während sich das frontseitige Servo die Taumelscheibe vorne *senkt.* Die Anordnung mit dem Winkelabstand von 120° ist heute am gängigsten, obwohl auch eine Vier-Punkt-Anlenkung mit 90°, eine Drei-Punkt-Anlenkung mit 90°/180° oder eine Dreipunktanlenkung mit 140°/80° Winkelabstand möglich ist.

Das Zusammenwirken der Anlenkung erfordert eine elektronische Regelung für alle Steuerfunktionen, die durch den Mischer der Funkfernsteuerung bewerkstelligt werden muss. Dabei ist es im Prinzip unerheblich, wie die Anlenkpunkte ausgerichtet sind (ein oder zwei „Schlusslichter", 140°-Anordnung), solange die Mischfunktion des Senders diese Ausrichtung berücksichtigt.

Die „Sonderfälle"

Alle Modellhubschrauber, die die Möglichkeit einer kollektiven Blattverstellung haben, oben als „Normalfall" geschildert, werden auch mit der Abkürzung **CP** für die englische Entsprechung *collectiv pitch* tituliert.

Dazu gibt es eine Reihe von Alternativen, die nur gemeinsam haben, dass sie eine Vereinfachung des Normalfalles darstellen. Tragschrauber wurden beispielsweise schon von Leonardo da Vinci skizziert, simple Ausführungen als Kinderspielzeug gab es angeblich schon in der Antike. Koaxialhelikopter gibt es auch in der personentragenden Fliegerei seit dem zweiten Weltkrieg. Die Verfügbarkeit preiswerter elektronischer Steuerungen und Elektromotoren hat weiter zu einer Viel-

Koaxialhubschrauber mit „Paddelgewichten".

falt an Konzepten beigetragen. Da diese Entwicklung nicht abgeschlossen ist, kann die Auflistung in den folgenden Abschnitten nur ein grober Überblick sein.

Koaxialhelikopter

Namensgebend ist der Umstand, dass beide Rotoren sich um dieselbe Rotorachse drehen. Die Antriebskraft wird im Falle des Modellhubschraubers in der Regel durch zwei Elektromotoren erzeugt, deren Drehzahl elektronisch aufeinander abgestimmt ist. Bewegungen um die Hochachse, im Heli-Jargon als *gieren*, oder englisch: *yaw* bezeichnet, werden durch unterschiedliche Drehzahlen der Antriebsmotoren erzeugt. Will man zum Beispiel ein Gieren im Uhrzeigersinn (Draufsicht) erreichen, muss das Drehmoment des gegen den Uhrzeigersinn laufenden Rotors erhöht werden, und umgekehrt.

Die kollektive Blattverstellung entfällt, ob der Heli steigt oder sinkt, bestimmt die Rotordrehzahl beider Rotoren. Ein aktiver Heckrotor entfällt ebenso, seine Funktion, dem Drehmoment entgegen zu wirken, erfüllt jetzt die Drehzahlregelung der beiden Motoren der Hauptrotoren. Der Optik wegen ist meistens ein frei beweglicher, funktionsloser Heckrotor montiert. Dennoch hat der „Koaxe" eine einfache Taumelscheibe, die für die zyklische Blattverstellung einer Rotorebene, zumeist der unteren, sorgt. Denn der Balanceakt zwischen *nick* und *roll* wird so wie im „Normalfall" über zyklische Blattverstellung gesteuert.

Allerdings wird in der Regel zur Stabilisierung der beiden Hauptrotor-Ebenen eine *dritte Rotorebene* mit einer *Trimmstange* betrieben. Diese Trimmstange hat an ihren Enden keine Hilfspaddel, sondern Trimmgewichte, die keiner aerodynamischen Steuerung, sondern lediglich der Flieh- und Schwerkraft folgen. Sie werden auch als „Paddelgewichte" bezeichnet. Ist diese Rotorebene durch Leerlaufdrehzahl einmal in Stellung gebracht, will sie wie jeder Kreisel in ihrer Drehebene nicht aus der Achse bewegt werden. Damit kann die Trimmebene ohne Einwirken des Piloten stabilisierende Korrekturen auf die Hauptrotor-Ebenen ausüben.

Fixed-Pitch-Helikopter (FP)

Bei diesem dem *CP-Helikopter* äußerlich sehr ähnlichen Aufbau wird schlicht auf die kollektive Blattverstellung verzichtet. Der Hub zur Überwindung der Schwerkraft wird durch Drehzahlerhöhung des Hauptrotors erzeugt.

Der Drehmomentausgleich wird nun durch Drehzahländerungen zusätzlich erschwert. Es werden in der Modellflugpraxis eigene Heckrotor-Motoren betrieben, die über eine elektronische Steuerung an einen elektronischen Kreisel zur Stabilisierung der Hochachse gekoppelt sind. Diese Kreisel werden zwar auch beim CP-Helikopter eingesetzt, dort zur Veränderung der Blattstellung des Heckrotors. Beim FP-Helikopter ist jedoch der Heckrotor ebenfalls mit „Fixed Pitch", also wie eine starre Luftschraube, ausgeführt.

Als Sonderform im FP-Sektor kann der Gyrotor gelten. Bei dieser stark vereinfachten, auf Eigenstabilität optimierten Konstruktion wird über einen gelenklosen Rotorkopf eine zweite, gleichsinnig drehende Rotorebene aufgebaut. Diese ist mit der Hauptrotorebene durch ein Ausgleichsgestänge verbunden. Die Kreiselträgheit der oberen Rotorebene wird bei Lageveränderung als Steuerimpuls auf die untere Rotorebene übertragen und wirkt jeder Kipp-Tendenz entgegen. Die Piloten haben darüber keine Steuergewalt. Die Aufwärtsbewegung ist mit einer leichten Vorwärtsbewegung gekoppelt, der Heckrotor wird durch einen eigenen Motor angetrieben und ist zum Zweck der Richtungsänderung ansteuerbar. Der Gyrotor wird also über die Drehzahl des Hauptrotors (Steuerwirkung *steigen/sinken*) und die Drehzahl des Heckrotors (Steuerwirkung *links/rechts*) gesteuert, wobei er mit geringer Geschwindigkeit stetig vorwärts fliegt. Mit ein wenig Übung können leichte Flugmanöver durchgeführt werden.

Zusammenfassend kann behauptet werden, dass bei der Fixed-Pitch-Auslegung die Vereinfachung der Mechanik mit mehr Elektronik ausgeglichen wird. Was seine Manövrierfähigkeit anbelangt, ist die FP-Auslegung der CP-Auslegung deutlich unterlegen, Rückenschwebeflug ist gänzlich ausgeschlossen. Die relative Einfachheit der Ausführung und die damit verbundene Kostenersparnis führten zu einer starken Verbreitung im Modellflugsektor. Die gute Funktion hängt vorrangig von der Qualität der Steuerungselektronik ab.

Tragschrauber

Als Erfinder des Tragschraubers gilt der Spanier *Juan de la Cierva*, im Jahre 1923. Ein reiner Schwebeflug über einem Punkt ist damit nicht möglich, da der Tragschrauber am Heck über ein Leitwerk verfügt. Das muss wie bei einem Flächenflugzeug durch Fahrtwind angeströmt werden, um aerodynamisch wirksam zu werden. Er benötigt für den Bodenstart eine horizontal

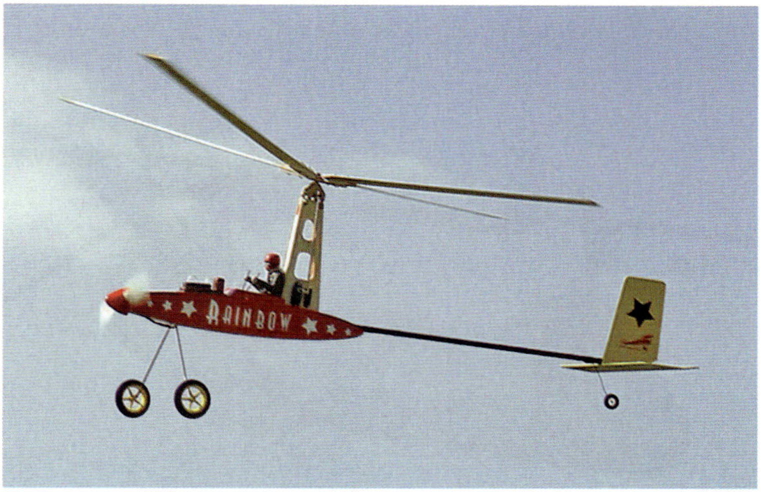

Elektrotragschrauber, Pilot Manfred Röckerdorfer. (Foto: Doris Röckerdorfer)

wirkende Antriebskraft, die drehenden Rotorblätter wirken ähnlich der Auftriebsleistung einer scheibenförmigen Tragfläche. Vor dem Erscheinen der FP-Hubschrauber in hochqualitativer Ausführung kam dem *Tragschrauber ohne Taumelscheibe* in der Modellflugszene eine gewisse Beliebtheit zu. Anstelle der Taumelscheibe sorgt der auf einem Kugelgelenk gelagerte Rotorkopf für die Schwenkbarkeit der Rotorebene. Neben der kostengünstigen Ausführung ist er auch ohne Hubschraubererfahrung relativ gut zu beherrschen. Den Flugeigenschaften nach weist der Tragschrauber eine eigenständige Charakteristik auf, die weder den Flächenflugzeugen, noch den Hubschraubern zuzuordnen ist.

Die Besonderheit im Langsamflugbereich liegt darin, dass die Strömung von den drehenden Rotoren nicht abreißt, wie beim Flächenflugzeug. Die drastische Kostensenkung bei CP, FP und „Koaxen" hat die Tragschrauber jedoch in eine kleine, aber feine Marktnische verwiesen.

Tandemhubschrauber

Im Jahre 1907 erreichte Paul Cornu mit seinem „fliegenden Fahrrad", das wohlgemerkt mit einem 24-PS-Motor lief, eine Höhe von etwa 30 cm bei einer Flugzeit von 20 Sekunden. Damit gilt er als erster Mensch, der mit einem Hubschrauber senkrecht abhob.

Im Modellflug gibt es Entsprechungen dieser Art, sie profitieren wie der Koaxialhelikopter vom entgegengesetzten Drehmoment eines zweiten Rotors, der in einer eigenen Rotorachse rotiert. Der Verbreitungsgrad ist sowohl in der personentragenden als auch in der Modell-Fliegerei gering.

Der Antrieb

Seit den Anfängen der Fliegerei stellt der Antrieb das größte Problem für den kontrollierten Flug dar. Der Erfolg der Gebrüder Wright lag in erster Linie darin, dass sie einen Verbrennungsmotor bauen konnten, der leicht und stark genug war, um ihren „Flyer" in die Luft zu befördern.

Im Modellbau kommen in der Gegenwart hauptsächlich zwei Antriebsarten zur Anwendung, der Elektromotor und der Glühkerzenmotor. Beginnen wir mit dem älteren Konzept:

Elektromotor

Der englische Wissenschaftler William Sturgeon meldete 1832 bereits einen Kommutator-Motor zum Patent an, und der ist der Urgroßvater der aktuellen Bürstenmotoren.

Der Bürstenmotor besteht vereinfacht dargestellt aus einem feststehenden, außen liegenden Stator und einem innen liegenden Rotor, der wegen der Drahtwicklungen Spule genannt wird. Die Stromführung vom Stator zur Spule erfolgt über Schleifkontakte

Tandemhubschrauber-Modell „Chinook".

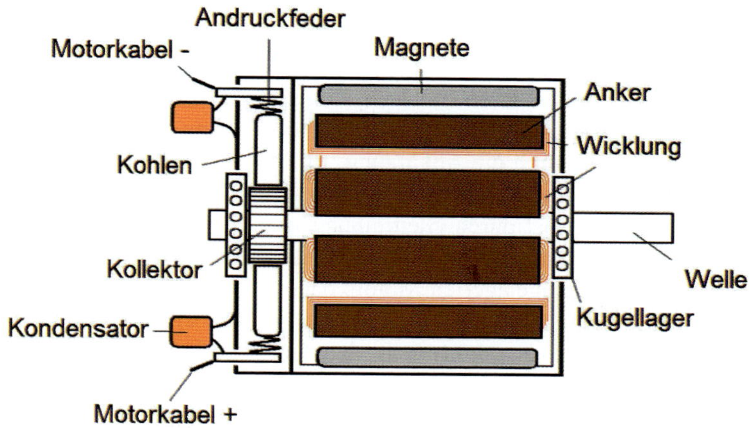

Bauteile des Bürstenmotors.

aus Kohle, Bürsten genannt. Der Stator enthält Permanentmagnete, wird die Spule unter Strom gesetzt, entsteht dort ein Magnetfeld, welches von den Permanentmagneten im Stator entweder angezogen oder abgestoßen wird. Eine raffinierte, segmentweise Anordnung von Kontakten an der Spule bewirkt eine Umpolung der Spule immer in der Phase, bei der die Anziehung zur Abstoßung würde. So wird die Spule konstant in eine Richtung weitergedreht, es entsteht Drehmoment, elektrische Arbeit kann in mechanische Arbeit umgesetzt werden.

Zur Regelung der Leistung wird prinzipiell lediglich ein Spannungsregler benötigt, der über die Funkfernsteuerung angesteuert wird. Je mehr Spannung anliegt, desto mehr Leistung wird produziert. Diese Regler werden Fahrtenregler oder Flugregler genannt, sie weisen eine ihrem Einsatzzweck entsprechende maximal zulässige Stromstärke auf, dabei wird herstellerseits zwischen einer Kurzzeit- und einer Dauerbelastung unterschieden. Moderne Regler üben zusätzliche Funktionen aus, wie zum Beispiel die Trennung zwischen Motorstrom und Empfängerstromversorgung, als Battery Eliminate Circuit, kurz BEC, gekennzeichnet. Diese Funktion erspart die Mitführung einer separaten Empfängerstromversorgung, der Empfängerstrom wird vom Antriebsakku abgezweigt und kann neben dem Empfänger der Fernsteuerungsanlage unterschiedlich viele Servos ausreichend mit Strom versorgen, abhängig von deren Stromverbrauch. Sollte der Fahrtenregler nicht über BEC verfügen, oder sollte die Anzahl der zu versorgenden Servos die Kapazität des Fahrtenreglers übersteigen, können so genannte externe BECs zwischen Antriebsakku und Fahrtenregler geschaltet werden. Eine des Weiteren wichtige Reglerfunktion ist seit dem Einsatz der Lithium-Polymer-Akkus (LiPos) eine Abschaltung der Stromversorgung bei Erreichen einer bestimmten Spannung. Diese leichten und hochstromfähigen LiPos werden nämlich zerstört, wenn sie unter eine bestimmte Spannung entladen werden, die Funktion wird Unterspannungsschutz genannt. Nach Abschaltung der Motorstromversorgung wird die Empfangsanlage noch kurze Zeit mit Strom versorgt und damit die Möglichkeit eröffnet, das Flugmodell noch zu landen.

Die Leistungsfähigkeit des Motors ist abhängig von der Größe der Spule, die Industrie teilt die Dimensionen üblicherweise in Hunderter-Gruppen ein, beginnend vom 200er bis zum 1.500er. Die Zahl entspricht grob der Gehäuselänge, ein 300er-Motor hat eine Gehäuselänge von etwa 3 cm. Es liegt am Hersteller, wie genau er sich bei der Motorbezeichnung an das genaue Maß hält, manche 600er-Motoren haben nachgemessen nur 5,8 cm. Die Motorwelle kann als Gleit- oder als Kugellager ausgeführt sein, was sich in der Motorenbezeichnung durch die Abkürzung „BB“ nach dem englischen ball bearing ausdrückt. Der Leistungsverlust durch Gleitreibung ist geringfügig höher als durch Rollreibung, die Effizienz des kugelgelagerten Motors daher etwas besser.

Bürstenmotore sind günstig in der Anschaffung und für viele Bereiche auch vom Leistungsgewicht her gut geeignet. Der Nachteil besteht in der Abnützung der Kohlebürsten. Sowohl eine lange Betriebsdauer als auch ein Beschicken mit höheren Spannungen zur Leistungserhöhung führen allmählich zu schlechterer Leitfähigkeit zwischen Bürsten und Spule, bei höheren Spannungen ist oft ein Funkenflug zwischen Spule und Kohlen bemerkbar, das so genannte Bürstenfeuer, welches den Motor durch Hitze auch unmittelbar zerstören kann. Es ist also ratsam, einen Bürstenmotor maximal mit der vom Hersteller angegebenen Spannung zu betreiben. Vor dem ersten Einsatz im Flugmodell wird von den meisten Herstellern eine Einlaufzeit von bis zu zehn Stunden empfohlen, in der der Motor mit einer Spannung zwischen zwei und vier Volt laufen soll. Dies dient zur Anpassung der Kohlebürsten an die Welle.

Als Alternative zum Bürstenmotor kommen kleine Drehstrommotoren zum Einsatz, deren Entwicklungsgeschichte ebenfalls bis ins 19. Jahrhundert zurückreicht. Auch hier finden sich Stator mit Dauermagneten und Spule mit Wicklungen zur Erzeugung eines Magnetfeldes, die Steuerung erfolgt aber nicht über Bürstenabtastung des Kommutators, sondern über eine gesteuerte Umschaltung der Wechselstromrichtung durch den elektronischen Flugregler. Der Aufbau des Motors ist also einfacher, der des Reglers komplizierter, denn er muss in einem bestimmten Rhythmus die Spannung umpolen. Er ist dazu mit drei und nicht mit zwei Kabeln wie beim Bürstenmotor mit dem Motor zu verbinden. Welches Reglerkabel mit welchem Motorkabel verbunden wird, ist prinzipiell egal, es wirkt sich lediglich auf die Drehrichtung des Motors aus. Um die Drehrichtung zu ändern, genügt es, zwei von den drei Kontakten untereinander zu vertauschen. Der Flugregler beeinflusst auch die maximale Leistung des Motors, viele Regler bieten über die Einstellung „timing“ die Möglichkeit, den Regler optimal auf die Bauart des Motors, insbesondere auf die Anzahl seiner Anker, einzustellen. Dabei kann man in der Regel zwischen „soft", „normal“ und „hard“ wählen. Oft ist die Dokumentation über die Bauart des Motors jedoch knapp gehalten, was bedeutet, dass durch Experimentieren das optimale „timing“ der Regler-Motorkombination gefunden werden muss.

Als Ausgangslage wird „soft timing“ oder „normal“ empfohlen.

Das verschleißanfällige Bauteil im Motor fehlt hier, es sind daher vergleichsweise höhere Spannungen und dadurch auch höhere Stromstärken möglich, die Einlaufzeit entfällt. Durch die einfachere Bauweise ist bei geringerem Gewicht eine höhere Antriebslei-

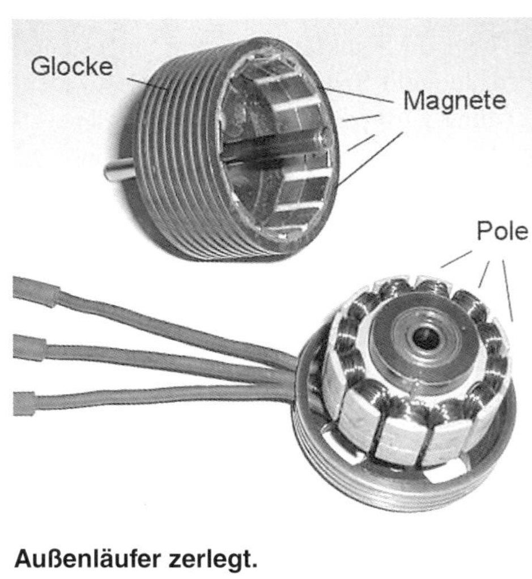

Außenläufer zerlegt.

Akku-Kennwerte
Milliampèrestunden (1.000 mAh = 1 Ah) ist die Einheit für die Energiespeicherkapazität eines Akkus.
Die **Zellenzahl** (**S**) beschreibt die Anzahl der in Serie geschalteten Einzelzellen, davon ist die Nennspannung des Akkus abhängig.
Die **Nennkapazität** (**C**) beschreibt jene Stromstärke in Ampère, die der Speicherfähigkeit pro Stunde entspricht. Die Hochstromfähigkeit, aber auch die Schnellladefähigkeit wird in Vielfachen von **C** angegeben.
Die **Energiedichte** (Wattstunde/Kilogramm Wh/kg) bezeichnet die Speicherkapazität im Verhältnis zur Masse des Akkus, ein Rückschluss auf das Leistungsgewicht wird dadurch möglich.

stung möglich. Eine typische Schwäche von leichtgewichtigen Motoren stellt das durch die fehlende Masse geringe Drehmoment dar. Eine mögliche Lösung ist die Auslegung des bürstenlosen Motors als Außenläufer, was bedeutet, dass der rotierende Teil des Motors, und damit dessen so genannter Kraftarm, außen liegen. Dadurch entsteht bei relativ geringem Gesamtdurchmesser des Motors ein verhältnismäßig hohes Drehmoment. Dieses mit Permanentmagneten bestückte Bauteil wird „Glocke“ genannt. Die Magnete sind in der Regel eingeklebt, die Zwischenräume sind teilweise mit Harz aufgefüllt, was verhindern soll, dass sich ein Magnet löst. Nach dem Durchmesser und der Länge der Glocke kann man Rückschlüsse auf die Leistung des Motors ziehen. Manche Hersteller integrieren diese Abmessung in die Bezeichnung des Motors. Ein Motor mit dem Namen 4239-12 hat sehr wahrscheinlich einen Glockendurchmesser von 42 mm, die Länge in diesem Beispiel 39 mm, die Anzahl der Anker könnte nach dem Bindestrich angegeben sein, in diesem Beispiel 12. Leider gibt es zurzeit jedoch kein allgemein gültiges, genormtes System zur Bezeichnung von Motoren. Manche Hersteller verwenden nicht die Abmessung des Motors, sondern seine ungefähre Leistung im Vergleich zu einem Verbrennungsmotor als Namensgeber. Ein Motor mit der Bezeichnung „XY-30“ könnte also, der Meinung des Herstellers nach, eine vergleichbare Leistung wie ein Verbrennungsmotor mit 0,30 cubic inches bringen, was in etwa 5 cm^3 Hubraum entspricht.
Der Elektromotor ist jedoch nur der Umsetzer von Energie, die von der Energiequelle angeliefert wird. Und diese Energiequelle, im Fall des Modellfluges also der Antriebsakku, ist eine entscheidende Komponente des Elektroantriebes. Es steht der leistungsfähigste bürstenlose Außenläufer auf verlorenem Posten, wenn er von der Stromquelle nicht ausreichend Energie angeliefert bekommt. Mit zunehmender Einsatzbreite von Elektroantrieben wurde von den Antriebsakkus mehr und mehr Strom gefordert, die so genannte Hochstromfähigkeit wurde neben der Speicherkapazität zu einem Kriterium für Antriebsakkus im Modellbau. Es geht also nun nicht nur darum, möglichst viel Energie speichern zu können, sondern auch darum, diese Energie möglichst effizient abzugeben. An dieser Stelle sollen die grundlegenden Leistungscharakteristika der verschiedenen im Einsatz befindlichen Antriebsakkus erläutert werden.

Energiespeicher
Der Nickel-Cadmium-Akku (NiCd)

Als wiederaufladbare Einzelzelle mit einer Nennspannung von 1,2 Volt stellt der Nickel-Cadminum-Akku, die älteste im Modellbau gebräuchliche Energiequelle dar. Erstmals

1910 in Schweden industriell gefertigt, werden Akkus dieser Bauart seit den 70er-Jahren des vorigen Jahrhunderts in den verschiedenen Anwendungen im Modellbau verwendet. Die Elektroden bestehen in geladenem Zustand aus Platten, die am Minuspol mit fein verteiltem Cadmium und am Pluspol mit Nickeloxidhydroxid beladen sind. Als Elektrolyt dient eine Flüssigkeit, nämlich eine 20-prozentige Kaliumhydroxidlösung.

Durch den charakteristisch niedrigen Innenwiderstand der Zelle ist der NiCd in der Regel hochstromfähig. Diese bleibt auch bei niedrigen Temperaturen gut erhalten. Damit qualifiziert sich diese Stromquelle für den Alltagseinsatz als Antriebsakku zu jeder Jahreszeit.

Um die entsprechende Spannung zu erzeugen, werden Einzelzellen in Serie hintereinander gestellt, mit Löthülsen verbunden und mit Schrumpfschlauch konfektioniert. So entstehen „Akkupacks" von sechs Zellen für den leichten Motorsegler bis 24 Zellen als Kraftwerk für Extremantriebe in Hotlinern, Motormodellen oder Hubschraubern. Die Ladetechnik für NiCd erfordert zur Vermeidung von Kapazitätsverlust eine Entladung auf die Entlade-Schlussspannung von 0,85-0,9 Volt, und anschließend eine Beladung mit 10 % der Stromstärke der Nennkapazität (C/10) über 14 Stunden (Normalladevorgang, auch Formieren genannt), oder eine Schnellladung mit einer Stromstärke, welche das zweifache der Nennkapazität (2C) nicht übersteigen soll. Die Schnellladung muss entweder nach genauer Zeitnehmung abgebrochen werden, oder die Abschaltung erfolgt automatisch durch das Ladegerät, üblicherweise mittels der Delta-Peak-Methode. Dabei wird der Akku auf seine Lade-Schlussspannung von 1,5 Volt pro Zelle geladen, und der Ladevorgang nach einer kurzen, aber unschädlichen Verzögerung automatisch abgebrochen. Wird der NiCd nicht bald danach durch einen Verbraucher entladen, setzt die Eigenentladung ein, er ist also nicht für die Lagerung im geladenen Zustand geeignet, und muss nach mehrtägiger Pause vor dem Einsatz nachgeladen werden. Die Eigenentladung bei NiCds liegt bei einem halben bis einem Prozent pro Tag.

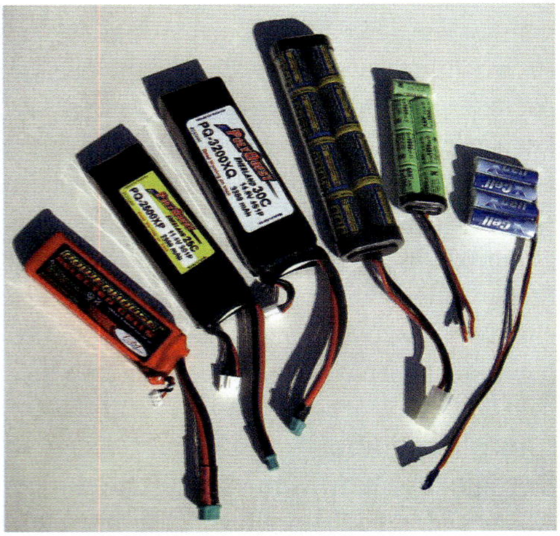
Akku-Palette v. l. n. r.: 2S LiPo, 3S LiPo, 4S LiPo, 8S NiCd, 7S NiMh, 4S NiMh (Empfängerakku).

Praxisbeispiel:
Ein NiCd-Akku hat in diesem Beispiel eine Ladekapazität von 2.000 mAh, das bedeutet, dass er im Idealfall 2.000 Milliampère eine Stunde lang abliefern kann, bevor er leer ist: C = 2A. Nun gehen wir von einem Akkupack mit acht Zellen (S = 8) aus, jede Zelle hat die Kapazität von 2.000 mAh, und weil sie in Serie verlötet sind, hat der Akkupack ebenfalls 2.000 mAh an Energiespeicherkapazität. Eine Zelle hat eine Nennspannung von 1,2 Volt, der Akkupack hat daher eine Nennspannung von 8 x 1,2 V = 9,6 V.

Die Ladeschlussspannung dieses Packs beträgt 8 x 1,5 Volt = 12 Volt, die Entlade-Schlussspannung höchstens 8 x 0,9 Volt = 7,2 Volt. Wird er entladen, geht die Spannung während des Entladevorganges von 12 Volt auf 7,2 Volt zurück, wobei die Nennspannung von 9,6 Volt über eine längere Zeitspanne gehalten wird. Man spricht von einer plateau-artigen Entlade-Charakteristik. Soll

Ladetechnik
Ladeverfahren (geeigneter Akkutyp)
Konstantstrom (NiCd/Mh):
Wird von älteren Dauerladegeräten verwendet, der Akku wird mit einer vorgewählten Stromstärke geladen.
Pulsstrom (NiCd/Mh):
Im Ladevorgang werden Pausen eingeschaltet, wirkt dem *Memory-Effect* nach Teilentladung entegegen.
Rückstromverfahren (NiCd/Mh):
Auch als Reflex-oder Flex-Verfahren bezeichnet. In den Pulspausen wird eine entgegengesetzte Spannung, ähnlich wie Wechselstrom, mit einer Frequenz von 50 Hz angelegt. Dadurch wird der *Memory-Effect* bzw. der *Lazy-Battery-Effect* wirksam ausgeschaltet und die Lebensdauer der Zelle deutlich erhöht.
Konstantstrom/spannung CCCV (LiPo, LiFePO4):
Ein Ladeprozesser überwacht die Zellenspannung. Zunächst wird ein konstanter, wählbarer Strom eingeladen .Kurz vor Erreichen der Ladeschlussspannung wird die Stromstärke allmählich reduziert, um die Zellenspannung konstant zu halten. (englisch: **C**onstant **C**urrent/**C**onstant **V**oltage).

Abschaltkriterien
NiCd/Mh: Automatiklader schalten den Ladevorgang ab, wenn nach Erreichen der Lade-Schlussspannung (*Peak Voltage*) die Ladespannung als Folge der Erwärmung abfällt. Diese Methode wird als *Delta-Peak-Methode* bezeichnet.
LiPo, LiFePO4: Der Ladeprozessor schaltet den Ladevorgang ab, wenn der Ladestrom sich an Null annähert, nachdem die Lade-Endspannung des Akkus erreicht ist.

dieser Akku nun formiert werden, muss er 12 Stunden lang mit einer Stromstärke von 200 mA (C/10) geladen werden, das sind 10 % seiner Nennkapazität von 2.000 mAh. Eine Schnellladung mit einem Ampere Stromstärke müsste nach genau einer Stunde abgebrochen werden, um Schäden durch Erhitzung am Akku zu vermeiden. Mit einem Reflexlader kann eine Schnellladung mit einer Stromstärke von bis zu drei Ampere (3C) durchgeführt werden, der gesamte Ladevorgang dauert dann nur 20 Minuten.

NiCd-Akkus haben die unerwünschte Eigenschaft, dass sie allmählich an Energiespeicherkapazität verlieren, wenn sie nicht vollständig ge- und entladen werden. Man spricht vom Memory-Effekt, der Akku merkt sich praktisch den Grad seiner Ausnützung und verliert die nie genutzten Reserven. Durch moderne Ladeverfahren wie Pulsstrom und Rückstromverfahren und durch regelmäßig durchgeführte Lade- und Entladezyklen kann man den Memory-Effekt ausschalten.

2002 wurde wegen der Giftigkeit des Schwermetalls Cadmium der Vertrieb von NiCds EU-weit eingeschränkt, es besteht eine Ausnahme für kabellose Werkzeuge, und Akkus mit einem maximalen Cadmiumgehalt von 0,002 Gewichtsprozenten.

Der Nickel-Metallhydrid-Akku (NiMh)

Dieser weniger giftige Nachfolger der NiCds in vielen Anwendungen weist eine Kathode (Minuspol) aus Nickehydroxid und eine Anode (Pluspol) aus Metallhydrid auf, als Elektrolyt wird wieder eine 20-prozentige Kaliumhydroxidlösung verwendet. In der Handhabung ist der NiMh dem NiCd ähnlich, er kann mittels Konstant-, Puls- oder Reflexstrom geladen werden, die Abschaltung kann ebenfalls mittels Delta-Peak erfolgen, obwohl der Abfall der Ladespannung nach Erreichen der Peak-Voltage nur bei höheren Ladeströmen signifikant ist. Weil aus diesem Grund der Schwellenwert für die Abschaltung bei vielen Automatikladern sehr klein ist, kommt es häufig zu einer vorzeitigen Abschaltung, die nicht durch eine Spannungsschwankung im Ladevorgang, sondern unter Umständen durch eine Spannungsschwankung des Netzteiles ausgelöst wird.

Die meisten handelsüblichen NiMhs sind hochstromfähig, Ausnahmen bestätigen die Regel, vor dem Einsatz als Antriebsakku ist jedenfalls die technische Beschreibung des Akkus zu studieren. Die Energiedichte von hochstromfähigen NiMhs ist ebenfalls höher als bei ihren Vorgängern, das erlaubt eine schnelle Abgabe des Stromes bei relativ gleich bleibender Spannung. Die Selbstentladung ist bei den meisten NiMhs ähnlich hoch wie bei den NiCds (bis zu einem Prozent pro Tag), es sind aber auch Produkte mit geringer Selbstentladung am Markt, die bereits vorgeladen verkauft werden und daher sofort einsetzbar sind.

Dennoch sind diese Verbesserungen gegenüber den NiCds nicht ohne Einschränkungen zu genießen. Die NiMhs sind sehr empfindlich gegen Fehlbehandlung wie Tiefenentladung, Überladung, Überhitzung und gegen Kälte, sie reagieren darauf mit bleibenden Schäden. Unter dem Gefrierpunkt funktionieren sie schlecht, werden sie einmal einer Temperatur von unter –20 Grad Celsius ausgesetzt, sind sie völlig unbrauchbar.

Häufige Teilentladungen führen nicht wie beim NiCd zum Memory-Effekt, sondern zum Batterieträgheitseffekt, oder englisch: Lazy Battery Effect. Dabei geht nicht die volle Speicherfähigkeit verloren, sondern die Nennspannung von 1,2 Volt bei der Entladung nimmt geringfügig ab, was bei den meisten Anwendungen kaum bemerkt wird. Spezielle Lade-Entladezyklen moderner Automatiklader können diesen Effekt wieder korrigieren.

Der Lithium-Polymer-Akku (LiPo)

Mit der schnellen Entwicklung der Mobiltelefone rückte deren neuartige Stromversorgung ins Blickfeld mancher experimentierfreudiger Modellfliegende. Was passiert wohl, wenn man diese flache, quaderförmige Batterie, die sich schnell auflädt und lange hält, an einen Elektromotor hängt? Sie funktioniert, und wenn man drei davon in Serie lötet, kommt man auf 11 bis 12 Volt Spannung, also in etwa so viel wie bei einem 10-zelligen NiCd, aber nur halb so schwer bei vergleichbarer Kapazität! Das bringt eine deutliche Steigerung der Flugleistung, wenn plötzlich 15 bis 25 % Gewicht weniger geschleppt werden müssen. Und laden, na irgendwie, Hauptsache schnell. Und da hat's „Bumm" gemacht: Keller ausgebrannt, schwere Sachschäden durch Ladeunfälle durch die Bank, man hörte sogar von explodierenden Akkus. War die Experimentierfreudigkeit der Anwender hier schneller als die Produktentwicklung durch die Hersteller? Im Bereich Modellflug hatte man dieses Gefühl.

Man brauchte für die Mobiltelefone flache Energiespeicher mit hoher Speicherkapazität, die verfügbare Sprechzeit war

Eine einzelne LiPo-Zelle.

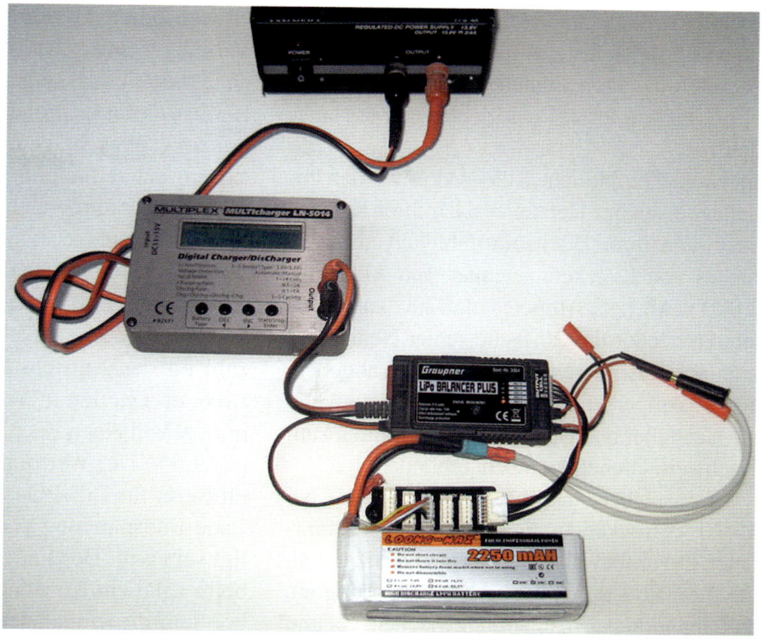

Typischer Aufbau einer Ladestation (v. oben n. unten): Netzteil, Ladegerät, Balancer, Balancer-Adapter und 4S LiPo-Akku (Netzteil, Ladegerät und Balancer können auch in einem Gerät integriert sein).

kaufentscheidend für viele Mobiltelefoneinsteiger, für viele ist sie es noch heute. Der Aufbau besteht aus einer Kathode aus Graphit und einer Anode aus Lithium-Metalloxid. Der Elektrolyt besteht im Unterschied zu seinen Vorgängern nicht aus einer Flüssigkeit, sondern einem Gel auf Polymerbasis. Dadurch wird die flache, plattenförmige Form ermöglicht.

Die Nennspannung einer Zelle beträgt 3,7 V, die Lade-Endspannung 4,2 V, die Grenze zur Unterspannung liegt bei 2,4 Volt, eine weitere Entladung führt zu dauerhaften Leistungsverlusten, wird die Zelle unter 1,5 Volt entladen, ist sie unbrauchbar. Die beste Leistungsfähigkeit entwickelt das Elektrolyt-Gel bei Zimmertemperatur, kühlt der Akku auf Gefriertemperatur ab, verliert er seine Funktionsfähigkeit. Wird er über seine Lade-Endspannung geladen, kommt es rasch zur Überhitzung die zum Abbrennen des Akkus führt. Diese Entwicklung kann auch explosionsartig erfolgen. Prost Mahlzeit. Warum tun wir uns das an?

Erstens: unschlagbares Leistungsgewicht, zweitens: Hochstromfähigkeit, drittens: moderne Ladegeräte können die Gefahren der Fehlladung (Überladung) minimieren, viertens: LiPo-fähige Flugregler verhindern eine Tiefenentladung durch vorzeitige Abschaltung. Zur Erhaltung der Lebensdauer ist es empfehlenswert, das individuelle Spannungsniveau der einzelnen in Serie gelöteten Zellen auszugleichen, am besten während des Ladevorganges. Zumeist wird ein so genannter Balancer zwischen Automatiklader und Akku geschlossen. Dieser wird über einen separaten Balancer-Anschluss, mit dem Akku verbunden, so dass Verbindung zu jeder einzelnen Zelle besteht. Aufwändige Automatikladegeräte verfügen über eine integrierte Einzelzellenüberwachung. Leider variiert die Norm des Balancer-Anschlusses zwischen den verschiedenen Akkuherstellern, so dass eine Reihe von Adaptern nötig wird, wenn man sich nicht auf einen Akkuhersteller festlegen will.

Durch die Komplexität des Ladevorganges und die damit verbundenen notwendigen Anschaffungen (Automatiklader mit Konstantspannungs-Lademethode, Delta-Peak-Abschaltung und Balancer, eventuell auch Anschlussadapter) gewähren manche den altmodischen NiCds als Antriebsakku noch eine gewisse Gnadenfrist.

Im Handel befindliche LiPo-Akkus werden üblicherweise vom Hersteller nach ihrer Kapazität C und ihrer Hochstromfähigkeit als Vielfaches von C gekennzeichnet. Ein Akku mit 2.000 mAh (= 2 Ampere) und 20C kann also laut Hersteller das 20-fache seiner Nennkapazität von 2 Ampere als Spitzenstrom abgeben, also 40 Ampere. Leider sind auch in diesem Fall die Hersteller nicht an genormte Verfahren zum Nachweis solcher Angaben gebunden.

Zum Überwintern soll der LiPo bei 15-20 °C trocken an einem nicht brandgefährdeten Ort aufbewahrt werden. Es ist anzuraten, die Kontakte durch Isolierband zu isolieren, das Spannungsniveau sollte zwischen 3,8 und 3,95 Volt pro Zelle liegen. Owohl der LiPo nur wenig Selbstentladung aufweist, sollte er zum Schutz gegen Tiefentladung alle drei Monate zwischengeladen werden.

Der Lithium-Eisen-Phosphat-Akku ($LiFe\text{-}PO_4$)

Im Unterschied zum LiPo wird als Kathodenmaterial Lithium-Eisen-Phosphat verwendet. Der zur Drucklegung letzte Schrei der Energiespeicher. Er vereint alle Vorzüge seiner Vorgänger und kennt keine Erbsünden: Keine Gefahren oder Schäden durch Ladefehler, Hochstromfähig, hohe Energiedichte, gutes Leistungsgewicht, kaum Selbstentladung und extrem schnellladefähig bis 4 °C. Der Betriebstemperaturbereich liegt gar zwischen -30 und+60 °Grad Celsius, gelagert werden kann sogar noch kälter. Da die Nennspannung bei nur 3,3 Volt pro Zelle liegt, ergibt sich für manche Antriebe eine Erhöhung der Zellenzahl für den Antriebsakku gegenüber einem LiPo, drei Zellen in Serie ergeben immerhin mit 9,9 Volt einen Ersatz für 8er-NiMh-Akkus mit 9,6 V. Der Wermutstropfen: das Ladegerät muss für LiFePO4 ausgelegt sein, da die Lade-Endspannung von 3,6 Volt berücksichtigt sein will. Der Ladevorgang selbst ist wie beim LiPo ein Konstantspannungsverfahren, bei dem die eingeladene Stromstärke gegen Ende der Ladung allmählich auf Null zurückgeht. Obwohl vom Hersteller fertig konfektionierte Packs unter Umständen mit Balancerkabeln ausgestattet sind, ist die Einzelzellenüberwachung nicht im selben Maße erforderlich wie beim LiPo, da die Toleranz gegen Spannungsunterschiede zwischen den einzelnen Zellen größer ist. Sollte man dennoch externe Balancer verwenden, ist auf Kompatibilität mit LiFePO4 zu achten. Bei der Verwen-

Tabelle 2: Akku-Eigenschaften

Akkutyp	NiCd	NiMh	LiPo	LiFePO4
Energiedichte Wh/kg	50-100	60-140	90-190	90-125
Max. Ladezyklen	1.000-3.000*	220-500*	300-500 *	+ 1.000 *
Temperaturbereich	-20/+60	0/+60	0/+60	-30 /+60
Max. Ladestrom	1 - 3C*	1 - 3C*	1 C	+ 4 C
Max. Entladestrom	-30 C	-30 C	10-35 C	+ 35 C
Balancer	-	-	+	-
Schäden durch Ladefehler	+	++	+++	-
Anschaffungskosten	+	++	+++	+++

*** Bei Verwendung von moderner Ladetechnik (Puls/Reflexstrom, bzw. Einzelzellenüberwachung und autom. Abschaltung) und geeigneter Lagerung (10-15° Grad Celsius).**

dung von Flugreglern mit LiPo-Fähigkeit ist anzumerken, dass zum Schutz gegen Tiefenentladung bei einer werkseitig vorprogrammierten oder programmierbaren Zellenspannung der Akku vom Antrieb getrennt wird. Diese liegt bei 3 Volt pro Zelle. Der LiFePO4 kann aber bis 2 Volt pro Zelle entladen werden, ohne Schaden zu nehmen. Nun wäre man versucht, diese Schwelle von 3 auf 2,5-2 Volt herunterzuprogrammieren, um die Kapazität voll auszuschöpfen. Aber Vorsicht: Die Entladecharakteristik des LiFePO4 weist im Gegensatz zu allen anderen Akkus gegen Ende des Entladevorganges einen leichten Spannungsanstieg auf, bevor sich die Spannung steil absenkt und der Akku leer ist. Es ist also nicht notwendig, den Schwellenwert von 3 V pro Zelle abzusenken, da der Akku ohnehin fast leer ist, wenn er diese Spannung erreicht. Wird der Schwellenwert dennoch abgesenkt, kann es vorkommen, dass nach der Abschaltung des Antriebes nicht mehr genug Strom für die Empfangsanlage vorhanden ist, was zum Totalverlust führen kann.

Aufgrund der sicheren und einfachen Handhabung bei kompatibler Leistung ist davon auszugehen, dass dieser Akkutyp in Zukunft in allen Bereichen des Modellfluges eine Rolle spielen wird.

Verbrennungsmotor

Ein halbes Jahrhundert nach der Erfindung des Elektromotors meldeten Daimler und Koch eine Kraftmaschine zum Patent an, die auf dem Prinzip des Otto-Motors basierte: der erste mit Benzin laufende Glühzünder. Damit war das Ursprungs-Modell des heute im Modellbau gebräuchlichen Glühzündermotors geboren. Dabei kommt der vom Wirkungsgrad her effektivere Zweitakter bei kleineren, der von der Herstellung etwas aufwändigere, aber sparsamere Viertakter bei größeren Motoren zum Einsatz.Die kleinsten Familienmitglieder weisen einen Hubraum von etwa 0,5 cm^3 auf, nach oben hin ist die Skala praktisch offen, wobei die Produktvielfalt über 50 cm^3 deutlich dünner wird. Bezeichnet werden die Motoren fast ausschließlich nach ihrem Hubraum in cubic inches, ein im Englischen gebräuchliches Hohlmaß, das sich am Längenmaß „Zoll“ (entspricht 2,5 cm) orientiert. Ein Motor mit der Bezeichnung „XY 40“ hat demnach 0,40 cubic inches, was einem Hubraum von 6,5 cm^3 entspricht. Die Bezeichnung „XY 60 ring“ würde einen Motor des Herstellers „XY“ mit einem Hubraum vom ca. 10 cm^3 und eine Ausführung mit Kolbenring kennzeichnen.

2-Takt-Glühzünder

Der typische Glühzünder ist einzylindrig, luftgekühlt, hat einen Vergaser mit regelbarer Gemischeinstellung, eine Welle mit einer Aushöhlung für die Gemischweiterleitung und einen Schalldämpfer. Ein Kolben treibt über eine Pleuelstange die Kurbelwelle an, die ent-

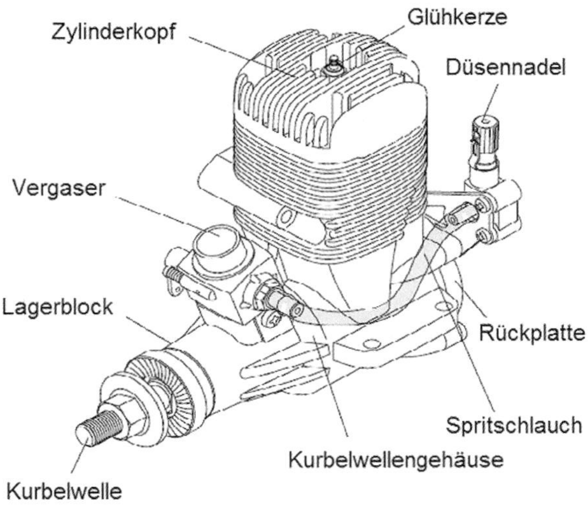

2-Takt-Glühzündermotor.

weder in einem Gleitlager oder einem Kugellager läuft. Der Kolben läuft im Inneren des Zylinders in einer Metallhülse mit Auslassungen für Kurbelwelle und Abgas, die entweder aus Stahl oder aus Messing gefertigt ist, sie wird als *Laufbuchse* bezeichnet, die Kombination aus Kolben und Laufbuchse als *Laufgarnitur*. Der Zylinderkopf weist ein Gewinde für die Glühkerze auf, die eine Chrom-Molybdän-Glühspindel an der Innenseite und einen Kontakt für den Glühkerzenakku an der Außenseite des Zylinders zeigt.

Die Schmierung erfolgt über den Treibstoff, der zu diesem Zweck zu etwa 20 Prozent entweder mit Rizinusöl oder einem synthetischen Öl angereichert ist. Der Hauptbestandteil des Treibstoffes ist Alkohol in Form von Methanol, weswegen diese dafür geeigneten Motoren auch „Methanoler" genannt werden, im Gegensatz zu den „Benzinern". Außer Methanol und einem Schmiermittel enthält der Treibstoff in der Regel noch die leicht entzündbare Substanz *Nitromethan*. Je nach Einsatzzweck und angedachter Lebensdauer des Motors enthält der Treibstoff 3 bis 30 Prozent Nitromethan. Der hochprozentige Sprit treibt den Motor zu höheren Leistungen, greift aber die Lager an und erhöht die Motortemperatur. Andererseits verbessert ein hoher Anteil von Nitromethan die Handhabung des Motors in Hinsicht auf seine Einstellbarkeit. Der Bereich, in der die Vergasernadel eingestellt sein muss, damit der Motor gleichmäßig läuft, wird breiter. Somit kann ein für den Piloten attraktiver Kompromiss erreicht werden: Bessere Laufruhe durch bessere Zündeigenschaften, dadurch ist eine „fettere" Einstellung ohne wesentliche Drehzahlabfall möglich. Das fette Gemisch sorgt wiederum für mehr Kühlung, der Handel geht natürlich zu Lasten des Budgets, denn das heißt erstens teurer Sprit durch mehr Nitro, und zweitens mehr Spritverbrauch wegen fetter Einstellung. Es liegt an der Güte des Motors und am Verwendungszweck des Modells, inwiefern man auf diesen Handel eingehen wird. Verbrenner-Hubschrauber werden kaum unter 15 % Nitro geflogen. Im Handel ist praktisch nur mehr Treibstoff mit synthetischen Ölen erhältlich, da seine Herstellung billiger ist und die Schmiereigenschaften von den Modellpiloten dem des Rizinus vorgezogen Rizinusöl verbrennt zwar annähernd rückstandslos, der Schmierfilm zwischen Kolben und Laufgarnitur reißt aber bei sehr hohen Temperaturen ab, was zur unmittelbaren Zerstörung des Motors führt, man spricht dann von einem „Kolbenreiber". Die synthetischen Schmieröle verbrennen nicht vollständig und lassen daher Ablagerungen in geringem Ausmaß im Brennraum zurück. Der Schmierfilm reißt aber praktisch nie ab, wodurch der Motor gut gegen einen „Kolbenreiber" im Flug geschützt ist. Die Ablagerungen würden zwar langfristig zu einer Leistungsbeeinträchtigung führen, was in der Praxis jedoch kaum bemerkbar ist, da ein gut eingelaufener Motor auch bei mäßiger Beeinträchtigung durch Ablagerungen im Brennraum seine Aufgabe voll und ganz erfüllt. Neben dieser Standardauslegung sieht man gelegentlich Modelle mit Wasserkühlung.

Die Arbeitsweise des Glühzünders, als Zweitakter ausgelegt, läuft wie folgt ab: Durch die Aufwärtsbewegung des Kolbens wird durch den Vergaser zerstäubter Treibstoff über die Aushöhlung in der Welle in den Kurbelwellenraum gesaugt. Die Aushöhlung in der Kurbelwelle trägt den bedeutungsreichen Namen ‚Kurbelwellendrehschieber'. Wenn der Kolben fast seinen Zenit, also seine höchste erreichbare Lage im Zylinder, erreicht hat, kommt es im Brennraum des Zylinders zur Entzündung des Treibstoff Luft-Gemisches. Durch die explosionsartige Ausdehnung des verbrennenden Gemisches wird der Kolben nach unten geschleudert. Während er sich nach untern bewegt, gibt er den Abgasschlitz frei, um nur kurz später den Zuführungsschlitz für das im Kurbelwellenraum bereits unter Druck gesetzte frische Gemisch freizugeben. Durch die Drehung der Welle wird der ‚Kurbelwellendrehschieber', durch

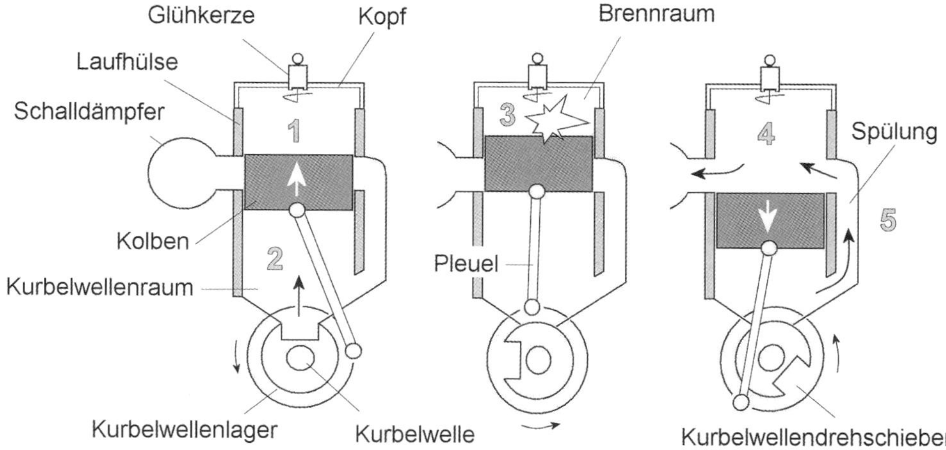

1. **Verdichtung (1. Takt)**
2. **Gemisch strömt vom Vergaser über den Kurbelwellendrehschieber nach**
3. **Zündung an der Glühspindel**
4. **Explosionsartige Ausdehnung , Abgase verlassen den Brennraum (2. Takt)**
5. **Gemisch strömt über die Spülungsschlitze nach**

Arbeitsschema 2-Takt-Glühzünder.

die das Gemisch vom Vergaser in den Kurbelwellenraum gelangte, verschlossen. Das Gemisch kann also nur über die Spülschlitze in den Brennraum strömen. Während also das verbrannte Gemisch durch den Abgasschlitz in den Schalldämpfer strömt, fließt frisches Gemisch über den Zuführungsschlitz aus dem Kurbelwellenraum nach. Diesen Austausch an Gasmassen nennt man *Spülung*. Dabei ist für einen kurzen Moment die Verbindung zwischen Kurbelwellenraum und Abgasschlitz offen, so dass auch ein Teil des frischen Gemisches unverbrannt in den Schalldämpfer gelangt. Das Ausmaß dieses Überschusses wird durch den Eigenwiderstand des Schalldämpfers oder des Abgasrohres beeinflusst. Je länger das Rohr, desto stärker der Rückstau durch die darin bewegte Abgasmenge. Ist der Rückstau zu stark, gelangt nicht das ganze verbrannte Gemisch aus dem Brennraum, ist der Rückstau zu schwach, gelangt ein großer Anteil des unverbrannten Gemisches in den Schalldämpfer oder das Abgasrohr. Das führt zu einem hohen Treibstoffverbrauch und zu einer leichten Reduzierung des Gasdrukkes im Brennraum, was sich geringfügig leistungshemmend auswirkt. Die Effizienz der *Spülung* ist stark mitverantwortlich für die Leistungsfähigkeit des Glühzünders.

Generell ist das Drehmoment der Welle vom Hubraum und der Drehzahl abhängig. Ein kleinerer, hochdrehender Motor bringt also dieselbe Leistung wie ein etwas größerer, aber langsam drehender Motor. Um den Ablauf in Gang zu bringen, muss die Glühkerze mittels Strom aus einem Glühkerzenakku oder einer anderen 2-Volt-Stromquelle zum Glühen gebracht werden. Ist der Motor einmal angelaufen, reicht das im Brennraum durch Verdichtung erhitzte Luft-Treibstoff-Gemisch für eine Entzündung aus, die Glühkerze kann von der Stromquelle abgenommen werden.

Wir haben also verschiedene wärmeerzeugende Vorgänge beobachtet, wie viel Hitze verträgt nun ein Motor? Dazu betrachten wir den Ort der Entstehung, nämlich den Brennraum, etwas genauer. Dieser Hohlraum zwischen Kolben und Zylinderkopf, seitlich durch die Laufbuchse umfasst, muss die Verbrennungsenergie, die durch die Entzündung des Treibstoff-Luftgemisches entsteht, aufnehmen. Die einzige Möglichkeit, die explosionsartige Ausdehnung zu erlauben ist es, den Kolben nach unten in Richtung Kurbelwellenraum zu schleudern. Nun kommt es darauf an, dass der Kolbenrand mit der Laufgarnitur dicht abschließt. Jeder noch so mikroskopische Spalt würde den Weg am Kolben vorbei direkt in den Kurbelwellenraum freigeben, das Gas würde dabei mit hoher Energie durch den Spalt gedrückt. Die Reibungsenergie des Gasstrahles würde enorme Hitze entwickeln, zudem wäre der verbleibende Druck auf den Kolben schwächer, die Leistung gebremst.

Um die spaltfreie Führung des Kolbens in der Laufbuchse zu gewährleisten, kommen bei Glühkerzenmotoren zwei verschiedene Bauarten zur Anwendung: die Verwendung eines Kolbenringes oder die Ausführung von Kolben und Laufbuchse als so genannte ABC-Laufgarnitur. Beide Bauweisen habe eines gemeinsam: je mehr Druck und Hitze auf den Kolben vom Brennraum aus einwirken, desto mehr vergrößert sich seine Oberfläche im Verhältnis zur Laufgarnitur, er presst sich dadurch selbst gegen die Wand der Laufgarnitur, von dieser nur durch einen dünnen Schmierfilm getrennt.

Bei der Ausführung als *Ringmotor* ist in einem zirkulären Spalt im Kolben ein konisch geformter Stahlring zwischen Kolbenwand und Laufgarnitur eingesetzt. Wirkt nun Druck vom Brennraum auf den Kolben ein, verkleinert sich der Spalt im Kolben und der Ring wird wegen seiner konischen Form aus dem Spalt heraus gegen die Wand der Laufgarnitur, die ebenfalls aus Stahl ist, gedrückt. Bei dieser Bauart kommt der Schmierung eine besonders hohe Verantwortung zu, denn falls er abreißt, trifft Stahl mit hoher Reibungsenergie auf Stahl, es werden Späne abgerieben. Der Vorteil dieser Bauart liegt in der kostengünstigen Herstellung und einer relativ kurzen Einlaufzeit, da sich der schmale Kolbenring nach kurzer Laufzeit an die Wand der Laufgarnitur anpasst, sich förmlich in diese einschleift. Bei ausreichender Kühlung und der sorgfältigen Verwendung von Schmierölen steht einer langen Lebensdauer nichts im Wege. Ist der Schmierfilm jedoch einmal, wenn auch nur kurz, abgerissen, so werden in diesem Bereich Metallspäne abgerissen, die entweder unmittelbar oder auch allmählich zur Zerstörung des Antriebes führen.

Die Ausführung als ABC-Motor bezeichnet die Verwendung der Materialien Aluminium für den Kolben, *Brass* (engl. für Messing) für die Laufbuchse und Chrom als Beschichtung für die Laufbuchse. Hier wird auf einen empfindlichen Kolbenring verzichtet, die Anpassung des Kolbens an die Laufgarnitur erfolgt durch die unterschiedliche Ausdehnung der verschiedenen Metalle unter Einfluss von Hitze. Das Aluminium des Kolbens dehnt sich um eine Spur stärker durch die Explosion im Brennraum aus als die chrombeschichtete Messinglaufbuchse. Dadurch wird er während der Abwärtsbewegung dicht gegen die Laufbuchse gedrückt. Die Chrombeschichtung verhindert, dass das härtere Aluminium des Kolbens die Messinglaufbuchse abreibt. Sowohl Aluminium als auch Chrom sind beständiger gegen Hitze als Stahl, eine Beschädigung durch Überhitzung während des Betriebes ist deshalb unwahrscheinlich. Die Einlaufzeit hängt stark von der Präzision der Fertigungsmaschinen ab. Ist die Passgenauigkeit zwischen Kolben und Laufgarnitur herstellerseits hoch, ist ein Einlaufen überflüssig, der Kolben dichtet die Laufgarnitur gut ab und der Motor entfaltet seine maximale Leistung ab dem ersten Lauf. Ist die Fertigung dagegen mit Ungenauigkeiten behaftet, so kommt es entweder sehr langsam oder gar nicht zur völligen Anpassung der sehr harten Metalle Chrom und Aluminium aneinander.

Neben der dichtenden Passung zwischen Kolben und Laufgarnitur spielen der Sitz der Glühkerze und des Schalldämpfers eine Rolle für die Motortemperatur. Die Glühkerze sitzt in der Regel in einem Stahlgewinde am höchsten Punkt des Zylinderkopfes. Ein Dichtungsring aus weichem Messing sorgt für absolute Spaltfreiheit. Denn würde hier am Gewinde vorbei Gas aus dem Brennraum entweichen, wäre die dadurch entstehende Reibungshitze im Zylinderkopf ebenfalls für die Lebensdauer des Motors gefährlich. Es empfiehlt sich, vor der ersten Inbetriebnahme eines Motors den Sitz der Glühkerze zu überprüfen und gegebenenfalls nachzuziehen, ohne durch rohe Gewalt das Gewinde zu beschädigen. Ebenfalls sorgt ein nicht völlig spaltfrei montierter Schalldämpfer für zusätzliche Hitze am Motor. Der Druck des Gases ist aber wesentlich kleiner, wenn es den Schalldämpfer erreicht, als es im Moment der Explosion ist, die zerstörerische Wirkung eines undichten Schalldämpfers ist daher gering, die Leistung des Motors beeinträchtigt er dennoch. In der Praxis wird daher eine Silikondichtung zwischen Schalldämpfer und Zylinder eingepasst.

Die Temperatur des Verbrennungsvorganges selbst ist auch vom Mischungsverhältnis des Luft-Treibstoffgemisches abhängig. Dieses Mischungsverhältnis wird beim Glühkerzenmotor durch die Stellung der Vergasernadel eingestellt.

Für jeden Treibstoff gibt es ein bestimmtes Mischungsverhältnis mit Sauerstoff, bei dem er vollständig verbrennt. Dieses Verhältnis bezeichnet man als chemisch korrekte Mischung, als Abkürzung aus dem englischen CCM für *‚chemical correct mixture'*. Befindet sich im Brennraum zum Zeitpunkt der Verbrennung mehr Treibstoff, als durch Sauerstoff verbrannt werden kann, spricht man von einem *fetten* Gemisch. Ist dagegen weniger Treibstoff im Gemisch, als vom vorhandenen Sauerstoff verbrannt werden könnte, bezeichnet man das Gemisch als *mager*. Die maximal erreichbare Energie wird freigesetzt, wenn sich im Brennraum ein Gemisch befindet, das weder fett noch mager ist, das also dem CCM entspricht. Maximal freisetzbare Energie bedeutet aber auch: maximale Verbrennungshitze. Für den Betrieb von Glühkerzenmotoren hat es sich bewährt, das Gemisch etwas fetter als das CCM einzustellen. In der Praxis bedeutet das, dass nach dem Starten des Motors die Vergasernadel so lange in Richtung mager (geschlossen) gedreht wird, als bei festgestellter Motordrossel die Motordrehzahl ansteigt. Hat die Motordrehzahl ihren Höhepunkt erreicht, entspricht das Gemisch ziemlich genau dem CCM. Nun wird von dieser Position aus die Vergasernadel wieder soweit in Richtung fett (offen) verstellt, bis man einen leichten Drehzahlabfall bemerkt. Nun ist das Gemisch „auf der fetten Seite" eingestellt. Das bedingt einen höheren Spritverbrauch und eine geringfügige Leistungseinbuße, reduziert aber die Motortemperatur deutlich, da der unverbrannte Treibstoff zusätzlich für Kühlung sorgt.

Der absolute Sauerstoffgehalt der Luft ist in erster Linie von der Lufttemperatur abhängig, in geringem Maße auch von der Luftfeuchtigkeit. Kalte und trockene Luft enthält mehr Sauerstoff als warme, feuchte Luft. Daher ist es sinnvoll, vor jedem Flug die Vergasereinstellung an das aktuelle Wetter anzupassen.

Doch auch ohne Manipulation an der Vergasernadel kann sich das Mischungsverhältnis im Brennraum während des Betriebes verändern. Kommt es durch den Betrieb des Motors nach dem Anlassen zu einem starken Temperaturanstieg im Zylinder, wird das Gemisch bereits im Kurbelwellengehäuse erwärmt, der Sauerstoffgehalt sinkt dadurch, das Gemisch verfettet. Obwohl weder die Luftzufuhr über die Drosselklappe, noch die Treibstoffzufuhr über die Vergasernadel verändert wird, stellt man kurz nach dem Anlassen einen Drehzahlabfall fest. Dies ist unter anderem ein Hinweis auf einen ungenügend eingelaufenen Motor.

In der Regel gibt der Motorhersteller in

der Betriebsanleitung eine genaue Beschreibung des Einlaufvorganges. Normalerweise wird ein Motor bei viertel bis halb geöffneter Motordrossel (Halbgas) und einer deutlich auf fett gestellten Vergasernadel gestartet. Bei abgeklemmter Glühkerze ist es nun möglich, durch Drehen des Propellers Treibstoff in den Vergaser zu saugen. Erst wenn der Treibstoff sichtbar in der Vergaseröffnung erscheint, ist ein Startversuch sinnvoll. Fast alle Fehlstarts sind entweder auf eine unterbrochene Treibstoffzufuhr oder auf eine durchgebrannte Glühspindel zurückzuführen.

Für den Start empfiehlt sich die Verwendung eines Elektrostarters, der den Propeller über einen Kautschukmitnehmer in Drehung versetzt. Dies schützt die Finger vor Verletzung und sorgt für einen zügigen Startvorgang. Die Glühkerze muss zum Start an ihre Stromversorgung angeschlossen werden, soll aber unmittelbar nach dem Anspringen wieder getrennt werden, um die Glühspindel nicht vorzeitig zu verschleißen.

Ist die Temperatur der Glühspindel hoch genug und das Gemisch im Brennraum zündfähig, also weder viel zu fett oder viel zu mager, springt der Motor lautstark an. Nun wird vorsichtig die Vergasernadel in Richtung mager (zu) gedreht und darauf geachtet, ob dadurch die Motordrehzahl sinkt oder steigt. Steigt sie, ist man auf dem richtigen Weg, man erarbeitet sich, wie oben beschrieben, eine Gemischeinstellung „auf der fetten Seite". Sinkt die Drehzahl nach dem Anspringen ohne Veränderung der Vergasernadel, oder nach deren Bewegung in Richtung mager, war sie von Anfang an auf der „mageren Seite" eingestellt, dann muss in diesem Fall die Nadel bis zum Erreichen des CCM herausgedreht werden, um abschließend wiederum die „fette Seite" zu erreichen.

Als sprichwörtliche „Daumenregel" gilt: Kann man den Zylinderkopf bei Halbgas mit den Fingern berühren, ohne sich zu verbrennen, ist der Motor eingelaufen. Wird der Zylinderkopf so heiß, dass die Finger zurückgezogen werden müssen, sollte der Motor, sofern es sich um einen Ringmotor handelt, unverzüglich durch Unterbrechen der Treibstoffzufuhr abgestellt werden. Nach einer Kühlpause sollte der Startvorgang wiederholt werden, bis die Temperatur des Zylinderkopfes sinkt. Der ABC-Motor ist weniger temperaturanfällig und kann ohne Abstellen auf Halbgas eine Tankfüllung lang weiterlaufen. Nach einer Kühlpause sollte der Vorgang unter Beobachtung der Zylinderkopftemperatur wiederholt werden, es sind unter Umständen mehrere Tankfüllungen notwendig, um die gewünschte Laufruhe zu erzielen.

Ist der Einlaufvorgang abgeschlossen, wird der Motor auf volle Leistung, also bei voll geöffneter Motordrossel, eingestellt. Die Vergasernadel muss dazu wie beim Einlaufvorgang von fett in Richtung mager bewegt werden, um bei Vollgas ausreichend Schmierung und Kühlung zu gewährleisten.

4-Takter und Benziner

Unter zunehmenden Druck von Seiten des Lärmschutzes in den 80er-Jahren des vorigen Jahrhunderts, aber auch aus einem Interesse der Modellfluggemeinschaft selbst, erhoffte man sich die Lösung durch den Einsatz von 4-Takt-Glühzündermotoren. Diese Motoren weisen eine Ventilsteuerung für den Austausch zwischen verbranntem und frischen Treibstoff-Luftgemisch auf. Dabei kommt es nur jedes zweite Mal am oberen Scheitelpunkt des Kolbens zur Zündung, ein ganzer Umlauf, also zwei Takte werden zum Ausstoß des Abgases und zum Ansaugen des frischen Gemisches verwendet. Der Verbrennungsvorgang selbst ist etwas effizienter als beim 2-Takter, da im Idealfall das Gemisch reiner und daher zündfreudiger ist. Beim Vorgang der Spülung bleibt auch bei effizientem Design und guter Abstimmung des Abgasrohres beim 2-Takter stets ein kleiner Anteil Abgas im Brennraum zurück. Außerdem lässt sich nicht verhindern, dass ein ähnlich kleiner Anteil frischen Ge-

4-Takter-Glühzündermotor des bekannten Herstellers OS.

misches vom Spülschlitz direkt in den Auspuff geschleudert wird, was den Treibstoffverbrauch erhöht.
In Summe gesehen ist der 4-Takter also etwas sparsamer im Verbrauch und etwas effizienter beim Verbrennungsvorgang, aber immer noch deutlich schwerer bei gleicher Leistung. Um die Leistung eines 6,5-cm³-4-Takters (.40 in cubic inch) zu erreichen, muss normalerweise ein 10-cm³-4-Takter eingesetzt werden (.60 in cubic inch). Die messbare Geräuschentwicklung liegt beim 4-Takter geringfügig unter dem eines leistungsgleichen 2-Takters, sein Klang ist etwas tiefer. Viele Piloten und Pilotinnen von vorbildähnlichen Modellen bevorzugen den 4-Takter wegen des vorbildnäheren Sounds. Der schwerere Motor kann wegen seines längeren Hubes und des daraus resultierenden Drehmomentes einen größeren Propeller drehen, als sein quirliger 2-Takt-Kollege.

Wegen des besseren Preis-Leistungsverhältnisses, des besseren Leistungsgewichtes und allmählich verbesserter Schalldämpfung blieb aber der 2-Takter im Allgemeinen im Einsatz, und das mit zahlenmäßiger Überlegenheit.
Zunehmende Verfügbarkeit von großen Motormodellen mit Spannweiten über 1,80 Metern brachte den Wunsch nach praxistauglichen, sparsamen und effizienten Motoren mit sich. Diesem wurde durch die Adaptierung von industriellen 2-Takt-Benzinmotoren aus der Rasenmäher- und Motorsägentechnik entsprochen. Solche Motoren kamen als Umbauten vereinzelt schon in den 1960er-Jahren zum Einsatz, eine große Auswahl an für den Modellflug konfektionierten Benzinmotoren ist aber erst seit kurzem auf dem Markt. Von einem Hubraum von 20 cm³ bis zu großen Triebwerken mit über 100 cm³ und mehrzylindrigen Motoren reicht diese Palette. Der Treibstoff wird kostengünstig von der Tankstelle bezogen, es handelt sich meist um ein Gemisch 1:50 für Mopeds. Bei dieser Bauart wird die Zündung durch elektrisch angesteu-

erte Zündkerzen herbeigeführt, die Kühlung erfolgt wie gewohnt durch Luftkühlung. Es können auch bordseitig Anlassersysteme eingesetzt werden, was bei entsprechender Vorbereitung einen Motorstart auf Knopfdruck ermöglicht. Da die Kosten mit zunehmender Komplexität und Motorengröße stark ansteigen, hält sich der Verbreitungsgrad dieser Motoren in Grenzen. Ein wesentlicher Bestandteil des Antriebes ist der Teil, der die Drehung der Kurbelwelle von E-Motor oder Verbrenner in Schub umsetzt:

Der Propeller

... wird umgangssprachlich auch als „Latte" oder „Quirl" bezeichnet. Die augenscheinlichen Merkmale sind zunächst das Material, aus dem er gefertigt ist. Bei den Verbrennern sieht man hier Holz, Nylon und selten auch Faserverbundstoffe im Einsatz.

Holz biegt sich praktisch nicht unter dem Druck des erzeugten Schubes in Flugrichtung durch und sorgt daher für geringfügig mehr Leistung als ein genau gleich geformter, flexibler Kunststoffpropeller. Außerdem bricht ein Holzpropeller sofort bei Bodenberührung oder durch Kontakt mit einem harten Fremdkörper. Das mag im ersten Moment nicht sehr geschätzt werden, hat aber im Falle eines missglückten Bodenstarts oder eines Absturzes mit Motorleistung den großen Vorteil,

Kunststoffpropeller auf E-Motor.

dass die Motorwelle geschont wird. Ein Kunststoffpropeller hält zwar unter Umständen aufgrund des schlagzähen Materials einer Bodenberührung stand, überträgt aber den Schlagschock auf die Motorwelle. Im ungünstigsten Fall wird dadurch der Motor beschädigt oder aus seiner Verankerung im Rumpf gerissen. In der Praxis werden Holzpropeller in der ersten Phase des Kennenlernens zwischen Pilot und Modell verwendet, um später gegen unempfindlichere, aerodynamisch und leistungssteigernd geformte Kunststoffpropeller ausge-

Holzpropeller stilecht eingesetzt.

wechselt zu werden. Einige Modelle wirken darüber hinaus optisch mit Holzlatte einfach besser als mit Nylon oder GFK. Neben dem Material fällt die Anzahl der Propellerblätter auf, und ob er starr oder beweglich montiert ist. Die Länge des Propellers, also praktische seine Spannweite, und die Steilheit des Anstellwinkels, als *Steigung* bezeichnet, sind bestimmende Größen für seine Abmessungen. Das Maß für die Steigung ist die Strecke, die der Propeller bei einer ganzen Umdrehung durch eine festes Medium vorwärts bewegt würde, vergleichbar mit dem Weg einer Schraube, die eine volle Umdrehung ins Holz gedreht wird. Beides kann in Zentimetern oder Zoll angegeben werden, je nach der Vorliebe des Herstellers. Im Fachhandel kann man heute eine große Auswahl an Propellern verschiedenster Materialien und unterschiedlicher Dimensionen beziehen. Da sich die Antriebe im Hobby-Bereich zwischen Motorflugzeugen unter 70 cm Spannweite bis zu großen Elektroseglern mit über 5 Metern Spannweite bewegen können, gibt es dafür eine große Bandbreite von Propellergrößen. Die kleinsten Elektromotoren treiben Propeller etwa mit der Dimension 5 (Länge) x 4 (Steigung), in Zoll. Verbrennungsmotoren mit 100 cm³ Hubraum drehen einen Propeller mit 24x13 Zoll.

Die Bedeutung des Propellers für das Flugmodell ist vergleichbar mit der Funktion des Getriebes bei einem Radantrieb. Geht es darum, eine große Masse überhaupt einmal in Bewegung zu bringen, oder eine beliebige Masse steil nach oben zu bewegen, so muss die Propellersteigung entsprechend klein sein, dem ersten Gang eines Fahrrades oder eines Autos entsprechend. Will man die Masse weiter beschleunigen, kommt man mit dem *„ersten Gang"* nicht mehr weit, eine größere Steigung ist notwendig. Bei der Propellerwahl muss daher ein Kompromiss getroffen werden zwischen ausreichend Standschub und ausreichend Vortrieb für den Schnellflug. Der Standschub einer Motor-Propeller-Konfiguration kann gut gemessen werden, er gibt über die unmittelbare Beschleunigung des Flugmodells beim Startvorgang Auskunft. Möchte man das Modell über den Startvorgang hinaus auf eine höhere Geschwindigkeit beschleunigen, muss der Vortrieb des Propellers dafür ausreichen, denn sobald das Modell diese Geschwindigkeit selbst erreicht, bremst der Propeller nur mehr, unabhängig von der vorhandenen Motorleistung. Der Vortrieb entspricht in der Theorie der Strömungsgeschwindigkeit der beschleunigten Luft, gemessen am Blatt. Das entspricht im Idealfall dem Produkt aus der Steigung und der Drehzahl. Durch Ungenauigkeiten im Design, bzw. durch ungenaue Dimensionsangabe des Herstellers ist rechnerisch so nur eine Annäherung zu erreichen, die in etwa zehn Prozent über dem tatsächlichen Vortrieb liegt.

Nun entsteht durch die Differenz vom Propelleranstellwinkel zur Luftströmung, die bei Standschub am höchsten und im Geschwindigkeitsbereich, der dem theoretischen Vortrieb entspricht, am geringsten ist, ein Leistungsverlust, der als *Schlupf* bezeichnet wird. Dieser Schlupf bedeutet für die Praxis, dass ein Modell für die Beschleunigung auf eine bestimmte Geschwindigkeit vom Antrieb einen Vortriebsüberschuss von 30-50 % braucht. Je schwerer und widerstandsreicher das Modell ist, desto mehr Vortriebsüberschuss wird benötigt.

Praxisbeispiel:
Möchte man also wissen, ob eine Luftschraube mit der Dimension 9x5 bei einer maximalen Motordrehzahl von 10.000 U/min ein Flugmodell auf 100 km/h beschleunigt, ergibt sich folgende taschenrechnerfähige Lösung:

Steigung =
5 Zoll, entspricht 12,5 cm, entspricht 0,125 m, x 10.000 U/min = 1.250 m/min entspricht 75 km/h, abzüglich 10 % herstellungsseitige Ungenauigkeit

= 67,5 km/h Vortrieb

Für eine Geschwindigkeit von 100 km/h wäre mindestens ein Vortriebsüberschuss von 30 % nötig, also ein Vortrieb von 130 km/h. Die im Beispiel herangezogene Propeller-Drehzahl-Kombination erreicht gerade einmal die Hälfte davon, sie ist also höchstens für eine Beschleunigung des Modells auf 50 km/h geeignet.

Starre Luftschrauben können naturgemäß nicht gleichzeitig auf hohen Standschub und hohe Rückströmgeschwindigkeit gleichzeitig ausgelegt sein, und in der Steigung verstellbare Luftschrauben kommen im Modellflug bislang ausgesprochen selten zum Einsatz. Die Praxislösung besteht in der Wahl eines Propellers mit mittlerer Standschubleistung und mittlerer Rückströmgeschwindigkeit, in Kombination mit einem Motor, der einen Leistungsüberschuss bietet. Auf den Vergleich mit der Fahrradschaltung umgelegt: es muss die Kraft in den Beinen ausreichend sein, um mit dem dritten Gang loszufahren. Sobald eine entsprechende Geschwindigkeit erreicht ist, wird es leichter, die Pedale zu bewegen, bis man so schnell wird, dass die Beine über die Pedale wieder bremsen. Zurück zum Flugmodell: Die Propellerdimension sollte so gewählt werden, dass ihr bester Wirkungsgrad dem Einsatzzweck des Modells entspricht. Dient bei einem Motorsegler der Antrieb dazu, das Modell in kurzer Zeit auf eine möglichst große Ausgangshöhe zu bringen, ist eine Latte mit verhältnismäßig geringer Steigung geeignet, eine so genannte *Steiglatte.* Um durch den Propeller im Schnellflug nicht gebremst zu werden, kommen bei Motorseglern mit Elektromotor zumeist Klappluftschrauben zum Einsatz. Die Propellerblätter werden bei dieser Bauart mit jeweils einer Metallschraube derart an der Propelleraufnahme befestigt, dass sie in Flugrichtung möglichst widerstandsfrei vor und zurück schwingen können. In dem Moment der Motor anläuft, richten sich die Propellerblätter durch die Fliehkraft vertikal zur Motorwelle aus, sie nehmen also drehender Weise die Position ein, die ein starrer Propeller hat. Erhöht sich die Motordrehzahl, wird auch die Fliehkraft stärker, die die frei gelagerten Propellerblätter in ihrer Ebene halten. Gleichzeitig entsteht in dem Maße Schub, als Luft heckwärts bewegt wird, und Sog in dem Maße, als durch die das Propellerblatt umströmende Luft an der Blattvorderseite ein Unterdruck entsteht. Die Summe aus Schub und Sog entspricht der Vortriebsleistung eines jeden Antriebes, der mit einem Propeller, egal ob starr, verstellbar oder rückklappbar, ausgestattet ist. Wie bereits im Textkasten *„Drehmoment“* erläutert, gilt für den Antrieb:

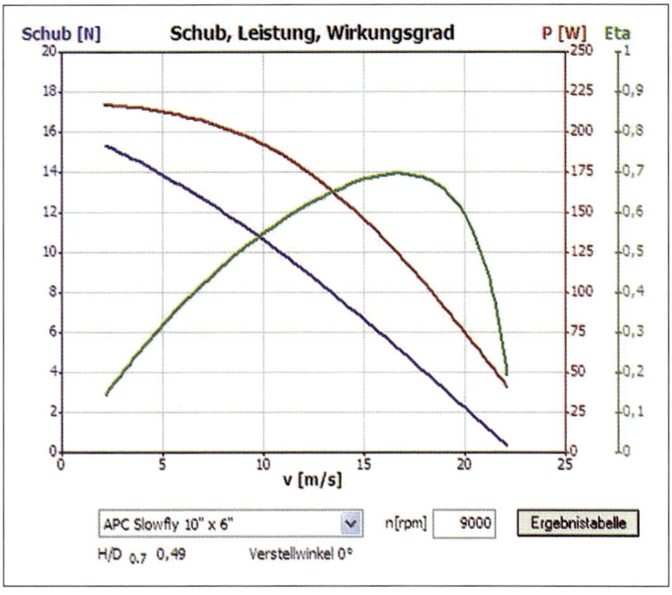

Leistungscharakteristik eines Propellers, berechnet und dargestellt mit dem Programm „PropCalc“.

Leistung =
Drehmoment x Winkelgeschwindigkeit,

die auch als Drehzahl angegeben werden kann. Nun ist das Drehmoment also abhängig vom Hebelarm, und der entspricht dem Propellerdurchmesser. Nun treten beim Propeller hohe Geschwindigkeiten an der Blattspitze auf, je nach dem Verhältnis zwischen Durchmesser und Drehzahl. Eine Leistungssteigerung ist aber nur durch Drehzahl- oder Propellerdurchmessererhöhung möglich. In der personentragenden Fliegerei kam es durch den Einsatz von sehr leistungsstarken Motoren bereits in den 40er-Jahren des vorigen Jahrhunderts zur Annäherung an den Überschallbereich an der Blattspitze, was eine dramatische, der Leistungsentfaltung schädlich gegenüberstehende Widerstandserhöhung bedeutete. Eine weitere Leistungserhöhung war nur möglich, indem man den Propellerdurchmesser wieder verringerte, dafür aber ein drittes Blatt hinzufügte. Aus dem dritten wurde mit noch stärkeren Motoren ein viertes, fünftes und sechstes Blatt, mit dem Einsatz von extrem leistungsstarken Gasturbinen wurden in der Endphase der Propellerära mehrblättrige Propeller gegenläufig auf zwei Wellen angetrieben.

Im Modellflug stößt man wegen der naturgemäß kleineren Propellerdurchmesser zwar nicht an diese widerstandsbedingte Leistungsgrenze, die Verwendung von mehrblättrigen Propellern hat fast ausschließlich optische Gründe. Eine Nachbildung eines Jagdflugzeuges aus dem Zweiten Weltkrieg wirkt nun einmal besser mit dem für dieses Muster typischen Drei- oder Vierblattpropeller. Als praktischen Nebeneffekt genießt der Betreiber eine größere Bodenfreiheit der Propellerebene, wegen des kleineren Durchmessers, im Vergleich zum leistungsgleichen Zweiblattpropeller. Das wirkt sich beispielsweise auch auf die Mindestfahrwerkshöhe aus. Praxisnahe Beispiele für die Abstimmung des Propellers auf den Antrieb, sowie Überlegungen zur Dimensionierung des Antriebes generell, finden wir im zweiten Abschnitt des Buches.

Verbrenner oder Elektro?

Stellt man nun Elektromotore und Methanoler für einen Einsatz im Modellflugzeug gegenüber, ist der moderne Elektromotor in vielen Aspekten auf den ersten Blick die simplere, umweltfreundlichere und kostengünstigere Variante. Zur Überprüfung dieser Annahme stellen wir nun einen vollständigen elektrischen Antriebsstrang zusammen:

Vorne weg der so genannte Spinner, die aerodynamische Verkleidung der Propellerbefestigung, der in vielen Fällen einen annähernd spaltfreien Übergang zum Rumpf bildet. Bei Motormodellen entfällt der Spinner manchmal, die Befestigungsschraube, welche die Luftschraube an der Motorwelle fixiert, ist dadurch sichtbar. Aus Aluminium oder Faserverbundstoff hergestellte Spinner können auch direkt als Plattform für die Befestigung der Luftschraubenblätter dienen, vor allen bei Klappluftschrauben.

Bei Elektromotoren wird in der Regel die Luftschraube nicht direkt auf der Motorwelle befestigt, sondern auf einen Luftschraubenmitnehmer, der mittels Spannkonus auf die dünnere, glatte Motorwelle montiert wird. Der erfüllt damit eine Funktion als Adapter zwischen der Motorwelle und der Luftschraubenplattform.

Es folgt der Motor selbst, der am Motorspant direkt, oder über einen Motorträger aus Holz, Aluminium oder Kunststoff mit dem Rumpf verbunden ist. Hinter dem Motor wird der elektronische Fahrtenregler montiert, die Verbindung wird entweder durch hochstromfähige Steckkontakte oder durch direkte Lötkontakte hergestellt. Je mehr Arbeit durch den Fahrtenregler verrichtet wird, desto größer ist seine Erwärmung im Betrieb, es sind daher für seine Kühlung Kühlschlitze im Rumpf für Zu- und Abluft vorzusehen. Den Abschluss des Antriebsstranges bildet die Stromversor-

▲ **Aerodynamisch optimierter Verbrennereinbau, Tankschlauch an der linken Seite.**

Antriebsstrang einer F3A-Kunstflugmaschine mit 2×5s LiPo. ▼

gung des Antriebes und der Empfangsanlage, eine Stromquelle in Form eines Akkus. Nun zum Vergleich die Anordnung eines Verbrennermotors:

Luftschraube und Spinner werden meist direkt auf die Motorwelle montiert, zumal bei Glühkerzenmotoren keine Klappluftschrauben verwendet werden. Es folgt Motor und Motorträger. Oft werden zur Vermeidung von starken Vibrationen schwingungsdämpfende Kautschuk-Ringe, so genannte *Schwinggummis*, zwischen dem Motorträger und dem Motorspant platziert. Die Erwartung in die Effizienz dieser Methode ist manchmal überhöht, da bei bestimmten Schwingungsfrequenzen die Vibrationen nicht gedämpft sondern durch Aufschaukelung (Resonanzeffekt) sogar noch verstärkt werden können. Lockere Motorbefestigungsschrauben sind die wahrscheinlichste Ursache für schädliche Vibrationen.

Direkt hinter dem Motor wird der Treibstofftank platziert, durch eine möglichst kurze und absolut knickfreie Treibstoffleitung aus Silikon und einem Belüftungsschlauch mit dem Motor verbunden. Es ist dringend davon abzuraten, den Tank direkt im Schwerpunkt des Modells zu platzieren, weil dadurch die Treibstoffleitung unnötig verlängert werden würde. Motoraussetzer im Flug durch Abreißen der Treibstoffzufuhr sind die Folge.

Dahinter kommt das Motordrosselservo zum Einsatz, das über eine Schubstange oder einen Bowdenzug mit der Motordrossel am Vergaser verbunden ist.

Bei vergleichender Betrachtung der beiden Beispiels-Antriebsstränge wird deutlich, dass der Elektroantrieb durch die Vielzahl seiner

Komponenten etwas an Komplexität im Vergleich zum Methanoler gewinnt. Doch ist der Verbrenner noch nicht betankt, die Glühkerze nicht vorgewärmt und der Elektrostarter nicht in Betrieb. Beim Elektromotor muss man der Vollständigkeit halber noch erwähnen, dass moderne Lithium-Polymer-Antriebsakkus eine elektronisch überwachte Lademethode erfordern, ein bestimmtes Ladegerät also, das aber in der Regel für alle anderen Akkus auch verwendet werden kann.

Ein großes Fragezeichen im Vergleich der beiden Antriebskonzepte stellt der Vergleich der Leistung dar. Dazu gleich vorweg: Der moderne Elektromotor steht einem durchschnittlichen Verbrennungsmotor in Bezug auf Leistung im Sinne von Antriebskraft in nichts nach. Die Flugleistungen können teilweise sogar übertroffen werden. Ein Problem stellen allerdings unterschiedliche Leistungsangaben durch die verschiedenen Hersteller dar. Der physikalischen Leistung wird heute die Einheit Watt zugeordnet, bei Verbrennermotoren wird sie aber noch immer in PS angegeben. Somit ist die Wellenleistung bei Verbrennern einfach von PS auf Watt umzurechnen, 1 PS entspricht ungefähr 735 Watt. Dabei ist zu beachten, dass sich PS-Angaben immer auf eine bestimmte Drehzahl beziehen. Ob diese Drehzahlen tatsächlich erreicht werden, und ob die Leistung nun effizient in Antriebskraft umgesetzt wird, liegt hauptsächlich am Propeller.

Bei Elektromotoren kommt man direkter zur Leistungsabschätzung, ein Watt ist nämlich ein Volt mal einem Ampère. Nun muss berücksichtigt werden, dass jeder Bestandteil des Antriebes einen eigenen Wirkungsgrad hat. Das bedeutet: es geht Leistung verloren, denn der Wirkungsgrad ist nie 100 %. Von der Eingangsleistung des Akkus kommen als Durchschnittswert etwa 50 % der Leistung als Antriebsleistung am Modell an. Man spricht von einer „Wirkungskette“, wobei an jedem Kettenglied Leistung verloren geht. So liegt der typische Wirkungsgrad eines Flugreglers bei 85-95 %, der eines Motors zwischen 60 und 90 %, und der eines Propellers zwischen 60 und 85 %. Ein zwschengeschaltetes Untersetzungsgetriebe, wie es zu Zeiten der Bürstenmotoren üblich war, hat einen Wirkungsgrad von etwa 85 %. Die tatsächlichen Wirkungsgrade sind nicht allgemeingültig festzustellen, sie hängen stark von der technischen Auslegung und der Qualität der Bauteile im Detail ab.(2)

Zur Abschätzung des Gesamtwirkungsgrades müssen die Wirkungsgade der einzelnen Glieder aus der Wirkungskette multipliziert werden. Bei einem Antrieb ohne Getriebe haben wir daher die Abschätzung:

Akku > Flugregler × Motor × Propeller > Antriebsleistung

Nehmen wir nun als Beispiel einen typischen Antriebsakku mit einer Kapazität (C) von 2.000 mAh und einer Hochstromfähigkeit von 20C, dann gibt dieser dauerhaft maximal 40 Ampère Strom an den Antrieb ab. Legt man eine Spannung von 11,1 Volt an, was einem LiPo mit drei Zellen (3S) entspricht, kommen wir auf eine Eingangsleistung von 40 x 11,1 = 444 Watt. Stellen wird diese Eingangsleistung nun vor die Wirkungskette eine typischen Antriebes, so erhalten wir eine Abschätzung der Antriebsleistung:

444 Watt × 0,9 (Flugregler) × 0,8 (Motor) × 0,8 (Propeller) = 255,75 Watt

In diesem theoretischen Rechenbeispiel kommen wir also auf einen Gesamtwirkungsgrad von 57,6 Prozent. In der Modellflugpraxis sind Werte über 50 % schon optimistisch, und über 60 % sind zur Zeit nur durch spezielle Verfahren zu erreichen. Als Daumenregel für die Abschätzung des Gesamtwirkungsgrades mag also 50 % genügen, was bedeutet, dass wir die Kapazität und die Hochstromfähigkeit des Akkus so wählen sollen, dass die Leistung dem zweifachen der gewünschten Antriebsleistung

(2) vergl. Helmut Schenk: „Abschätzung des Antriebs von Elektroflugmodellen“ http://www.rc-network.de/magazin

entspricht. Mit anderem Worten: Wir müssen doppelt so viel elektrische Leistung investieren, als wir als Antriebsleistung herausbekommen. Etwa die Hälfte der eingesetzten Energie wird als Wärme an die Umgebung abgegeben. Daraus ergibt sich auch bei Elektromotoren die Notwendigkeit, für ausreichend Zu- und Abluft zu sorgen, um Hitzestau im Modell zu verhindern.

Das primäre Leistungsmerkmal eines Flugreglers ist die Stromstärke, die er dauerhaft verträgt. Dazu werden in den Leistungsangaben noch kurzzeitig mögliche Spitzenströme angegeben. Zusätzliche Funktionen wie BEC, Motorbremse oder Governer-Modus können sich unter Umständen auf den Wirkungsgrad auswirken.

Nun wollen wir die Leistungfähigkeit des Elektromotors im Vergleich zu einem konkurrierenden Verbrennermotor abschätzen. und das führt meist über Umwege: Selten wird einem Motor in seiner Beschreibung eine Leistung von „X PS“ oder „Y Watt“ zugeordnet.

Ein Kriterium für die Beurteilung der Leistung ist die Größe des Motors, daraus lässt sich auf sein maximales Drehmoment und seine Stromaufnahme schließen. Es hat sich eingebürgert, bürstenlose Elektromotoren mit der Anzahl der Umdrehungen pro Volt ohne mechanische Last zu kennzeichnen, die Abkürzung dafür lautet U/min/V, rpm/V oder KV, was nicht mit der international anerkannten Bezeichnung Kilovolt zu verwechseln ist. Typische Werte liegen im Modellflug etwa zwischen 400 und 4.000 KV. Ohne die Masse des Motors sind diese Werte aber nicht aussagekräftig, was ihre Leistung betrifft. Man erfährt bei einem Motor mit 1.000 KV, dass er ohne Luftschraube und ohne Berücksichtigung von internen Reibungsverlusten und bei optimal eingestelltem *timing* des Reglers, pro Volt aus dem Antriebsakku 1.000 Umdrehungen in der Minute durchführen würde, bei 11,1 Volt also 11.100 U/min. Die Antriebsleistung lässt sich mit dieser Angabe alleine nicht feststellen. Wohl kann man die Charakteristik des Motors in Hinsicht auf sein Drehmoment abschätzen, ein Motor für den Einsatz an Untersetzungsgetrieben, wie beispielsweise für Modellhubschrauber, wird eine höhere Drehzahl benötigen, als ein Motor an einer großen Luftschraube.

Um die Leistung eines Motors rechnerisch wenigstens abzuschätzen zu können, brauchen wir zwei weitere Leistungscharakteristika vom Hersteller oder vom Prüfstand: Die dauernd zulässige Stromstärke in Ampère und die höchste zulässige Betriebsspannung. Abhängig davon, wie genau diese Angaben sind, können wir sogleich die theoretisch mögliche Wellenleistung in Watt errechnen (Watt = Volt x Ampère) Welcher Standschub und welche Strahlgeschwindigkeit mit diesem Antrieb erreichbar sind, hängt im Weiteren nur noch vom Akku und vom Propeller ab.

Außer Dauerstromstärke und Spannungsbereich wünschen wir uns herstellerseits noch eine Empfehlung für die Dimension der Luftschraube für den entsprechenden Einsatzbereich. Auch eine Empfehlung über die Eignung des Antriebes für Modellgewicht und Spannweite wird häufig abgegeben und erleichtert die Entscheidung über den geeigneten Antrieb.

Ein wichtiges Kriterium für die vergleichende Betrachtung von Außenläufermotoren ist schlicht und einfach deren Gewicht. Man kann von der Masse des Motors durchaus auf seine ungefähre Leistung schließen, und weiß dabei auch gleich, ob er sich in Hinsicht auf die Schwerpunktlage gut als Antrieb für ein bestimmtes Modell eignet. Wie breit das Leistungsspektrum eines bestimmten Elektromotors tatsächlich ist, zeigen Messungen, die an Motoren unter Verwendung verschiedener Luftschrauben und Stromquellen durchgeführt wurden. So weist beispielsweise ein Durchschnittsmotor mit 151 Gramm Gewicht zwischen 170 (an 7 Zellen NiCd, Propeller 12x7 Zoll) und 500 (an 4s LiPo, Propeller 10x7 Zoll) Watt Leistung auf. Der gemessene Standschub reicht bei demselben Motor von

Antriebsleistung

Wellenleistung (Watt, PS) ist die Kraft, die direkt an der Antriebswelle eines Propellerantriebes in Form von Drehmoment wirkt. Ob diese Leistung auch effizient in Antriebsleistung umgesetzt wird, wird vom Propeller und von der Einbaulage des Motors beeinflusst. Schubangaben von Strahltriebwerken in Kilopond können in eine *äquivalente Wellenleistung* eines Propellerantriebes umgerechnet werden. Wellenleistung und äquivalente Wellenleistung werden in Watt oder PS ausgedrückt:

1 PS = 735,5 Watt

Standschub (Kilopond) ist jene Antriebsleistung, die mit einer gegebenen Konfiguration aus Motor, Regler, Akku und Propeller bei Stillstand des Modells auf dessen Motorwelle wirkt. Das Verhältnis von Standschub zum Gesamtgewicht des Modells lässt Schlüsse auf die Beschleunigungswirkung des Motors aus dem Stillstand heraus zu. Eine Schubkraft von einem Kilopond himmelwärts gerichtetem Standschub ist mindestens notwendig, um die Schwerkraft eines Modells mit einem Gesamtgewicht von einem Kilogramm aufzuheben, wenn es ohne die Auftriebsleistung der Tragflächen auskommen muss.

0,900 bis 1,400 Kilopond.(3) An diesem Beispiel wird klar, wie wichtig eine auf das Flugmodell und den Einsatzzweck abgestimmte Zusammenstellung des Antriebs ist. Es sei aber versichert, dass es für jedes Modell ein breites Band an möglichen Antrieben gibt, die allesamt *funktionieren*. Durch das Experimentieren mit verschiedenen Konfigurationen ist es gut möglich, den Antrieb des Modells auf seinen Verwendungszweck zu optimieren.

Um eine Leistungsbeurteilung treffen zu können, ohne eine Angabe in Watt seitens des Herstellers zu bekommen, hilft sich die Modellfluggemeinschaft wieder einmal selbst. Mit kleinen Gratisprogrammen können am eigenen PC viele mögliche Konfigurationen aus Motor, Propeller, Akku und Regler berechnet werden. Dabei können auch Faktoren wie die gewünschte Einsatzgeschwindigkeit des Modells, sein Gewicht und seine Spannweite berücksichtigt werden. Im Anhang des Buches befindet sich eine Liste mit zur Zeit der Drucklegung aktuellen Verknüpfungen im Internet, die auf Programme und Hilfsmittel zur Leistungsberechnung von Elektroantrieben verweisen.

Vergleichen wir nun die Leistungsfähigkeit der im Modellflug typischen Motoren, beispielsweise anhand eines durchschnittlichen 2-Takters mit 6,5 cm^3 mit rund einem PS Wellenleistung, so finden wir eine beachtliche Anzahl von äquivalenten Elektroantrieben mit einer Wellenleistung von 735 Watt. Der Anschaffungspreis liegt beim Elektroantrieb inklusive Energiequelle etwas höher. Dafür kommen beim Verbrennungsmotor Betriebskosten durch den verflogenen Treibstoff hinzu. Das Leistungsgewicht spricht eher für den Elektroantrieb, die normalerweise erreichten Flugzeiten eher für den Verbrenner. Bleibt die Umweltverträglichkeit, hier punktet eindeutig der E-Antrieb wegen seiner geringen Lärmentwicklung und dem abgasfreien Betrieb.

Folgende Gründe mögen dafür verantwortlich sein, dass Verbrenner dennoch stark verbreitet sind: Im Bereich der leistungsstarken Antriebe über 700 Watt ist das Preis-/Leistungsverhältnis bei Verbrennern insgesamt noch besser als bei „Volt und Ampère“. Auch das Leistungsgewicht wird bei Verbrennern besser, je stärker der Antrieb wird. Ein gewisser Prozentsatz der Betreiber

(3) Vergl. Bernd König: Messungen vom Prüfstand, www.kb-modell.de

Tabelle 3: Einschätzung der Motorleistung				
Glühzünder[4]	Gewicht (Gramm)	Luftschraube (Zoll): einsetzbare Größen	Leistung (Watt)	Leistungsgewicht (Watt/Kg)[5]
2,5 cm³ 2-Takt	180	7x5-8x6	150-250	800-1.000
4 cm³ 2-Takt	300	8x5-10x6	500-700	
6,5 cm³ 2-T (10 cm³ 4-T)	450-550	9x6-10x7	600-900	900-1.200
10 cm³ 2-T (15 cm³ 4-T)	550-680	10x7-13x8	1.000-1.500	1.000-1.300
15 cm 2-T (20 cm³ 4-T)³	650-900	12x8-15x10	1.100-1.800	1.200-1.500
brushless Außenläufer nach Gewicht (Gramm)	Stromquelle (LiPo)	Luftschraube (Zoll): einsetzbare Größen	Leistung (Watt)	Leistungsgewicht (Watt/Kg)
45	2-3 S	9x5 (2S)-8x4 (3S)	ca. 100	770-910 (3S-2S)
130	3 S	10x6-12x6	ca. 400	ca 1.000
150	4S	10x7-13x7	350-500	ca. 1.000
320	4-6 S	14x4-18x9	500-900	800-1.000
410	6-8S	16x8-20x10	600-1.800	600-1.000

Orientierungstabelle zur Einschätzung der Leistung von verschiedenen Glühzünder (nach Hubraum) -und Elektromotoren (nach Gewicht).

hegt außerdem eine persönliche Vorliebe für die klassische Atmosphäre der Verbrenner-Fliegerei. Die größten Zuwächse der letzten Jahre sind eindeutig im Elektrobereich zu verzeichnen. Das Verhältnis von Forumsbeiträgen auf einschlägigen Internetplattformen entspricht dem Verhältnis von 1:3,7 zugunsten des Elektrofluges.

Im High-End-Bereich der Wettkampfmodelle, etwa bei den Motorkunstflugmodellen der Klasse F3A, hat der E-Antrieb wegen seiner vorteilhaften Handhabungseigenschaften (keine Vergasereinstellung, keine Betriebsflüssigkeiten) den Verbrenner praktisch völlig verdrängt.

Propellerlose Antriebe

Turbinen-Strahltriebwerk

Diese beachtlichen Kraftpakete sind vom Aufbau her Miniaturen von Jet-Triebwerken aus der personentragenden Fliegerei. Seit 1990 befinden sich in Serie gebaute Turbinen-Strahltriebwerke für Modellflugzeuge auf dem Markt. Die Preise dafür liegen meist jenseits des Budgets eines durchschnittlichen Hobbypiloten. Der Schub eines Jet-Triebwerkes entsteht aus der Verbrennung eines verdichteten Treibstoff-Luftgemisches und des daraus resultierenden Rückstoßes. Bevor der Strahl das Triebwerk verlässt, treibt er eine Gasturbine an, die mit

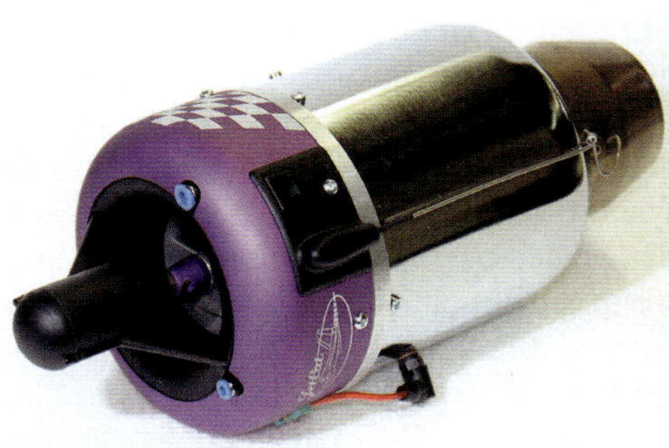

Strahltriebwerk JetCat P80 mit 97 N Schub bei 125.000 U/Min. (Foto: JetCat Germany)

[4] Die Leistungsangaben beziehen sich auf Glühzündermotoren in durchschnittlicher, handelsüblicher Qualität mit Standardschalldämpfer und Standardtreibstoff. Sondermodelle und Rennmotoren können wesentlich höhere Leistungen bringen.

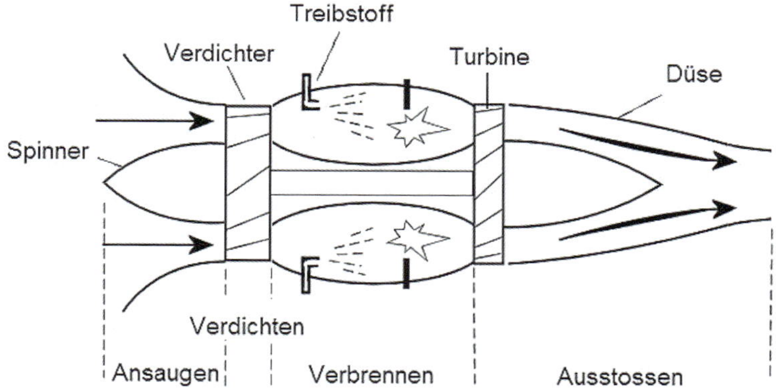

Funktionsschema Jet-Triebwerk.

Scale-Modell Eurofighter „Typhoon" mit Turbine. (Foto: Harald Kafka, www.umfc-kirchschlag.at)

den Verdichterschaufeln am Triebwerkseinlass verbunden ist. Ist der Staudruck der Luft am Triebwerkseinlass kleiner als am Triebwerksausgang, so entsteht Vortrieb. Obwohl noch vereinzelt Propan als Treibstoff zum Einsatz kommt, werden die meisten Jet-Triebwerke wie ihre Entsprechungen in der Großfliegerei mit Kerosin betrieben. Die Leistung eines Jet-Triebwerks wird normalerweise in N für Newton angegeben. Zurzeit befinden sich Triebwerke mit einer Schubleistung von 60 bis circa 300 N im Handel. Die Turbinendrehzahlen liegen bei 100- bis 180.000 U/min.

Ein Newton ist jene Kraft, die benötigt wird, um eine Masse von einem Kilogramm auf eine Geschwindigkeit von einem Meter pro Sekunde zu beschleunigen. In Meereshöhe bedarf es dazu einer Gewichtskraft von 102 Gramm. 10 N entsprechen daher einer Gewichtskraft von etwa einem Kilopond.

Ein typisches Modell-Jet-Triebwerk mit einer Leistung von 100 N entwickelt also in etwa 10 Kilopond Standschub.

Die Besonderheit der Jet-Triebwerke besteht in ihrer Leistungsentfaltung in großen Flughöhen und in ihrer Eignung als Antrieb für Überschallflugzeuge. Im Modellflug werden sie als Antrieb vorbildgetreuer Jets eingesetzt, ohne jedoch das Leistungspotential in Bezug auf Flughöhe und Überschallflug nützen zu können.

(5) Inkludiert ist das Gewicht eines der Größe entsprechenden ¾-vollen Treibstofftanks, ergibt ca. 15 Minuten Flugzeit.

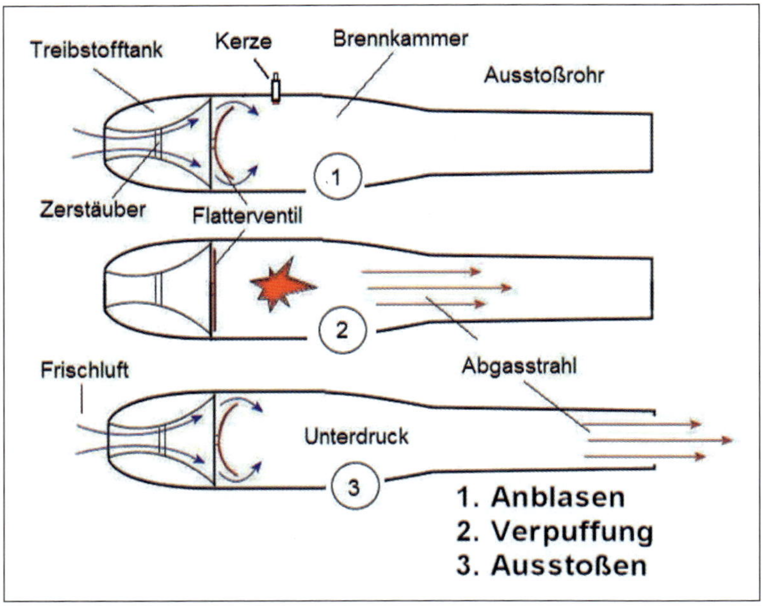

Arbeitsweise Pulsstrahltriebwerk.

Pulso-Eigenbau an Fesselflugmodell. (Foto: www.fesselflug.eu)

Pulsstrahltriebwerk

Im Gegensatz zum Turbinen-Strahltriebwerk kommt das Pulsstrahltriebwerk ganz ohne drehende Teile aus. Es ist primitiver im Aufbau, und deutlich lauter im Betrieb. Die Effizienz in Bezug auf Treibstoffverbrauch ist besser als beim Turbinen-Strahltriebwerk. Die Rückstoßwirkung wird durch die Verbrennung von Treibstoff-Luftgemisch in einer Brennkammer erzielt, die nur in Richtung eines Ausstoßrohres offen ist.

Zum Anlassen des Triebwerks wird Luft durch den Zerstäuber mit Treibstoff vermischt und in die Brennkammer geblasen. Die elastischen Flatterventile stellen ein Einwegventil für das Gemisch dar. In der Brennkammer wird das Gemisch zuerst durch eine Zündkerze abgebrannt, dieser Verbrennungsvorgang wird als *Verpuffung* bezeichnet. Durch die Verbrennung dehnt sich das Gas stark aus und schließt das Flatterventil. Die Abgase strömen mit hoher Geschwindigkeit über das Ausstoßrohr nach außen, dadurch entsteht die Rückstoßwirkung. In der Brennkammer entsteht durch das schnell entweichende Gas ein Unterdruck, wodurch neues Gemisch über das Flatterventil nachströmt. Nun entzündet sich dieses Gemisch selbstständig an der heißen Ventilrückwand und den Verbrennungsrückständen, der Verpuffungsvorgang wiederholt sich zwischen 50 und 200 Mal in der Sekunde. Der Verbrennungsvorgang, im Fachjargon *Verpuffung* genannt, findet *pulsierend* je nach Bauart etwa 50 bis 200 Mal in der Sekunde statt. Diesem pulsierenden Verbrennungsvorgang ist der Namensteil „Puls" – und auch der unverwechselbare, tiefe *Sound* dieses Triebwerks zu verdanken. Wesentliche Nachteile sind die kurze Lebensdauer der Einlassventile (15 bis 60 Minuten), die hohe thermische Belastung (Temperaturen außen über 1.000 °C) und der hohe Schallpegel. Auch kann die Leistung des Triebwerks nicht geregelt werden, es liefert vom Start bis zum Abstellen den für seine Bauart typischen Schub.

Das Pulsstrahltriebwerk, kurz *Pulso* genannt, kommt im Modellflug hauptsächlich als Eigenbau vor. Der Geschwindigkeitsrekord für Fesselflugzeuge von 396 km/h wurde mit Hilfe eines Puls-Triebwerkes 1972 aufgestellt und ist bis heute gültig.

Impeller

Um vorbildähnliche Modell-Jets zu motorisieren, ohne Turbinen-Strahltriebwerke oder Pulsos zu verwenden, wurden Glühzündermotoren, und später E-Anriebe als Impeller ausgelegt. Darunter versteht man ein von einem Gehäuse oder einem Rohr ummantelten Propeller, der in der Regel als mehrblättriges Schaufelrad ausgeführt ist. Durch den relativ kleinen Durchmesser der Propellereinheit können Drehzahlen um 50.000 U/min erreicht werden. Der Sound eines hochdrehenden Impellers kommt einem Jet-Triebwerk nahe.

Der Schub eines Impeller-Antriebes entspricht dem Verhältnis zwischen Staudruck vor und Staudruck hinter der Antriebseinheit. Je größer der Druckunterschied, desto größer der Schub bei gleich bleibendem Durchmesser des Impellers. Der treffende englische Ausdruck *„ducted fan"* für Impeller drückt die Notwendigkeit der Luftstromführung aus.

Die Leistungscharakteristik eines Impellers weist im Vergleich zu Propellermotoren ein schlechtes Verhältnis zwischen Standschub und Gesamtleistung auf. Deshalb ist es sinnvoll, bei der Wahl des Motors einen Leistungsüberschuss von etwa 30 % zu berücksichtigen, um die Flugleistung, insbesondere das Beschleunigungsverhalten des Modells dem eines Propellerfliegers anzunähern.

Nun haben wir also grundsätzliche Merkmale des Flugmodells selbst kennen gelernt. Zur Inbetriebnahme durch den Modellflugpiloten fehlt aber noch eine wesentliche Zutat, also auf ins nächste Kapitel!

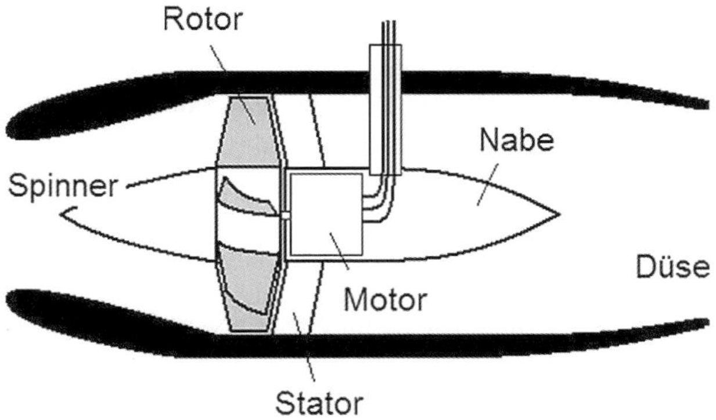

Aufbau eines Impellers.

Die Funkfernsteuerung

Komponenten der Funkfernsteuerungsanlage bilden die Nabelschnur zwischen den Fernpiloten und dem fliegendem Modell. Die oft verwendete Bezeichnung „RC-Anlage“ ist eindeutig „denglisch“, da RC aus dem englischen „radio controlled“ kommt und direkt übersetzt „funkgesteuert“ heißt. Die Erzeugung von sinnvollen Steuersignalen und deren reibungslose Übertragung an das Flugmodell ist das „A und O“ der Modellfliegerei: Die Inbetriebnahme des Modells beginnt mit dem Einschalten der Funkfernsteuerung, vergleichbar mit dem Moment, in dem man seinen Platz im Cockpit eines Flugzeuges einnimmt. An keiner Stelle haben die Fernpiloten mehr Gelegenheit, etwas richtig oder falsch zu machen, als an den Steuerknüppeln seiner Anlage. Ein Modell kann schlampig montiert oder sogar beschädigt sein, es kann einen Motorstillstand im Flug erleiden oder im Sturm den Elementen ausgesetzt sein, die Entscheidung über sein Schicksal wird durch die Bedienung der Fernsteuerung getroffen. In vielen Fällen geht die Faszination des ferngesteuerten Modellfluges vom Flugmodell aus, dessen Optik, dessen Flugleistung oder dessen komplexer Technik. Die Hauptrolle muss sich das Modell mindestens teilen, und zwar mit dem Bindeglied zwischen den Fähigkeiten der Modellflugpiloten und -pilotinnen und der Kombination aus Umwelt und Flugobjekt.

Ein „erster Rundgang“

Die Funkfernsteuerungsanlage, im weiteren „Anlage“ genannt, besteht aus den baulich getrennten Einzelkomponenten Sender, Empfänger, Empfängerakku und Servo. Die Stromversorgung des Senders besteht in der Regel aus einem achtzelligen Akku und ist in dessen Gehäuse integriert, die des Empfängers ist durch ein zweipoliges Stromkabel mit dem Sender verbunden. Die externe Anordnung des Empfängerakkus hat Vorteile bei der Platzierung der Empfangsanlage im Rumpf, der vier- bis fünfzellige Akku kann zur Korrektur des Schwerpunktes verlagert werden. Als Akkutypen kommen Nickel-Cadmium-Akkus (NiCd), Nickel-Metallhybrid-Akkus (NiMh) oder, unter Verwendung eines Spannungswandlers oder eines mit BEC ausgestatteten elektronischen Fahrtenreglers auch Lithium-Polymer-Akkus für den Empfänger zur Verwendung.

Das augenscheinlichste Merkmal des Senders ist seine Ausführung als Pult- oder als Handsender. Der Pultsender schafft für den Piloten eine horizontale Bedienungsebene, aus deren Oberfläche die beiden Steuerknüppel, bis zu drei Schieberegler und eine unterschiedliche Anzahl von Drehreglern und Kippschaltern ragen. Die Bedienung dieser Knüppel, Schalter und Knöpfe erfolgt von oben, während der Sender dem Piloten ungefähr auf der Höhe der Gürtelschnalle vor dem Bauch platziert ist. Um die Stabilität des Senders zu gewährleisten, kann dieser in ein Senderpult eingelassen werden, welches zusätzliche seitliche Auflageflächen für die Hände aufweist. Viele Sender und Senderpulte werden über zwei nach oben ragende Gurtbügel an einem einfachen Nackengurt befestigt, der um den Nacken des Piloten geschlungen wird. Zur Entlastung des Nackens, insbesondere bei schwereren Sender- und Senderpultkombinationen ist die Verwendung eines Rückenkreuzgurtes empfehlenswert. Wenn es die Steuerung des Modells nicht erfordert, hat man beide Hände frei und kann diese vom Sender nehmen, ohne diesen aus seiner betriebsbereiten Lage zu entfernen.

Der Handsender, im Gegensatz dazu, hat zwar auch eine horizontale Ebene, aus der die beiden Steuerknüppel ragen, weist aber an beiden Seiten und an der Stirnseite des Sendergehäuses Steuerelemente auf. Er nutzt die ergonomische Kapazität der menschlichen Hand, einen Gegenstand zu *umfassen*. So ist es möglich, mit Zeige- und Mittelfinger an der Stirnseite gelegene Kippschalter zu betätigen, ohne dabei die Daumen von den Steuerknüppeln zu nehmen. Zur Sicherung wird der Sender dabei mit nur einem Befestigungspunkt in der Mitte des Gehäuses an einer Nackenschlaufe befestigt. Während des Fluges muss man den Sender mindestens mit einer Hand halten, um steuerbereit zu sein.

Die Vor- und Nachteile zwischen Pult- und Handsender wiegen sich gegenseitig auf, entscheidend für die Senderwahl ist die persönliche Vorliebe. Ein Handsender kann dazu auf einem geeigneten Senderpult montiert werden, um so in der Handhabung einem Pultsender nahe zu kommen. Dabei ist darauf zu achten, dass die seitlichen und stirnseitigen Schalter uneingeschränkt zugänglich bleiben. Pultsender können auch vom Piloten mit den Händen umfasst und ohne Gurt betrieben werden, wobei in diesem Fall die Bedienung der oben liegenden Schalter einiger Gewöhnung bedarf.

Pultsender vs. Handsender.

Ein weiters grundlegendes Unterscheidungsmerkmal ist die Ausführung als so genannter *Computersender* oder als *mechanisches Knüppelaggregat*. Beim Computersender werden die Steuerbefehle, die durch die mechanischen Steuerelemente (Knüppel, Schieberegler, Schalter) erzeugt werden, an einen Prozessor weitergeleitet, der den Einstellungen des Piloten gemäß mehrere Befehle abmischt und für das in Betrieb befindliche Modell abspeichert. Abhängig von der Speicherkapazität können die besonderen Einstellungen für mehrere Modelle gespeichert werden. Erst nach der Aufbereitung durch den Prozessor werden die Steuerbefehle an den *Sendeteil* des Senders weitergegeben. In der Regel wird dieses Bauteil als HF-Teil oder HF-Modul bezeichnet, „HF“ steht hier für den Frequenzbereich „High Frequency“, was dem Ultrakurzwellenbereich entspricht, in welchem diese Sender arbeiten. Das Gehäuse eines Senders, jedenfalls aber sein HF-Sendeteil, ist in der Regel mit „35“ oder „40“ gekennzeichnet, je nachdem, für welches Frequenzband er geeignet ist. Das trifft auch für quarzlose Synthesizer-Anlagen zu.

Alternativ dazu gibt es Sender, die im Bereich *Very High Frequency*, genau genommen im 2,4-Gigahertz-Frequenzband arbeiten. Dieser Frequenzbereich von 2.400 bis 2.483,5 MHz lässt sich ebenfalls in Kanäle unterteilen, die aber mit mindesten 1 MHz eine deutlich größere Bandbreite als die 35/40-MHz-Bänder aufweisen. Die 2,4-GHz-Technik verwendet unterschiedliche Verfahren zur Vermeidung von Kanaldoppelbelegung. Eine Kombination von mehreren Verfahren ist möglich und wird von den meisten Herstellern angeboten. Eine Störung durch Kanaldoppelbelegung ist dadurch so gut wie ausgeschlossen.

Der Signalweg *Steuerelement-Prozessor-Sendeteil-Empfänger-Servo* ist unabhängig vom Frequenzband stets der Gleiche. Die Rechengeschwindigkeit der Sendercomputer und deren Speicherkapazität sind abhängig von der verwendeten Hard- und Software und sind je nach Modell des Senders und Hersteller unterschiedlich. Mechanische Knüppelaggregate ohne jegliche Computer- Unterstützung findet man heute hauptsächlich bei ferngesteuerten Spielzeugprodukten, als Bestandteil von Produktpaketen mit drehzahlgesteuerten Hubschraubern und Autos. Hat der Sender keine elektronische Mischfunktion, so wird diese oft durch den Empfänger übernommen, der in diesem Fall nur in dem für ihn vorgesehenen Modell funktioniert.

Welches Frequenzband ein Sender benützt, ist durch die Bauart seines HF-Teiles festgelegt, welchen Kanal er innerhalb dieses Bandes benützt, wird im Schmalbandbereich durch einen Schwingquarz im Sender bestimmt.

Moderne Sender können durch den Einsatz eines so genannten Synthesizers auf elektronischem Weg die Sendefrequenz eines innerhalb des Frequenzbandes beliebig wählbaren Kanals erzeugen und brauchen daher keinen Quarz. Auch 2,4-GHz-Sender erzeugen die Frequenz mittels Halbleitertechnologie synthetisch.

Wird ein Kanal zeitgleich von mehreren Anlagen verwendet, spricht man von einer *Kanaldoppelbelegung*, der Hauptursache für unkontrollierbare Störungen der Funkfernsteuerung. Werfen wir nun einen Blick auf die sichtbaren Steuerelemente am Sender:

Die zentrale Steuermechanik jedes Senders stellen zwei symmetrisch angeordnete, in alle Richtungen bewegliche Steuerknüppel dar. Die Steuerungsebene ist jeweils eine vertikale (oben/unten) und eine horizontale (links/rechts). Über diese beiden Knüppel werden typischerweise die vier Steuerbefehle *Höhe, Seite, Motor und Querlage* gegeben. Zusätzliche Schieberegler und Schalter können Steuerbefehle an weitere Komponenten des Modells geben, wie zum Beispiel Einziehfahrwerk, Landeklappen, Bremsklappen oder Zusatzfunktionen wie Landeschweinwerfer.

Frequenzbänder im Modellflug

27-MHz-Band: Flug-Schiff u. Automodelle, CB-Funk

35-MHz-A/B-Band: Flugmodelle

40/41-MHz-Band: Flug-u. Schiffsmodelle

2,4-GHz-Band: ISM (Industrial, Scientific, Medical). u.a.WLAN, Funkfernsteuerungen.

5 Ghz Technologie: Im Modellflug vorwiegend zur Verbindung der Drohnenkameras mit der FPV („first person view“, entspricht der „Ich-Perspektive“)-Brille.

Die Frequenzbänder sind weiter in Kanäle unterteilt, die untereinander durch einen Kanalabstand von 10 kHz (Schmalband) oder mindestens ein MHz (Breitband, zur Zeit nur 2,4 GHz) getrennt sind.

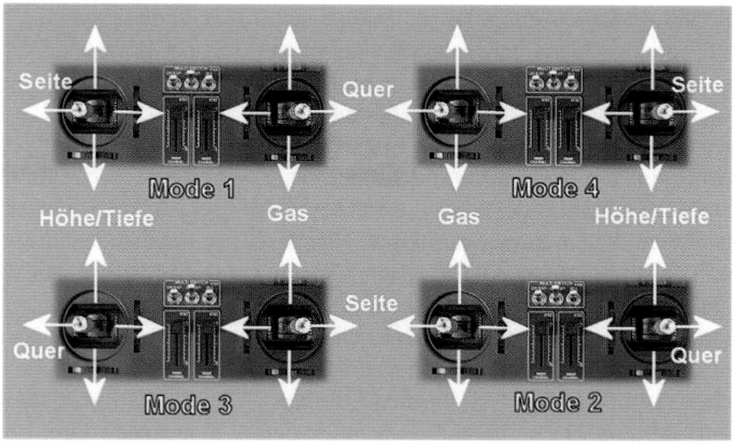

Steueranordnung Modus 1-4.

In Entsprechung zu den vier Steuerebenen gibt es am Sender vier Trimmhebel, die entweder als Schieberegler oder als Momentschalter ausgeführt sind. Sie dienen dazu, die Mittelstellung unpräzise eingestellter Steuerflächen im Flug auszurichten.

Man unterscheidet unabhängig vom Hersteller des Senders zwischen vier unterschiedlichen *Steueranordnungen* der Steuerknüppel. Die Anordnung im „Modus 1“ bedeutet, dass der linke Steuerknüppel in seiner vertikalen Ebene dem Höhenruderservo und in seiner horizontalen Ebene dem Seitenruderservo zugeordnet ist. Der rechte Steuerknüppel ist demnach in seiner vertikalen Ebene dem Drosselklappenservo und in seiner horizontalem Ebene der Querrudersteuerung zugeordnet. Im „Modus 2“ bis „Modus 4“ werden die Zuordnungen wie aus der Abbildung ersichtlich getroffen, um der Vorliebe oder der eigenen Gewohnheit zu entsprechen.

Die Art der Steueranordnung kann, je nach Ausführung des Senders, entweder über dessen Software beliebig angewählt werden, oder sie ist herstellerseits fest vorgegeben. Für welchen dieser Modi man sich bei Beginn seiner Modellfluglaufbahn entscheidet, ist prinzipiell egal. Am beliebtesten sind die Modi 1 und 3. Erfahrene Kollegen und Kolleginnen raten immer zur Wahl der Anordnung, die sie selbst verwenden, um im Bedarfsfall die Steuerung besser übernehmen zu können. Über Vor- und Nachteile gibt es in Fachkreisen häufig Diskussionen. Fest steht lediglich, dass es unangenehm ist, von einem einmal angewöhnten Modus in einen anderen zu wechseln.

Die Betrachtung der Sender-Antenne soll den „ersten Rundgang“ um den Sender abschließen. Sie ist in den meisten Fällen als aufschraubbare Teleskopantenne ausgeführt, entweder starr oder auf ein Kugelgelenk montiert. Viele Hersteller bieten als Alternative eine kunststoffummantelte, etwa 30 cm lange *„Kurzwendelantenne“* an, deren Reichweite bei gleicher Sendeleistung der etwa einen Meter langen Teleskopantenne zwar etwas unterlegen, für die meisten Verwendungszwekke aber mehr als ausreichend ist. Die Vorteile liegen in ihrer Platz sparenden, bruchsicheren Ausführung und in der Optik. Nicht zu verwechseln mit einer Kurzwendelantenne, die im Bereich von 35 bis 40 MHz eingesetzt wird, ist die noch kürzere, etwa 7 cm lange Antenne zum Einsatz in 2,4-GHz-Anlagen vorgesehen. Die Betrachtung des Empfängers fällt im Vergleich zum Sender äußerlich unspektakulär aus: Ein quaderförmiges Kunststoffgehäuse, in der Größe zwischen einer Zündholzschachtel und einer Zigarettenbox, mit 3 bis 16 dreipoligen Steckbuchsen für die

Servos. Ein circa 90 cm langes Antennenkabel, rot oder schwarz ummantelt. Die Antenne sollte möglichst ausgestreckt im Modell verlegt werden, ein Kürzung oder eine Verwickelung wirkt sich auf den Empfang und damit auf die Reichweite des Modells aus. Die ideale Länge der Antenne richtet sich nach der Wellenlänge des Frequenzbandes, und die beträgt im 35-MHz-Band 85 cm, und im 2,4-GHz-Band 12,5 cm. Um weiter vorgehen zu können, müssen wir genau hinsehen: steckt ein fingernagelgroßer , flacher Metallzylinder drin, kunststoffummantelt oder „nackt", so handelt es sich um den *Schwingquarz*, im Weiteren als Quarz bezeichnet. Er dient dazu, die vom Sender abgestrahlte Schwingung durch die Erzeugung einer eigenen Schwingung zu *„verstehen"*. Der empfangenen Senderfrequenz wird zumeist eine um 455 kHz höhere Frequenz beigemischt, diese Technik nennt man in der Fachsprache *super-heterodyning*, kurz auch Superhet. Eine verfeinerte Form ergibt sich, wenn der Empfänger eine weitere Frequenz beimischt, um eine noch genauere Trennschärfe des empfangenen Signals zu erhalten, also *double-super-heterodyning*, oder eingedeutscht: Doppelsuperhet.

Fehlt der Quarz, gibt es zwei Möglichkeiten: entweder wird eine Technologie verwendet, die nach dem englischem Ausdruck *Phase Locked Loop* als PLL bezeichnet wird. Gelegentlich wird der Ausdruck Synthesizer verwendet, um Empfänger mit dieser Technologie zu bezeichnen, dabei wird mit Computertechnologie die Funktion des Quarzes „nachgeahmt", der Empfänger kann auf jeden Kanal des baulich bedingt geeigneten Frequenzbandes (35 *oder* 40 MHz) eingestellt werden. Die Wählbarkeit des Empfängerkanals verhindert keineswegs Störungen durch Kanaldoppelbelegung, sie macht lediglich die Verwendung von Quarzen überflüssig. Oder es handelt sich um ein 2,4-GHz-System, das ebenfalls ohne Quarz arbeitet. Viele Empfänger haben keine eigens gekennzeichnete Steckbuchse für die Stromversorgung, der Akku kann unter Beachtung der Polung an jedem beliebigen Servoplatz angesteckt werden.

Die Empfängerbuchsen der Hersteller Robbe/Futaba und Graupner/JR weisen denselben Steckerabstand auf und gelten daher untereinander als kompatibel. Andere Hersteller verwenden das gleiche Format unter der Bezeichnung „Uni". Der Hersteller Multiplex verwendet ein anderes Format, welches zwar mit „Uni" nicht kompatibel ist, aber für höhere Stromstärken ausgelegt ist, die unter Umständen durch den Einsatz besonders starker Digitalservos auftreten.

In ihrer Erscheinungsform typisch sind Empfänger des 2,4-GHz-Bandes mit automatischer Kanalwahl, die vom Empfänger ausgelöst wird. Sie haben oft kein Antennenkabel, sondern eine Ausbuchtung im Gehäuse, welche eine Antenne beherbergt, die nicht nur empfängt, sondern auch Signale an den Sender zurückschickt. Eine elektronische Schaltung im Empfänger wechselt dabei auf einen freien Frequenzkanal, sobald sie eine Störung in der aktiven Verbindung erkennt. Es handelt sich um echte *Zweiweg-Kommunikation*, die auch zur Rücksendung von Messdaten wie Flughöhe oder Steiggeschwindigkeit zum Sender und damit zum Piloten dienen kann. Der Fachbegriff für diese mögliche Zusatzfunktion lautet *Telemetrie* (wörtlich übersetzt: „Fernmessung").

Andere 2,4-GHz-Empfänger sind mit zwei getrennten Antennenkabeln ausgestattet, was die Empfangsqualität bei Abschattung des Funksignals verbessert, das Stichwort dafür: *Antennen-Diversity.* Noch mehr Empfangssicherheit wird durch die Verwendung von zwei Empfängern mit je zwei Antennen erwartet, der zweite Empfänger wird dabei als „Satellit" bezeichnet.

Als Stromquelle für den Empfänger, der den Großteil der Energie für die von ihm versorgten Servos weitergibt, kommen heute alle Akkutypen in Frage. Die Betriebsspannung der Empfänger-Servo-Konfiguration liegt zwischen 4,8 und 6 Volt, manche Servos sind laut Betriebsanleitung nicht für den Betrieb mit über 5 Volt geeignet. Dieser Strom kann nun durch vier bis fünf Mignonzellen, zu einem Empfängerakku zusammengefasst, erzeugt werden, oder durch die Verwendung eines BECs (*battery eliminating circuit*). Wie bereits erwähnt, verfügen die meisten elektronischen Fahrtenregler für Elektro-Antriebe über diese Funktion, es gibt aber auch externe BECs, die die Verwendung von zwei Lithium-Polymer-Akkus als reinen Empfängerakku erlauben. Die Nennspannung von 7,4 Volt geht an den BEC, der gibt eben nur 4,8 bis 6 Volt an den Empfänger ab. Die Leistung eines BEC wird außerdem an der durch die von ihm abgegebenen Stromstärke in Ampere gemessen. Je mehr Servos betrieben werden sollen, und je mehr Strom diese verbrauchen, desto höher soll die Ampere-Leistung des BEC sein.

Unser Rundgang führt uns nun schon zu den Servos, die mit dreipoligen Kabeln mit dem Empfänger verbunden werden. Zwei Pole werden für den Strom benötigt, also Plus und Minus, der dritte enthält das Steuersignal. Bei Verwendung des Uni-Formates ist auf die richtige Polung der Verbindung zu achten, da sonst der Empfänger oder das Servo Schaden leiden könnte. Das Kabel mit dem Steuersignal ist in der Regel mit den Farben orange, Gelb oder Weiß gekennzeichnet.

Am Servo selbst sehen wir endlich das mechanische Resultat dessen, was der Pilot durch Bedienung der Steuerknüppel ansinnt: Es bewegt sich was! Es ist der Servoarm, an welchem so spielfrei wie möglich die Anlenkung einer Schubstange oder eines Bowdenzuges beweglich montiert ist. Der Servoarm, praktisch der verlängerte Arm des Piloten, wird von einem Elektromotor über ein Untersetzungsgetriebe im Inneren des Servogehäuses bewegt. Ein kleines Potentiometer stellt den Motor auf die Position, die dem Steuersignal entspricht.

Seitenleitwerksservo mit Seilanlenkung.

Seitenleitwerksanlenkung, Spornrad wird mitgeführt.

Neben der Größe des Servos kann man sie der Ausführung nach unterscheiden. Ein Standardservo weist ein Gleitlager der Motorwelle und ein Kunststoffgetriebe auf. Ein Standardservo in Normalgröße hat ein Gehäusemaß von 40x40x20 Millimeter. Einsatzarten, die einen besonders flachen Einbau erfordern, verwenden Servos mit einer Breite von unter 9 Millimetern. Durch die Verkleinerung der Mechanik wird auch eine starke Gewichtsreduktion bis zu unter 5 Gramm pro Servo

Auswahl verschiedener Servos.

Flugzeitermittlung
Im Beispiel verwenden wir einen Akku mit einer durch Entladung/Ladung ermittelten Kapazität von 1.000 mAh. Wir absolvieren einen Flug von etwa 15 Minuten Dauer. Die genaue Flugdauer wird bei der Landung gestoppt. Nun laden wir den Akku mit einer Stromstärke von nicht mehr als seiner Eigenkapazität mittels Automatikladegerät, also mit einem Ampere. Nach der automatischen Abschaltung des Laders lesen wir die eingelade Kapazität aus, in unserem Beispiel 200 mAh. Wir wollen den Akku im Flug nicht voll entladen, also reservieren wir 20 % Kapazität (= 200 mAh).
Durch den aus dem Flug ermittelten Stromverbrauch von 200 mA pro Viertelstunde können wir davon ausgehen, mindestens eine Stunde in dieser Konfiguration mit diesem Akku fliegen zu können.

200 mA × 4 = 800 mAh plus 200 mAh Reserve = 1.000 mAh

Bei dieser Methode ist es unerheblich, ob das Modell ein Segler, Elektro- oder Verbrennermotormodell ist. Im Falle eines Elektrofliegers ist lediglich darauf zu achten, dass nicht weniger als durchschnittlich lange mit Motorleistung beim gestoppten Messflug geflogen wird.

erreicht. Um dennoch die erforderlich Kraft zu erzeugen, die notwendig ist, ein Rudergestänge präzise zu bewegen, können leistungssteigernde Ausführungen wie Kugellager und Metallgetriebe eingesetzt werden.

Die Zugkraft wird herstellerseits in Kilogramm oder Newton pro Zentimeter (N/cm) angegeben. Während Großmodelle oft die Zugkraft von mehreren Kilogramm pro Zentimeter Servo-(Hebel)-Arm erfordern, kommen Leichtgewichte oft mit 0,3 Kilogramm Zugkraft aus. Die Leistungscharakteristik eines Servos wird meist durch seine Stellkraft und seine Stellgeschwindigkeit angegeben. Für den Piloten sind aber auch seine Haltekraft, seine Stell- und Rückstellgenauigkeit und seine Robustheit von Interesse. Letztgenannte Qualitätsmerkmale sind kaum in der Leistungsbeschreibung eines Servos angegeben und erfordern in der Regel eine Beratung durch den Fachhandel oder durch Erfahrungsberichte von Kollegen. Für die Robustheit des Servos ist nicht zuletzt seine Größe verantwortlich, als grundlegende Regel für die Wahl des Servos kann gelten:

so klein wie nötig, so groß wie möglich.

Neben analogen, potentiometergesteuerten Servos sind auch stellkräftige und schnelle Digitalservos im Einsatz. Im Unterschied zum Analogservo ruht der Elektromotor des Digitalservos nicht, nachdem er in die gewünschte Position gefahren wurde, er steht weiter voll unter Strom. Daraus ergibt sich eine hohe Haltekraft in der gewünschten Position, höhere Spitzenströme und ein höherer Stromverbrauch sind die Folge. Was uns direkt zur Stromversorgung bringt: sie versorgt den Empfänger und alle daran angeschlossenen Servos. Die normale Betriebsspannung einer Empfangsanlage (Empfänger und Servos) beträgt 4,8 Volt, was genau der Nennspannung von vier NiCd- oder NiMh-Zellen entspricht. Gelegentlich sieht man in den Leistungsdaten von Servos Geschwindigkeit und Kraft für 4,8 und für 6 Volt angegeben. Tatsächlich vertragen die meisten Anlagen auch 6 Volt Nennspannung, also fünf NiCd/NiMh-Zellen. Durch mehr Spannung fließt aber auch mehr Strom, der Stromverbrauch wird höher und der Akku wird schneller entladen. Durch moderne Ladetechnik kann sich der Pilot über den Zustand des Empfängerakkus ein gutes Bild machen und seine Flugzeiten auf die tatsächliche Kapazität des Akkus abstimmen.

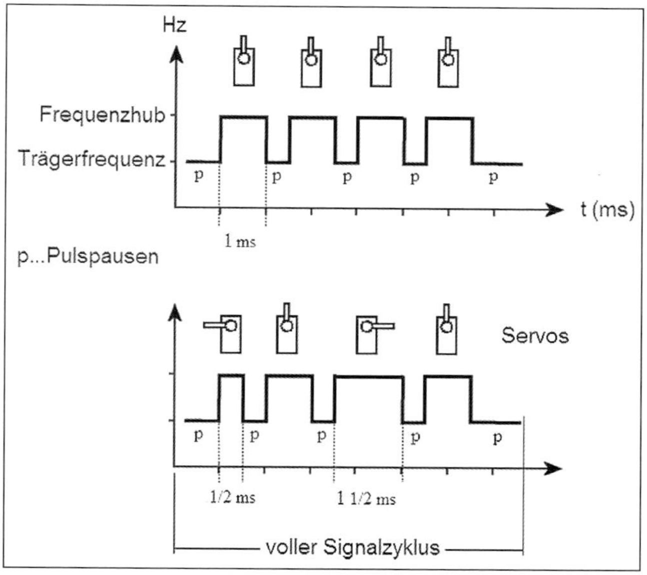

Pulspausensignal.

Übertragungsarten

Die Prinzipien der Fernmeldetechnik, die in den gängigen modernen Anlagen Umsetzung finden, entstanden schon am Anfang des vergangenen Jahrhunderts, genau genommen während des Ersten und Zweiten Weltkriegs. Die Verwendung von Frequenzmodulation hat in der Radio- und Fernsehtechnik schon früh die störungs- und rauschanfällige Amplitudenmodulation abgelöst. Nehmen wir uns den Begriff *Frequenzmodulation* einmal genauer vor:

Der Entdeckung des Phänomens um den Elektromagnetismus durch Physiker wie Faraday, Hertz und anderen Forschern, folgte die Erkenntnis um die Existenz von *Funkwellen*. Der Name Funk entstammt der Eigenschaft von elektromagnetischen Anlagen, die aufgrund ihrer groben Bauart sichtbare Funken erzeugten. Eine typische Funkwelle wird als symmetrisch nach oben und unten ausschlagende „Sinuskurve" dargestellt. Mehrere hintereinander folgende Wellen bilden eine Schwingung. Die Kennzeichen einer Schwingung sind ihre Schwingungshöhe, im Weiteren als *Amplitude* bezeichnet, und die Geschwindigkeit der Schwingung, im Weiteren als *Frequenz* bezeichnet. Die Einheit Hertz, benannt nach dem Physiker Heinrich Hertz, steht für die Anzahl der Schwingungen pro Sekunde.

Nun ist es gut und schön, eine bestimmte Schwingung zu erzeugen, doch um daraus eine Information zu gewinnen, beispielsweise für die Bewegung von Servos in einem Modellflugzeug, muss diese Schwingung charakteristisch verändert werden. Diese Änderung nennt man Modulation. Als Vergleich mag hier die Gitarrenseite herangezogen werden: Eine Seite kann je nach Spannung und Seitenlänge eine Schwingung abgeben, die als hörbarer Ton ans Ohr gelangt.

Das ist aber noch kein Lied. Um eine Melodie zu spielen, verkürzt der Gitarrengriff die Länge der Saite und verändert dadurch die Schwingungsfrequenz: sie wird moduliert!

Mehrere aufeinander folgende Frequenzänderungen ergeben für die Zuhörer eine erkennbare Melodie. Schon haben wir das Prinzip der Frequenzmodulation! Die Amplitudenmodulation wäre, bei diesem Beispiel bleibend, das Anschlagen ein und desselben Tones in unterschiedlicher Lautstärke.

Bei der Modulationsart Frequenzmodulation, kurz FM, benötigt man als Grundlage eine so genannte Trägerfrequenz. Diese wird zur Übertragung von Signalen geringfügig verändert, als entweder verzögert oder beschleunigt. Wird die Frequenz in zeitlichen Blöcken gehoben oder gesenkt, spricht man von dieser vorübergehenden Anhebung oder Absenkung als *Puls*. Der geringfügige Frequenzunterschied zwischen *Trägerfrequenz* und *Puls* wird als *Frequenzhub* bezeichnet.

Zurück zum Empfänger im Flugzeug: Er hat eine bestimmte Anzahl von Servos angeschlossen, jeder Servo braucht eine eindeutige Information, wie sein Arm stehen soll. Diese Information kann dem Servo zum Beispiel durch Dauer eines Pulses übermittelt werden: Dauert der Puls genau eine Millisekunde, soll der Servoarm in der Mittelstellung stehen. Bei einer Pulsdauer von einer halben Millisekunde bedeutet das: Vollausschlag nach rechts, bei einer Pulsdauer von eineinhalb Millisekunden: Vollausschlag nach links.

Nun haben wir aber nicht nur einen Servo, sondern eine ganze Reihe davon. Es muss also ein wenig Disziplin in den Ablauf. Also dann:

- Lange Pulspause, heißt: Servos aufgepasst, jetzt kommen der Reihe nach für euch Befehle!
- Puls für Servo 1, nach einer Pause von 0,5 Millisekunden.
- Puls für Servo 2, nach einer weiteren kurzen Pause.
- Puls für Servo 3, und so weiter, bis alle angeschlossenen Servos ihren Befehl erhalten haben. Dann folgt die lange Pulspause, um den Befehlszyklus erneut zu beginnen.

Dieser Zyklus kann je nach Hersteller und Anzahl der Servokanäle mehr oder weniger als 12 Millisekunden dauern. Wegen der Bedeutung der Pausen zwischen den Pulssignalen nennt man diese Übertragungsart Puls-Pausen-Modulation, kurz **PPM**. Sie ist zurzeit die am weitest verbreitete Variation der Frequenzmodulation. Lautet die Bezeichnung PPM 18, so sind bis zu 9 Servokanäle möglich, lautet sie PPM 24, so sind es 12. Voraussetzung für die Funktion ist, dass der Sender PPM-Signale erzeugt und der Empfänger für den Empfang dieser ausgelegt ist. Des Weiteren, dass dasselbe Frequenzband (35 oder 40 MHz) und innerhalb dessen derselbe Kanal verwendet wird. Unerheblich ist für die Funktion, ob es sich beim Empfänger um einen Superhet oder einen Doppelsuperhet-Empfänger handelt.

Superhet-Empfänger beziehen ihre Bezeichnung vom Fachbegriff *Super-Heterodyning,* was soviel heißt wie: Beimischung. Diese Beimischung der Zwischenfrequenz dient zur besseren Trennschärfe des empfangenen Signals. Dadurch gehen störende Funksignale, die durch verschiedene elektromagnetische Vorgänge im Äther entstehen, verloren. Dieses Störungspotential wird als Funkrauschen bezeichnet. Stromgeneratoren und Transformator-Anlagen können beispielsweise Funkrauschen erzeugen, aber auch große Verbrennungsmotoren.

Eine besonders gute Trennschärfe gegen Funkrauschen bieten Doppelsuper-Heterodyn-Empfänger. Bei dieser Technologie wird eine zweite Zwischenfrequenz erzeugt und dem Empfangssignal beigemischt. Doppelsuperhet-Empfänger benötigen daher besondere Schwingquarze zur Erzeugung der ersten und der zweiten Zwischenfrequenz.

Profitabel in der Verwendung von PPM ist für den Modellpiloten die herstellerübergreifende Technik. In der Regel sind Sender und Empfänger unterschiedlicher Hersteller untereinander austauschbar. Das führte zu Wettbewerb und zu einer günstigen Kostenstruktur bei großer Produktvielfalt. Darin liegt aber auch die Schwäche des Systems: Jeder Sender, der den gleichen Kanal verwendet, kann einen anderen Flieger im Betrieb stören, der Empfänger bekommt zwei miteinander konkurrierende Steuersignale, die Servos bewegen sich irgendwo hin, der Flieger stürzt ab. Um dem vorzubeugen, wird in der Modellflugpraxis eine gewisse Sorgfalt vor der Inbetriebnahme des Senders erwartet.

Im Bereich von Modellfluggeländen ist es nicht nur aus eigenem Interesse angeraten, sondern auch gesetzlich vorgeschrieben, Absprachen über den Einsatz der zur Verfügung stehenden Kanäle im 27-, 35- und 40/41-MHz-Band zu treffen. Dies geschieht idealerweise durch die Verwendung einer Frequenztafel. Seit der fast flächendeckenden Verbreitung von 2,4 GHz-Systemen, die eine Kanal-Doppelbelegung unmöglich machen, ist die Frequenztafel-Technik wohl etwas in den Hintergrund geraten.

Eine Weiterentwicklung zur PPM-Technologie stellt die Übertragungsart PCM dar. Sie wird von den marktführenden Herstellern jeweils für ihre Sender und Empfangsanlagen angeboten, manche Sender unterstützen wahlweise PPM oder PCM. Im Gegensatz zu PPM ist PCM nicht herstellerübergreifend kompatibel. Bei dieser Technologie wird das Funksignal mittels eines herstellerspezifischen Codes digitalisiert, daher die Bezeichnung *Puls Code Modulation*. Diese digitalen Informationen stellen zusammengesetzt wieder eine Schwingung dar, die im Empfänger erst entschlüsselt werden muss, um als Steuerbefehle an die Servos weitergeleitet werden zu können. Durch die Komplexität des Systems ergeben sich, abhängig hauptsächlich von der Rechenkapazität des Senders, Verzögerungen in der Weiterleitung des Steuerimpulses im Millisekundenbereich.

Durch den Einsatz von Mikrochips zur Verwirklichung der digitalen Technologie wurden erstmals Zusatzfunktion wie „Fail Save“ oder „Servo Hold“ möglich. Dabei wird im Empfänger eine bestimmte, vorgewählte Stellung eines oder mehrerer Steuerkanäle gespeichert, die im Falle eines Signalverlustes an die Servos weitergegeben wird. In der Praxis ist diese Funktion bei Motormodellen, Motorseglern und Hubschraubern sinnvoll einsetzbar. Dabei wird die Leistungshebelfunktion im Modus „Fail Save“, was sinngemäß als „Sicherheitsstellung“ übersetzt werden könnte, auf Leerlauf gesetzt. Sollten während des Betriebes, aus welchen Grund auch immer, die Funksignale vom Sender ausbleiben, kommt es zu keiner unkontrollierbaren Leistungserhöhung, sondern der Motor wird auf Leerlaufleistung zurückgestellt. Kommt die Funkverbindung wieder zustande, steht die Steuerfunktion sofort wieder zur Verfügung. Insbesondere bei Hubschraubern trägt das zur Sicherheit von Pilot und Zuschauern bei, da unkontrolliert mit Vollgas rotierende Kunstharzrotorblätter ein ernst zu nehmendes Verletzungsrisiko darstellen.

Eine weitere Anwendungsmöglichkeit für die Funktion „Fail Save“ wäre beispielsweise, das Seitenruder eines Segelflugzeuges bei Signalverlust in eine leicht angewinkelte Position fahren zu lassen. Dadurch wird eine flache Kurve eingeleitet, sollte der Signalverlust durch Reichweitenüberschreitung begründet sein, kann das Flugzeug ohne Zutun des Piloten wieder in den Empfangsbereich einfliegen. Günstige Wetterbedingungen und viel Optimismus ist dabei Voraussetzung.

Bei der Funktion „Servo Hold“ werden alle Steuerkanäle in der letzten Position belassen, die vor der Störung angesteuert waren. Durch den Einsatz von digitaler Technologie mit Speicherkapazität sind „Fail Save“ und „Servo Hold“ mittlerweile auch in digitalen PPM-Empfängern und bei der

2,4-GHz-Technologie möglich. Der große Vorteil der PCM-Technologie ist jedoch die äußerst gute Störsicherheit gegen Funkrauschen, und eine relative Störsicherheit gegen Kanaldoppelbelegung. Denn nun genügt es nicht, denselben Kanal zu belegen, es muss auch noch derselbe Hersteller der Sendeanlage sein, damit es zu einer Störung durch Kanaldoppelbelegung kommt. Natürlich ist vor der Inbetriebnahme dieselbe Sorgfalt wie bei PPM-Anlagen geboten. Die PCM-Empfänger aller Hersteller sind deutlich teurer als Ihre PPM-Kollegen, man kann aber davon ausgehen, dass mit zunehmender Verbreitung der 2,4-GHz-Technologie diese Übertragungsart vom Markt gedrängt werden wird.

Die mit Abstand fortschrittlichste Übertragungstechnologie stellt die bereits mehrfach erwähnte 2,4-GHz-Technik dar.

Die wesentlichen Unterschiede zur 35-40/41-MHz-Technologie bestehen in der mindestens 100-fach größeren Breite des verwendeten Frequenzbandes und in einer integrierten Technologie zur Vermeidung von Störungen durch Kanaldoppelbelegungen. Durch die Breitbandigkeit wird die Signalübertragungsrate signifikant erhöht und damit der Mangel der PCM-Technologie behoben, durch die herstellerspezifisch unterschiedlichen Technologien zu Vermeidung von Störungen werden sowohl Funkrauschen als auch Kanaldoppelbelegungen weitgehend unterbunden. Dazu werden hauptsächlich zwei aus der WLAN-Technologie bekannte Methoden eingesetzt, die als Abkürzung DSSS und FHSS häufig in Beschreibungen, Normen oder Diskussionen auftauchen.

DSSS steht für *Direct Sequence Spread Spectrum*. Zu Deutsch: Direktsequenz-Frequenzspreizfahren. Das sagt uns auf den letzten Silben, dass ein Nutzsignal gespreizt wird. Das Besondere daran ist, dass der Spreizfaktor einen Schlüssel enthält, der die Bits des Nutzsignals in einer schnellen Abfolge, also einer *Sequenz*, über die Bandbreite verteilt *(multipliziert)*. Es entsteht ein Funkbild, das einem starken Funkrauschen gleicht. Nur wenn der Empfänger dieses Funkrauschens das Empfangssignal mit dem geeigneten Schlüssel wieder entwirrt *(dividiert)*, kann er das Nutzsignal daraus gewinnen. Dieser verschlüsselte Spreiz-

2,4-GHz-Band

Das **Nutzsignal** drückt die für den Verwendungszweck nutzbare Information aus und wird in Bit angegeben. Ein für Fernsteuerungen typisches Nutzsignal könnte beispielsweise 2.048 Bits betragen. Die Anzahl der übertragenen *Bits pro Sekunde* ist demnach die *Bitrate*.
Bei dem **Frequenzspreizverfahren (Spread Spectrum)** wird ein *Nutzsignal* unverschlüsselt von einer Ausgangsbandbreite, wie im Schmalbandbereich üblich, auf die gesamte nutzbare Bandbreite des Sendekanals *ausgedehnt*. Diesen Vorgang nennt man *Spreizung*. Dadurch wird das Verhältnis von korrekt empfangenen Signalen zu fehlerhaft empfangenen Signalen verbessert. Die Bandbreite wird üblicherweise um ein Hundertfaches oder mehr gespreizt.
Die um den Spreizfaktor multiplizierten Bits des Nutzsignals werden als *Chips* bezeichnet, deren Übertragung pro Sekunde ist die *Chiprate*.
Die **Bit Error Rate (BER)** drückt das Verhältnis von korrekt übertragenen zu fehlerhaft übertragenen digitalen Informationen aus. Eine **BER** von 100.000:1 oder besser gilt als *störungsfrei*.

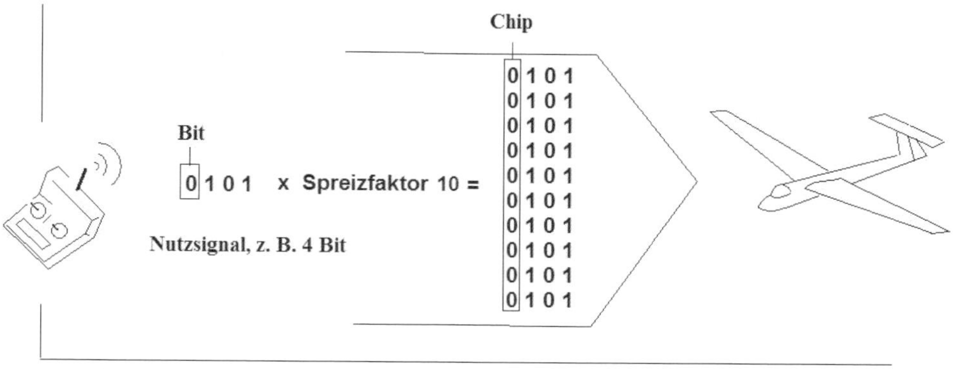

Frequenzspreizung (Spread Spectrum).

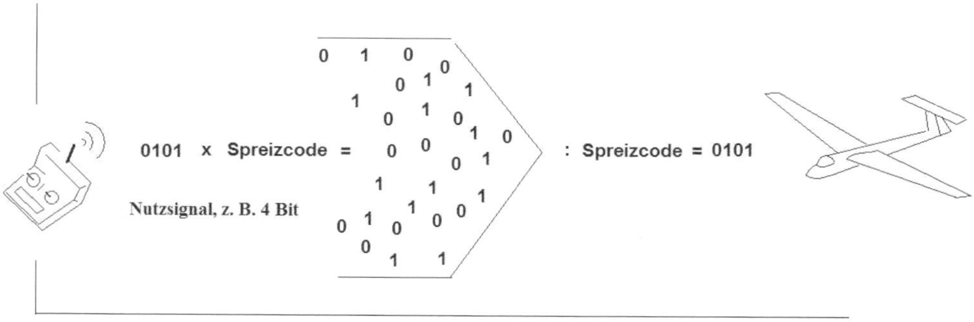

Direct Sequence Spread Spectrum (DSSS).

faktor wird daher auch *Spreizcode* genannt. Mitübertragene Störsignale werden großteils dadurch eliminiert. Eine Verbindung, die auf einer gegeben Bandbreite mit DSSS kommuniziert, kann durch *fremde* Störfaktoren nicht effektiv gestört werden, nur durch solche Störer, die denselben Spreizcode verwenden: also andere Fernsteueranlagen desselben Herstellers.

FHSS steht für *Frequency Hopping Spread Spectrum*, also Frequenzsprung-Spreizverfahren. Hier erfolgt der Vorgang der Spreizung uncodiert, aber der Kanal wird ständig gewechselt. Dabei wird die Verweildauer so kurz gewählt, dass im Falle einer Kanaldoppelbelegung die Störungsdauer im Bereich von 2 Millisekunden liegt, also unbemerkt bleibt. Der Zeitpunkt des Frequenzsprunges und die Frequenzwahl werden dabei von einem Halbleiterbaustein (Mikrochip) zufällig gewählt. Dabei werden in der Regel etwa 80 Kanäle mit einer Bandbreite von je einem MHz „angesprungen“. Die Zeitspanne, während der ein Kanal belegt bleibt, bevor ein Sprung erfolgt, nennt man Verweildauer, je kürzer sie ist, desto störsicherer die Kommunikation.

Einzig die relativ geringe Abstrahlungsenergie des Sendesignals ist bei manchen Anlagen noch ein schwacher Kritikpunkt. Die maximal zulässige Energie des Sendesignals wird in Europa durch Normen des *European Transmission Signal Institute* festgelegt und bewegt sich zwischen 10 und 100 Milliwatt. Sie ist abhängig von der eingesetzten Technologie zur Störungsunterdrückung. Zurzeit ist lediglich die FHSS-Technologie für eine

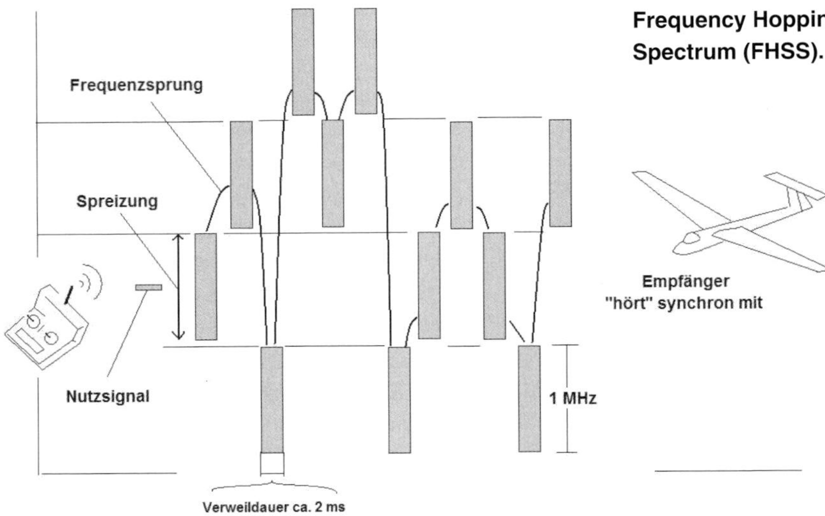

Frequency Hopping Spread Spectrum (FHSS).

spektrale Leistungsdichte von 100 Milliwatt pro MHz freigegeben, was zu Reichweiten von über drei Kilometern führt. Die Norm erlaubt bei Einsatz von DSSS-Technologie eine Sendeleistung von maximal 10 mW pro MHz, bis zu einer Gesamtleistung von 100 mW. Da zum Zeitpunkt der Drucklegung im Handel befindliche Anlagen aber maximal bis zu einem MHz pro Kanal aufspreizen, können heute bei Zwei-Kanal-Technik höchstens 20 mW Leistung ausgeschöpft werden.[6] Es wäre missverstanden, die Reichweite ausschließlich aus der Abstrahlungsenergie des Senders abzuleiten. Die Summe aller Faktoren wie Netzbelegung, Funkrauschen durch „fremde Störer", Eigenstörung durch Simultanbetrieb mehrerer Anlagen, Umweltbedingungen und vor allem auch die Ausrichtung der Empfangsanlage im Modell beeinflussen die tatsächliche störungsfreie Reichweite. Außerdem ist das Kriterium der Störungsfreiheit mit einer BER von 100.000:1 hoch angesetzt. Denn auch darunter funktionieren die Anlagen noch lange ohne bemerkbare Einschränkungen. Erfahrungsberichte geben für praktisch alle im Handel erhältlichen Anlagen eine Reichweite bis jenseits der Sichtgrenze an. Dennoch: Vor der ersten Inbetriebnahme eines Flugmodells ist dringend anzuraten, einen Reichweitentest mit eben diesem Modell in seiner individuellen Konfiguration durchzuführen. Bei einer abschließenden, groben Gegenüberstellung der hier behandelten Übertragungsarten kommen wir zu folgendem Schluss:

2,4-GHz-Technologie: Störungssicher gegen Funkrauschen und Kanaldoppelbelegung. Schnelle Signalübertragung durch Breitbandigkeit. Möglichkeit für Telemetrie. Mittlere Anschaffungskosten. Weitgehende Herstellerbindung durch Inkompatibilität der Systeme.

PCM-Technologie: Störungssicher gegen Funkrauschen, eingeschränkte Störungsempfindlichkeit gegen Kanaldoppelbelegung. Mäßige Signalübertragungsgeschwindigkeit. Hohe Anschaffungskosten der Empfänger. Starke Herstellerbindung.

PPM-Technologie: Störungssicher gegen Funkrauschen nur bei Verwendung von Doppelsuperhet-Empfängern. Störungsempfindlich gegen Kanaldoppelbelegung. Geringe Anschaffungskosten. Keine Herstellerbindung.

[6] vergl. ETSI Norm 300.328

Tabelle 4: Windstärken

Beaufort	km/h	Knoten	Bezeichnung
1	1-5	-4	leiser Zug
2	6-11	-7	leichte Brise
3	12-19	-11	schwache Brise
4	20-28	-16	mäßige Brise
5	29-38	-22	frische Brise
6	39-49	-28	starker Wind
7	50-61	-34	steifer Wind
8	62-74	-41	stürmischer Wind
9	75-88	-48	Sturm
10	89-102	-56	schwerer Sturm
11	103-117	-64	orkanartiger Sturm
12	> 117	> 64	Orkan

ten um die 100 Stundenkilometer in Bodennähe auf. Außerdem können diese Fallwinde sehr trocken und warm sein, wenn sich die Luft beim Anstieg über das Gebirge abgeregnet hat und die Kondensationsenergie mitnimmt.

Böen und Turbulenzen sind typisch für solche lokal auftretenden Fallwinde.

Die Windgeschwindigkeit kann in verschiedenen Einheiten und durch verschiedene Skalen bemessen werden. In der Zivilluftfahrt wird die Windgeschwindigkeit in Knoten angegeben, also eine Nautische Meile von 1,85 Kilometer pro Stunde. Davon abgesehen ist die Beaufort-Skala weit verbreitet, die Windstärken von 0 bis 12 Beaufort klassifiziert.

Wetter und Modellflug

Da im Modellflug eine breite Palette spezieller Flugmodelle eingesetzt wird, ist allgemeingültig kaum von „Modellflugwetter" zu sprechen. Ein kurzer Überblick soll die verschiedenen Wetterlagen für die verschiedenen Einsatzarten erläutern. Es wird dabei vorausgesetzt, dass die witterungsbedingten Sichtweiten dem Umkreis des Modellfluggeländes entsprechen und das Modell möglichst keinem Niederschlag ausgesetzt werden soll.

Windstille wird in erster Linie von Flugmodellen verlangt, die eine geringe maximale Fluggeschwindigkeit aufweisen und wenig manövrierfähig sind. Das trifft insbesondere zu auf:

Kleine Elektro-Koaxialhubschrauber, die meisten kleinen fixed-pitch-(FP)- und collectiv-pitch-(CP)-Hubschrauber, und Parkflyer (kleine und leichte zweiachsgesteuerte Motormodelle). Motormodelle sind allgemein bei Windstille gut zu handhaben.

Gut verwertbare Thermik tritt vor allem von April bis September zwischen Mittag und etwa drei Stunden vor Sonnenuntergang auf. Sie bildet sich nach direkter Sonneneinstrahlung auf wärmereflektierenden Oberflächen, wie hellen Gebäuden oder Fels, selbst parkende Fahrzeuge können Thermik auslösen. Wärmespeichernde Objekte wie dunkle Gebäude oder Wälder können Thermik auslösen, wenn sich die Umgebungsluft gegen Abend abkühlt, man nennt diesen Effekt auch Thermikwechsel. Eine schwache Brise (bis Windstärke 3 nach Beaufort) ist noch zumutbar, ohne den auftriebsliefernden Effekt der Thermik zu gefährden. Hier kommen zum Einsatz:

Große, leistungsstarke Thermiksegler mit Spannweiten von 3 bis 6 Metern, um bei der Suche nach den unsichtbaren, blasenartigen Ablösungen größere Entfernungen überbrücken zu können. Elektrosegler jeder Größe, da diese mit Hilfe des Antriebes Abwindgebiete überwinden. Der erfolgreiche Einsatz von kleinen Motormodellen ist von der Geschicklichkeit des Piloten abhängig, kleine Böen und windbedingte Turbulenzen können noch ausgesteuert werden. Je größer die Masseträgheit des Modells, desto stabiler die Fluglage. Elektrohubschrauber eignen sich mit Rotordurchmessern von 60 cm an aufwärts.

Windstärken von über 3 Beaufort sind in der Ebene und im Bergland für Modelle geeignet, die eine ausreichende Eigengeschwindigkeit erreichen und dabei noch gut steuerbar sind, sowie von ihrer materialbedingten Festigkeit her einer gewissen Belastung in der Luft standhalten. Bei Modellen aus Formschaum kommt es hier zu ungünstigen Verwindungen der Tragflächen und eventuell auch des Rumpfes, was die Steuerbarkeit stark einschränkt. Zum Einsatz kommen:

Schnelle Segler in Sandwichbauweise (beispielsweise Tragflächen aus Styroporkern mit Holzbeplankung), Voll-GFK, kohlefaserverstärkte Modelle oder ähnliches. Ab etwa Windstärke 4 wird die Einsatzart „Dynamic Soaring“ möglich, sie erfordert äußerst verwindungssteife und stabile Ausführungen, die oft durch die Beifügung „DS“ im Produktnamen gekennzeichnet sind. Schnell fliegende Motormodelle weisen auch in beplankter Holm-Rippenbauweise eine gute Festigkeit auf. Auch bei Hubschraubern spielt die Masse und die Manövrierfähigkeit bei Wind eine große Rolle, ab Rotordurchmessern von einem Meter ist die Windverträglichkeit bei entsprechender Reaktionsschnelligkeit sehr gut.

Ob die Windgeschwindigkeit für das Hangsegeln ausreicht, hängt stark von der Beschaffenheit des Geländes ab. Je steiler der Hang ansteigt, desto stärker die Aufwärtskomponente des Windes, so dass bei idealer Geografie auch eine leichte Brise schon für anhaltenden Auftrieb sorgt. Je schwerer das Flugmodell ist, und je mehr Energie durch den Flug abgebaut wird, desto stärker muss der Wind als Energiequelle jedenfalls sein. Die Anforderungen an die Festigkeit des Modells steigen damit ebenfalls. Ein steifer Wind (Windstärke 7 nach Beaufort) ist für manche sehr robuste und schnelle Flugmodelle noch verkraftbar, darüber wird die Gesamtsituation unfreundlich, wenn man auch an den Schutz der am Fluggelände befindlichen Ausrüstung und den Selbstschutz denkt.

Witterungsbedingte Feuchtigkeit ist für kein Flugmodell zuträglich, besonders empfindlich sind elektronische Bauteile, Motormodelle mit Verbrennermotor und gut gegen Regen abgeschirmter Bordelektronik sind relativ witterungsfest.

Kalte Luft ist dichter als warme Luft und beinhaltet dadurch mehr Gewichtsanteile Sauerstoff als warme Luft, was sich merkbar leistungssteigernd auf Verbrennungsmotoren auswirkt. Die Reynolds-Zahl erhöht sich ebenfalls bei Kälte, was sich jedoch wegen der geringen Marge kaum merkbar auf die Aerodynamik des Flugmodells auswirkt. Ein Problem stellen niedrige Temperaturen allerdings für die Stromfestigkeit von LiPo- und LiFePO-Akkus dar. Unter 0 °C sind diese Akkus nur mehr in vorgewärmten Zustand als Antriebsakkus einzusetzen.

Anemometer von griechisch: „Anemo“ = Wind.

Das Gelände

Das gewählte Fluggelände unterliegt nicht nur lokalen Wettererscheinungen, sondern hat auch Einfluss auf die Start- und Landemethoden, sowie die rechtliche Situation. Viele wählen daher ein Vereinsgelände, wo die Geländeeigenschaften den erfahrenen Kollegen und Kolleginnen bekannt und die rechtlichen Umstände geklärt sind. Nicht jeder Verein hat jedoch die Möglichkeit, sein Fluggelände auch an einem optimal geeigneten Ort zu

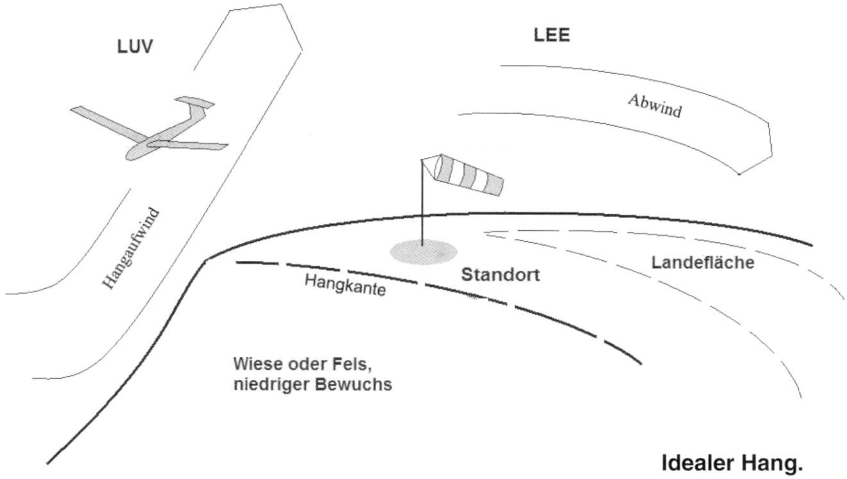

Idealer Hang.

errichten. Es gibt allgemein gültige Kriterien, die hier erläutert werden sollen, um bei der Standortfrage zu helfen.

Dazu einmal die nahe liegende Frage, für welche Startmethode das Modell geeignet ist. Handstartfähige Modelle brauchen keine besonderen Bodeneigenschaften beim Start, aber spätestens bei der Landung. Soll ein Bodenstart möglich sein, muss dafür eine bestimmte Fläche befestigten Erdreichs zur Verfügung stehen, eine kurz gemähte, gut gepflegte Wiese kann auch diesen Zweck erfüllen, sofern das Fahrwerk und die Räder in ihrer Dimension dem entsprechen. Soll ein Hochstart mittels Winde oder Gummiseil erfolgen, ist dafür eine geeignete hindernisfreie Fläche vorzusehen. Bei Seglerschlepp liegt es an den Bedürfnissen der Schleppmaschine, wie der Startplatz beschaffen sein muss. Hubschrauber bilden hier natürlich einen Sonderfall, können sie doch senkrecht starten und landen. Der Flug selbst erfordert jedoch aufgrund der Agilität des Fluggerätes seinen Raum, der eigene Garten ist dafür in der Regel zu eng. Unabhängig von der Startmethode und der Art des Modells selbst kann man für die erfolgreiche Beendigung des Fluges allgemein fordern: Hindernisfreier Bereich für den Landeanflug, und eine möglichst breite, lange, ebene und glatte Fläche für die Landung, wobei halbhohes Gras die ideale Unterlage für eine fahrwerklose Bauchlandung darstellt.

Was es zu vermeiden gilt, sind Anhäufungen von Bäumen und Büschen in der Nähe der Landefläche, da diese offenbar eine magisch anziehende Wirkung auf Modellflugzeuge haben. Häufig endet ein bis dahin ereignisloser Flug in der Krone des einzigen Baumes am Gelände. Grob gepflügte Äcker mit eingelagerten Steinen stellen eine hohe Bruchgefahr dar, Mais- oder Rapsfelder ebenso. Getreidefelder sind zwar eine weiche Unterlage für eine Bauchlandung, können aber die Auffindung des Modells erschweren, außerdem führt die Bergung und die damit verbundene Kreuz- und Querbegehung zu Problemen mit dem Bewirtschafter des Feldes.

Im Gebirge besteht häufig ein Mangel an geeigneten Landemöglichkeiten für die Hangsegler. Weiden sind, sofern sie flach genug sind, oft mit Geröll oder Nadelholz übersäht, dem nicht immer ausgewichen werden kann. Hier wird oft eine ungünstige Landerichtung oder ein knapper Landeanflug in Kauf genommen, als eine unvermeidliche Beschädigung zu riskieren. Der Idealhang weist einen steilen, bewuchslosen Anstieg im Luv (Windseite), eine markant abgegrenzte Hangkante als

Standort für den Piloten und eine ebene Wiese mit nichts als halbhohem Gras im Lee auf. Und einen Parkplatz, wenn möglich. Solche Gelände gibt es, nur ist man dort selten alleine. Manche Küstenabschnitte, die Ränder von Kohlehalden und ausgewählte Bergkuppen sind bevorzugte Hangfluggebiete.

In der Praxis haben wir es oft mit weniger idealen Hängen zu tun. Da befinden sich hohe Bäume mit dichten, aber unregelmäßigen Baumkronen auf der Luv-Seite, die die ansteigende Luft umlenken und zu rotierenden Wirbeln führen, so genannten „Rotoren". Diese führen auch beim schönsten Hangaufwind zu lokal begrenzten Abwinden. Thermik kann bei Schönwetter nicht ausgeschlossen werden, und damit auch nicht die Bereiche, in denen Luft in den „Bart" nachströmt oder daneben absinkt. Die Hangkante kann schmal sein, ein Anflug nur quer zum Hang möglich sein, eine Landung eventuell nur hangaufwärts mit dem Wind, und daher mit hoher Anfluggeschwindigkeit. Die Lee-Seite kann ebenfalls mit Hindernissen verstellt sein, die Turbulenzen und Abwind erzeugen. Und damit nicht genug, können verdeckte Reflektoren oder andere Störquellen, wie zum Beispiel große Transformator- oder Umschaltanlagen von Stromversorgern, oder Kommunikationseinrichtungen die Funkanlagen stören. An manchen Orten entstehen dadurch regelrechte „Funklöcher", das sind Stellen, wo man mit einer Störung der Fernsteueranlage zu rechnen hat. Ein Standortwechsel um ein paar Meter, eine fachgerechte Ausrichtung der Antennen im Modell und ein Frequenzbandwechsel können hier Abhilfe schaffen.

Die rechtlichen Grundlagen

Die seit 2004 großflächige Verfügbarkeit von zumeist als Multicopter ausgeführten Drohnen in praktisch jeder Größe hat im Laufe von fünfzehn Jahren die Rechtsgrundlagen im Modellflug grundlegend verändert. Mehrfach wurde auf Großflughäfen wie London Heathrow wegen „Drohnenalarm" vorübergehend der Flugverkehr eingestellt. In Kanada kam es zur ersten Kollision zwischen einer Drohne und einen Passagier-Jet, zum Glück ohne Folgen für die Sicherheit der Passagiere. Es entstanden und entstehen nationale und internationale Regelwerke für den Betrieb von UAS („unmanned aerial systeme", zu Deutsch: unbemannte Flugsysteme). Modellflugzeuge fallen rechtlich gesehen unter diese Bezeichnung. So manche Berufsadvokaten bezeichnen die Umsetzbarkeit dieser Bestimmungen im Bereich des Modellflugs als Herausforderung, da sich zwischen 2005 und 2021 laufend Änderungen ergaben. Die bislang letzte EU-Norm (EU) 2019/947, auch Drohnenverordnung genannt, trat Ende 2020 mit Übergangsfristen bis 2023 in Kraft. Sie gilt für alle Bereich des Modellflugs. Durch diese Rechtsnorm nehmen Hobby-Modellflieger und -fliegerinnen offiziell aktiv am Flugverkehr teil. Sie bekommen umfassende Rechte und Pflichten, und die Möglichkeit bzw. in einigen Fällen die Verpflichtung, Fernpiloten-Lizenzen zu erwerben.

Im Folgenden wird auf einige Grundsätze der aktuellen rechtlichen Lage hingewiesen. Details über den Betrieb von Modellflugzeugen bzw. von UAS müssen unbedingt aus den aktuellen Veröffentlichungen der zuständigen Behörden, Verbände und Vereine bezogen werden!

Anschaffung, Versicherung, Registrierung, Lizenz bzw. Vereinsbeitritt

So oder ähnlich könnte der zeitliche Ablauf einer Modellflugkarriere sein. Ein Blick in die Tiefen der EU-Norm 2019/947: Die EU-Drohnenverordnung wendet die Einteilung in Kategorien (OPEN, SPECIFIC und CERTIFIED), Klassen (C0-C4) und Einsatzbereiche (A1-A3) an.

Für den Modellflug ist bis auf wenige Ausnahmen die Kategorie OPEN maßgebend. Sie bezieht sich auf Fluggeräte unter einer Abflugmasse von unter 250 Gramm – wenn das Modell personenbezogen Daten speichern kann (beispielsweise durch Fotoaufnahmen) oder eine Energie im Falle eines Aufpralls von 79 Joule freisetzt. Zudem gelten auf alle Fluggeräte von 250 Gramm bis 25 Kilogramm folgende Bedingungen: Es werden keine Menschenansammlungen überflogen, der Betrieb erfolgt innerhalb der Sichtweite der Fernpiloten („visual line of sight", kurz: VLOS), es werden keine Gefahrengüter oder gar Personen transportiert und die Flughöhe von 120 Metern über dem Gelände wird nicht überschritten. Ein Sicherheitsabstand von 150 Metern zu Wohn-, Gewerbe-, Industrie- oder Erholungsgebieten wird eingehalten.

Für den Hangflug ist ein Überschreiten der Flughöhe über Grund oder über Fernpiloten innerhalb der Kategorie OPEN möglich, wenn es sich um Segelflugmodelle mit einem Gewicht von maximal 10 kg handelt. Ein Hilfsmotor als Rückholhilfe ist erlaubt.

Für den Betrieb mittels FPV („first person view") muss keine direkte Sichtverbindung bestehen, wenn während des Betriebes eine Person zum Zwecke der Kollisionswarnung vor Ort ist.

Fotodrohnen, die technisch mit einem „Verfolgermodus" /"follow me" ausgestattet sind, dürfen sich höchstens 50 Meter vom Sender entfernen.

Für alle UAS, welche die oben beschriebenen Voraussetzungen nicht erfüllen, gibt es zwei Möglichkeiten: entweder handelt es sich aufgrund des geringen Gewichtes (unter 250 Gramm) und der niedrigen Flughöhe von unter 30 Metern (woraus eine Aufprallenergie von weniger als 79 Joule resultiert), nicht um ein UAS im Sinne der EU-Drohnenverordnung. Diese findet dadurch auf den Betrieb keine Anwendung, es besteht keine Registrierungspflicht und keine Notwendigkeit für einen „Drohnenführerschein". Eine Versicherungspflicht besteht jedenfalls in Deutschland und Österreich aufgrund nationaler Gesetzgebung, in der Schweiz besteht diese erst ab einem Gewicht von 500 Gramm.

Oder es handelt sich um ein UAS, welches in die Kategorie SPECFIC oder gar CERTIFIED fällt. In diesem Fall sind wesentlich umfangreichere Anforderungen an den Betrieb gestellt, was auch Betriebsgenehmigungen und höherwertige Lizenzen für den Betreiber bedeutet. Immerhin kommt es wegen des höheren Gewichts zu einer unterschiedlichen Gefährdung für Personen, Tiere oder Einrichtungen am Boden. Andererseits teilt man sich in Flughöhen über 120 Meter den Luftraum schon mit Einsatzkräften und der Verkehrsluftfahrt.

Die folgenden Erläuterungen beziehen sich ausschließlich auf die Kategorie OPEN!

Die Einteilung in die Klassen C0-C4 ist vor allem an die Hersteller gerichtet. Diese sollen in Zukunft bereits auf der Verpackung mittels CE-Kennzeichnung bekanntgeben, wie ihr Produkt einzuordnen ist, um aufgrund der technischen Beschaffenheit eine weitere Beurteilung treffen zu können, wie das Modell bzw. das UAS in der Kategorie OPEN zu betreiben ist. Weist der Hersteller keine CE-Kennzeichnung aus, ist mithilfe von Gewichtsklassen eine Selbsteinordnung als Übergangslösung anzuwenden. Schließlich dient die Einteilung in Einsatzbereiche von A1 bis A3 zur Feststellung, welche Art von Kompetenznachweis man zum Betrieb des UAS in der Kategorie OPEN braucht. Dabei geht es vor allem um die Energie des UAS in Zusammenwirken mit der Nähe zu unbeteiligten Personen. Vereinfacht gesagt: ist das UAS leicht genug, reicht dafür ein Kompetenznachweis mittels Online-Training und Online-Prüfung aus, um damit sogar unbeteiligte Personen überfliegen zu dürfen (Einsatzbereich A1: nahe am Menschen).

Wird das Gewicht und damit die Energie des UAS, höher, bleibt jedoch unter 4 kg, ist lediglich eine Annäherung an Unbeteiligte auf maximal 5 Meter möglich. Der Kompetenznachweis für diesen Einsatzbereich umfasst neben Online-Training und Online-Prüfung auch eine praktische Selbstschulung und eine Theorieprüfung vor Ort (Einsatzart A2: sichere Distanz zu Menschen).

Bei einem Gewicht von 4 kg bis 25 kg bleibt in der Kategorie OPEN nur noch, einen Sicherheitsabstand von 150 Metern von Unbeteiligten einzuhalten. Wie in der Betriebsart A1 wird der Kompetenznachweis durch Online-Training und Online-Prüfung erworben (Einsatzart A3: großer Abstand zum Menschen).

Für den klassischen Modellflug erlaube ich mir daher zu folgern, dass es sich fast ausschließlich um die Kategorie OPEN, Klasse C0-C1, Betriebsart A1 oder Klasse bis zu C4 Betriebsart A3 handeln wird.

Nun hat man, wie schon erwähnt, besondere auf die Person bezogene Pflichten: Eine Registrierung des Betreibers des oder der UAS ist notwendig, auch für den Modellflug im Rahmen von Verbänden und Vereinen. Da in der offenen Kategorie das Fluggerät selbst nicht registrierungs- oder zulassungspflichtig ist, kann der Betreiber seine Registrierungsnummer (e-ID) für alle Modelle verwenden, die er gemäß seiner Berechtigung betreibt. Voraussetzung für die Registrierung sind:

- Vollendung des 18. Lebensjahrs und volle Geschäftsfähigkeit.
- Hauptwohnsitz im EU-Land, in welchem die Registrierung erfolgt.
- Eine gültige Modellhaftpflicht-Versicherung, die den Anforderungen des jeweiligen EU-Landes entspricht.

In Deutschland kann zur Drucklegung die Registrierung auf der Internetseite des Luftbundesamtes (LBA) erfolgen, unter: www.drohnen.de

In Österreich kann zur Drucklegung die Registrierung auf der Internetseite AustosControl erfolgen, unter: www.dronespace.at

Darüber hinaus muss man in der Regel einen Kompetenznachweis erbringen, was in den Einsatzarten A1 und A3 allein durch Online-Training und Online-Prüfung erfolgt. Die Kenntnis der Bedienungsanleitung des Geräteherstellers wird in der offenen Kategorie immer verlangt. Das Mindestalter für die Ablegung eines Kompetenznachweises ist 16 Jahre. Ist man jünger, kann man dennoch unter Aufsicht einer berechtigten Person mit Kompetenznachweis das Modellflugzeug steuern.

Besonders erfreulich ist die rechtliche Situation in Bezug auf den Betrieb von Flugmodellen im Rahmen von Vereinen. Hier entfällt die Pflicht zum personenbezogenem Kompetenznachweis, die Registrierungspflicht bleibt aber auch für den Vereinsbetrieb bestehen, ebenso die Versicherungspflicht. Außerdem können Einschränkungen der Kategorie OPEN in Bezug auf Gewicht und Flughöhe aufgehoben werden, wenn es der Betriebsgenehmigung des Vereines entspricht. Da der Flugbetrieb durch Vereinsregeln, Flugplatzordnung oder Hausordnung geregelt ist und

Verkehrsteilnehmer aufgepasst!

[8] vergl. Felling

die Einhaltung durch den Verein überwacht wird, gibt es auch kein Mindestalter.

Modellflug und Umweltschutz

In den Satzungen von Naturschutzgebieten findet sich häufig ein generelles Verbot von Modellflug. Die Argumentation bezieht sich einerseits auf das Betreten von Naturschutzgebieten, andererseits auf die Auswirkung der Tätigkeit selbst auf die Natur, insbesondere auf die Störung von geschützten Tierarten. Dadurch kollidieren solche Verbote mit Bundesgesetzten, die eine Einschränkung des Überfluges ausdrücklich nur im Falle einer Gefährdung der Luftfahrt oder der öffentlichen Sicherheit vorsehen. Solche Verbote sind daher oft verfassungswidrig. Exemplarisch für diese Situation ist die Folge aus einem Gutachten über Modellflug im Biosphären-Schutzgebiet an der Rhön im Jahre 1995. Dieses Gebiet ist seit einem Jahrhundert auch Standort zahlreicher Flug- und Modellfluggelände. Aufgrund des so genannten „Rhön-Gutachtens" konnten 16 Modellflugstandorte gegen den Druck angeblicher Naturschutzinteressierter erhalten bleiben, da einerseits eine Gefährdung für die öffentliche Ordnung und Sicherheit nicht ableitbar war und andererseits keine wissenschaftlich belegbare Störung von Tierarten erkannt werden konnte.

Leider und paradoxerweise gewinnt man aus Konflikten dieser Art den Eindruck, dass zwischen Naturschutzinteressen und Modellflug-Begeisterten eine Gegnerschaft besteht: ein Trugschluss! Wie jeder Mensch, der zu welchem Zweck auch immer eine Beschäftigung in der Natur anstrebt, sind die Modellfliegenden an der Pflege und dem Erhalt der unversehrten Natur interessiert. Selbst bei der Antriebsart Verbrennermotor ist die Störung geringer als bei jedem vorbeifahrendem PKW, sowohl was die Lautstärke als auch den Schadstoffausstoß betrifft. Im Bereich Elektroflug werden schadstoffhaltige Akkus durch schadstoffarme ersetzt. Die typische Ausübung des Modellflugs wird tunlichst an einer Erhaltung der natürlichen Landschaftsbilder und deren Artenreichtum mitwirken, da es sich um seinen Erholungsraum handelt. Bauwerke jeder Art, insbesondere aber Industrieanlagen, Umweltverschmutzung durch Chemie oder wilde Müllablageplätze sind der Modellflug-Gemeinschaft nicht nur aus ideologischen, sondern aus ganz persönlichen Motiven ein Gräuel. Für die Zukunft sind gemeinsame Strategien für die Erhaltung der Natur Erfolg versprechender als Einzelaktionen oder Parteipolitik.

Bauen und Fliegen

Anschaffungsphase

Bevor die Entscheidung für ein Flugmodell gefallen ist, befindet es sich in der „Anschaffungsphase“. Ob es das erste, zweite oder das zehnte Modell ist, die Geschehnisse folgen grundsätzlich immer dem gleichen Schema: Der eigene Instinkt drängt auf die Anschaffung eines bestimmten Modells, in der Folge werden Nachforschungen angestellt und Beratungen abgehalten, und wenn die Gründe, die gegen eine Anschaffung sprechen, nicht schwerwiegend genug sind, wird das Modell eben angeschafft. Alle anderen Komponenten wie Antrieb, Akku, Ladegerät, Funkfernsteuerung und Werkzeug werden als Ergänzung gezwungenermaßen dazugenommen. Wer kauft sich schon einen Sender oder ein Spezialwerkzeug für die Fertigstellung um seiner selbst willen? Will man Radfahren, denkt man in der Regel auch nicht vorab schon an die Luftpumpe. Bei einem Folgemodell kann es schon vorkommen, dass man ein Modell passend für eine vorhandene Ausrüstungskomponente, beispielsweise einen Motor, beschaffen möchte. Diese Vorgehensweise ist nachvollziehbar, kostet ein Antriebsstrang eines Elektroflugzeuges doch manchmal mehr als das rohbaufertige Modell. Die größte Auswahl gibt es vermutlich im Bereich der E-Antriebe, die mit einem dreizelligem LiPo als Stromquelle betrieben werden. Sowohl die Einstiegsklasse der E-Hubschrauber, als auch viele E-Segler und kleinere E-Motormodelle setzten eine solche Stromquelle ein. Beim Motor sollte dennoch sorgfältig geprüft werden, ob er von seiner Charakteristik in Hinsicht auf sein Drehmoment in das Folgemodell passt. Bei den Glühzündermotoren ist die Hubraumklasse der 6,5-cm^3-Motoren stark verbreitet und für viele Modelle als Austauschmotor geeignet.

Nicht selten ist der Vorfertigungsgrad des Bausatzes mitentscheidend für den Kauf. Dazu gleich vorweg: Einschalten und losfliegen gibt es im klassischen Modellflug nur sehr, sehr selten. Dass es das überhaupt gibt, verdanken wir der Entwicklung in der Spielzeugbranche, „Plug-and-Play“-Produkte tatsächlich aus der Schachtel auf den Flugplatz zu bringen.

Traditionelle Modellflieger und Modellfliegerinnen meiden diese Produkte in der Regel. Man möchte gerne vorhandene Komponenten der RC-Anlage einbauen, man möchte mit verschiedenen Antrieben oder Oberflächengestaltungen experimentieren. Man möchte vor allem beschädigte Komponenten unkompliziert austauschen können. Dennoch, das muss auch der steifste ‚Balsaholzwurm’ zugeben: es gibt echte Fertigprodukte, die den Titel Modellflugzeug verdienen, und die fast keiner Montagearbeit bedürfen. In diesem Fall kann man sich ein Kapitel über Bauen und Montieren sparen – *vorerst.* Denn auch echte „Plug-and-Play“-Produkte sind nicht für die Ewigkeit gebaut und bedürfen spätestens nach ersten forschen Bodenkontakten einer Montagearbeit.

Rohbauphase

Für fast alle Bausätze liegt eine brauchbare Montage- oder Bauanleitung vor, es ist ratsam, dieser zu folgen. Bei manchen Modellen kann man voreilig durchgeführte Arbeiten schlecht rückgängig machen, wenn sie sich aus bestimmten, nicht vorhersehbaren Gründen als falsch herausstellen. Dennoch zieht sich das folgende Montageschema in den meisten Fällen durch:

1. Aufbau der Tragflächen
2. Aufbau der Leitwerke
3. Aufbau des Rumpfes
4. Anpassung der Tragflächen und der Leitwerke an den Rumpf

Dieser Abschnitt kann als „Rohbauphase" bezeichnet werden. Bei Bausätzen mit dem Hinweis „Rohbaufertig" entfällt sie, zumindest großteils. Es gibt keine verbindliche Norm, der die Hersteller zur strikten Einhaltung der angegebenen Vorfertigungsgrade zwingt. Die Hinweise „ARF" (Allmost Ready to Fly) gibt an, das jedenfalls noch Fertigstellungsarbeiten erforderlich sind. „ARC" (Allmost Ready to Cover) ist ein Hinweis darauf , dass jedenfalls noch Arbeiten zu tun sind, die der Rohbauphase zuzuordnen sind. Aber selbst bei Produkten mit dem Hinweis „RTF" kann nicht ausgeschlossen werden, dass noch etwas geklebt oder montiert werden muss.

Der Rohbauphase folgt die Ausrüstung des Modells mit den Komponenten der Fernsteuerungs-Elektronik und Antriebstechnik. Parallel dazu wird die äußere Erscheinung komplettiert: das „Finish" wird aufgebracht. Es ist durchaus sinnvoll, die zum Einbau vorgesehenen Komponenten vor dem Finish „einzulegen", um zu überprüfen, ob sie passen. Nach dem Finish Anpassungsarbeiten durchzuführen ist meist ein frustrierendes Unterfangen: Schön aufgebrachte Folie muss wieder abgezogen werden, die perfekte Lakkierung beschädigt, neu verspachtelt und lakkiert werden. Die Ausrüstung und das Finish kann eine sinnvoll abgestimmte Folge von Arbeiten sein, sehr vom Modell abhängig.

Ohne uns gleich auf einen bestimmten Bausatz festzulegen, was kann eigentlich *schlimmstenfalls* bei der Montage zukommen? Mit der Beherrschung der folgenden Techniken sind wir jedenfalls für die meisten Bausätze gut gerüstet.

Schneiden, Bohren und Sägen

Geschnitten wird mit den haushaltsüblichen Schneidewerkzeugen, nämlich Schere und Messer. Eine große Haushaltsschere sorgt für gerade Schnitte, ob durch dünnes Sperrholz oder Furnier, Bügelfolie oder Glasfasergewebe. Für das Zurechtschneiden von Tiefziehteilen, also Kabinenhauben, Motorverkleidungen, Anformungen und dergleichen, haben sich gekrümmte Nagelscheren gut bewährt. Balsaholz wird hauptsächlich mit einem scharfen Messer geschnitten, wobei man quer zu Maserung mehrere Schnitte entlang einer Führung, am besten eines Aluprofiles, durchführt, auf eine geeignete Unterlage zum Schutz des Tisches ist dabei zu achten. Man sollte tunlichst nicht versuchen, ein Balsabrettchen quer zur Maserung mit einem kräftigen Schnitt zu trennen, das führt zum Einreißen der Schnittstelle. Unregelmäßige Schnittstellen können mit einem Schleifklotz nachgebessert werde. Parallel zur Maserung lässt sich Balsaholz bereitwillig mit einem Schnitt trennen. Auch Sperrholz bis zu 1,5 mm Stärke lässt sich noch gut mit mehreren Schnitten durch ein scharfes Messer trennen.

Die Herstellung präziser Bohrungen kann ein Problem darstellen, wenn das zu bohrende Material entweder sehr weich (Balsa) oder sehr hart (CFK) ist. Im ersten Fall wird das Bohrloch oft weiter und unregelmäßiger als erwünscht, wenn man mit schlechter Führung (Freihand) oder mit ungeeignetem Werkzeug bohrt. Eine universelle Bohrmaschine aus dem Baumarkt ist zwar für die meisten Bohraufgaben geeignet, verlangt aber Konzentration und eine ruhige Hand bei der Arbeit. Unbedingt muss das zu bohrende Werkstück durch einen Holzblock unterlegt sein, damit der Bohrer beim Austreten aus dem Bohrloch das Material nicht reißt. Sofern die Werkstatt dafür Platz bietet, können durch den Einsatz von Bohrständern präzise Ergebnisse erzielt werden, da die Führung dadurch gewährleistet ist. Bei kleinen Bohr- oder Fräswerkzeugen ist zwar die Handlichkeit gegenüber einer größeren Maschine verbessert, das Problem der Führung aber noch dasselbe, doch auch für Kleinbohrer werden im Werkzeugfachhandel Bohrständer angeboten. Der wesentliche Vorteil von Kleinbohrern besteht im feineren Bohrfutter, das sich für feinere Bohrungen, zum Beispiel für das Vorbohren der Schraublöcher für die Servobefestigung, eignet. Daneben können auch Akku-Bohrschrauber eingesetzt werden, mit der Einschränkung, dass die Bohrdrehzahl in der Regel niedrig ist und dadurch die Möglichkeit des Ausreißens bei Bohreraustritt größer. Sehr hohe Drehzahlen führen beim Bohren in Hartholz zur Entwicklung von großer Reibungshitze bis zur Verkohlung des Materials. Eine oberflächliche Schwärzung ist dabei nicht bedenklich, ist das Material um das Bohrloch herum stark verkohlt, leidet die Materialstabilität darunter. Sobald man beim Bohren Rauchentwicklung bemerkt, sollte man den Vorgang unterbrechen und das Material kurz auskühlen lassen, um es nicht zu zerstören.

Als Bohrer selbst können sowohl Holzbohrer mit Führungsdorn als auch Universal-Metallbohrer, so genannte *HSS-Bohrer* (**h**igh **s**peed **s**teel) zum Einsatz kommen. Weiches Balsaholz und sprödes GFK/CFK neigt trotz Unterlage zum Einreißen, wenn Holzbohrer mit Führungsdorn aus dem Material austreten, hier sind HSS-Bohrer zu bevorzugen.

Ist das Material zum Schneiden zu dick oder zu hart, muss es gesägt werden, das im Modellbau dafür bevorzugte Werkzeug ist die Laubsäge. Durch die Bestückung mit verschiedenen kostengünstigen Sägeblättern können Holz, Kunststoffe und Metall gleichermaßen gesägt werden.

Allgemein gilt: Je fester das Material, desto gröber die Zacken. Mit der Laubsäge können Freihand gute Ergebnisse erzielt werden, beim Sägen in hartem Balsaholz neigt die Säge jedoch dazu, der Maserung folgen zu wollen. Bei Schnitten quer zur Maserung tritt dieser Effekt nicht auf, sägt man längs zur Maserung, so schafft eine Rille, die man entlang eines Aluprofiles oder Lineales mit einem scharfen Messer zieht, Abhilfe: Die Säge folgt dann der gezogenen Rille als Weg des geringsten Widerstandes.

Im Modellflugzeitalter der ARF- bzw. ARC-Baukästen beschränkt sich die Sägearbeit meist auf die Herstellung von Servobrettern zur Aufnahme der Servos im Rumpf. Dazu wird Birken- oder Buchensperrholz von zwei bis fünf Millimeter Stärke mit der Laubsäge zugeschnitten und mit Sandpapier nachgearbeitet.

Elektrische Bandsägen, Tisch- oder Handkreissägen können bei umfangreichen Sägeaufgaben zum Einsatz kommen, finden sich aber hauptsächlich in einer Werkstatt mit höheren Ansprüchen.

Kleben

Die im Modellbau verwendeten Klebestoffe und Klebetechniken lassen sich im Wesentlichen auf drei Gruppen zusammenfassen: Weißleim, Sekundenkleber und Zwei-Komponenten-Epoxidkleber.

Wohl hält die Chemie immer neue Produkte und Stoffe für den Haushalt bereit, deren Einsatz im Modellbau aber von der Experimentierfreudigkeit abhängt.

Der im Bastelbedarf erhältliche Weißleim ist von seiner Bezeichnung her ein altes Klebemittel. Die Zusammensetzung moderner Leime hat aber nichts mehr mit der organischen Zusammensetzung ihrer Vorgänger zu tun: Weißleim besteht heute aus einem Klebstoff basierend auf Polyvinylacetat (PVAC), gelöst in Wasser. Für großflächige, industrielle Verleimung von Holz kommen auch Leime basierend auf Polyurethan (PU) zur Anwendung.

Leim enthält also chemische Stoffe, ein Hautkontakt ist möglichst zu vermeiden. Seine Festigkeit erreicht Weißleim durch die Verdampfung des Wasseranteiles. Nach der Aushärtung ist die Klebestelle kurzfristig wasserfest. Im Bastelbedarf wird auch Express-Weißleim angeboten, der aufgrund einer höheren Konzentration an PVAC eine etwas kürzere Aushärtungszeit aufweist, die Verarbeitungszeit verkürzt sich jedoch ebenfalls. Für Laminatverlegung wird ein wasserfester PVAC-basierter Weißleim verwendet, der nach der Aushärtung eine höhere Wasserfestigkeit als das Basisprodukt bietet. Im Flugzeugmodellbau ist die Wasserfestigkeit bedingt von Interesse, da das Klebegut Holz aus anderen Gründen (Verformung, Schimmel) nicht direkt mit Wasser in Kontakt kommen soll. Der Einfluss der Luftfeuchtigkeit ist dabei zu vernachlässigen.

Um Holz auf Holz sicher miteinander zu verbinden, ist eine geeignete Klebefläche erforderlich. Geeignet in diesem Zusammenhang sind winkelige oder durch Nut und Feder verankerte Klebestellen. Für flächige Verklebung ohne Verankerung sollte in etwa eine Fläche von einem Quadratzentimeter zur Verfügung stehen. Die Klebestelle muss bis zur Aushärtung zusammengepresst werden. Dieser Druck sollte um die $15 N/cm^2$ betragen und wird in der Praxis durch Wäscheklammern, Gewichte oder Bandagen mit Klebebändern erzeugt. Beim Aufbau einer Holzrippenfläche wird das Balsaholz auf eine Holzunterlage mit Stecknadeln fixiert und eingespannt. Es ist bei dieser Vorgehensweise zu beachten, die Spannung zwischen den Rippen und den Querleisten nicht durch nachträgliches Ausrichten zu lockern. Muss eine Baugruppe neu ausgerichtet werden, so muss nach dem Ausrichten die Fixierung durch die Stecknadeln neu gespannt und gesteckt werden, um die Festigkeit der Klebestellen

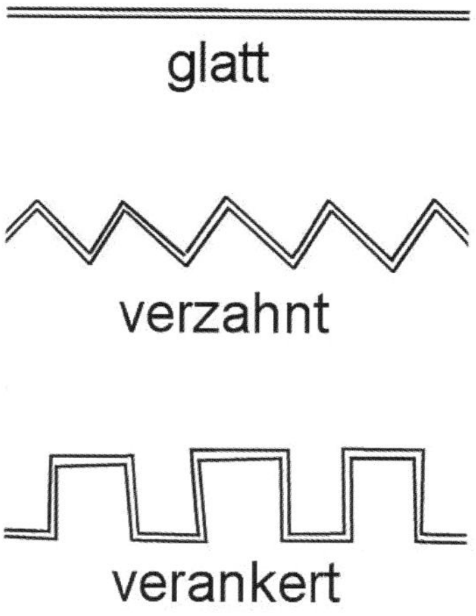

Klebeflächen.

nicht zu beeinträchtigen. An diesem Beispiel erkennt man, dass eine sehr kurze Bearbeitungszeit oder „offene Zeit“ des Klebestoffes kein Vorteil sein muss, insbesondere, wenn mit Ausrichtungskorrekturen zu rechnen ist. Die Endfestigkeit einer so entstandenen Leimfuge ist normalerweise deutlich größer als die Festigkeit des Holzes selbst.

Zum sekundenschnellen verbinden von Holz mit Holz, oder Holz mit Kunststoff (Kabinenhauben), oder von spröden Materialien untereinander, bei denen eine plane, glatte Klebefläche zur Verfügung steht, eignet sich Sekundenkleber.

Diese Kleber, die ausnahmslos auf der Basis von Cyanacrylat (CA) aufgebaut sind, lassen einen sehr dünnen Klebespalt zu. Sie eignen sich daher auch für die Verklebung von glattem Material. Erst durch den Kontakt zu den in der Luft und auf der Materialoberfläche vorhandenen Sauerstoff-Wasserstoff-Molekülen härtet der Kleber schlagartig aus. Ein weiterer Kontakt zu Wasser kann die chemische Reaktion wieder umgekehrt in Gang setzen, so dass sich die Klebestelle löst.

Die schlagartige, fest klebende Wirkung wird auch an der Haut des Anwenders wirksam, zum Beispiel zwischen zwei Fingern.

Zunächst ist die Haut praktisch untrennbar miteinander verbunden, nach ein paar Minuten wird von der Haut selbst unter der Klebestelle Flüssigkeit und Fett nachgebildet. Dies führt zum allmählichen Zerfall des Klebers, nach fünf Minuten kann man die Finger wieder voneinander trennen, ohne die Haut dabei abzureißen.

Im Modellbau ist die schnelle Aushärtung und Haftkraft auch auf glatten, nicht verzahnten oder verankerten Klebeflächen zu beachten. Im Tragflächen- und Rumpfbau können Klebestellen, die später kaum der Luftfeuchtigkeit ausgesetzt sind und nicht dauernden Biegekräften unterliegen, damit dauerhaft verklebt werden. Der Sekundenkleber dringt kaum in das Material ein und ist daher gewichtssparend. Man kann Produkte mit dünnflüssigem, mittlerem und dickflüssigem Kleber nach dem Flüßigkeitsgrad unterscheiden. Dickflüssige Sekundenkleber können mitunter besser am Klebegut platziert werden, haben aber ansonsten die gleichen Eigenschaften. Oft wird Sekundenkleber dazu verwendet, einzelne Bauteile kurzfristig miteinander zu fixieren, bevor die eigentliche, dauerhaft belastbare Verbindung in Form von Zwei-Komponentenkleber oder Verschraubung angebracht wird. Bei Holzrippenbauweise wird Sekundenkleber oft abwechselnd mit Weißleim verwendet, und zwar dort, wo es unpraktikabel ist, einen entsprechenden Anpressdruck für den Leim zu erzeugen.

Ganz andere Eigenschaften haben die im Modellbau gebräuchlichen Zwei-Komponenten-Epoxidharzkleber, die abhängig von ihrer Tropfzeit in drei, fünf oder auch 20-Minuten-„Epoxi" unterschieden werden. Als allgemeine Regel gilt: Je länger die Tropfzeit, desto höher die Endfestigkeit. Am häufigsten kommt das Fünf-Minuten-Epoxi zur Anwendung, die Endfestigkeit ist für die meisten Zwecke hier mehr als ausreichend.

Als Tropfzeit versteht man die Zeitspanne, in welcher der Kleber nach der Vermengung seiner beiden Komponenten „Binder" und „Härter" verarbeitet werden kann, ohne anzubinden. Dabei ist zu beachten, dass sowohl die Tropfzeit als auch die Aushärtungszeit bis zum Erreichen der Endfestigkeit sehr stark von der Temperatur abhängig sind. Herstellerangaben zu diesen Zeiten beziehen sich in der Regel auf 20 °C Raumtemperatur, wenn nicht anders angegeben. Als ungefährer Anhaltspunkt verkürzen sich Tropfzeit und Aushärtungszeit um die Hälfte je 10° Temperaturerhöhung. Während also im Frühjahr in der Garage gute fünf Minuten nach der Vermengung für die Verarbeitung zur Verfügung stehen, sind es an einem warmen Tag im August nur 150 Sekunden. Man sputet sich also, oder wählt an diesem Tag ein langsameres Harz.

Ein typisches 5-Minuten „Epoxi" erreicht etwa 30 Minuten nach der Vermengung „Handfestigkeit" und nach etwa einer Stunde die Hälfte seiner Endfestigkeit von ca. 2.000N/cm^2.

Das heißt für die Praxis: Nach einer halben Stunde braucht es keine Ausrichtung mehr, es hält sich selbst in Position. Nach einer Stunde kann es weiter gebohrt, geschliffen und bearbeitet werden, bei 20 °C Umgebungstemperatur.

Epoxidharz kommt prinzipiell zur dauerhaften Verklebung aller Materialien zum Einsatz. Dabei ist darauf zu achten, dass eine *verzahnende* Klebefläche entsteht, das heißt: Glatte Materialien müssen vor dem Verkleben mit Sandpapier aufgeraut werden. Ohne Verzahnung mit einer rauen Oberfläche hat die Klebefläche buchstäblich keine Haltekraft. Unbehandeltes Holz bietet durch seine feinporige Oberfläche ausreichende Verzahnung ohne zusätzliche Behandlung.

Der Mangel an Haftkraft an einer glatten Oberfläche wird aber durch die Möglichkeit des plastischen Modellierens ausgeglichen. Zu diesem Zweck kann das vermengte Harz mit verschieden Füllmaterialien vermischt werden. Durch die Beimischung von Microballons als weißes Pulver wird das Harz dickflüssig und kann als Spachtelmasse zum substanziellen Ausgleich von Oberflächen verwendet werden. Die Microballons verringern das Gewicht der Masse und erhöhen dessen Belastbarkeit gegen Druck.

Vermengt man das Harz mit Baumwollflocken, entsteht eine Masse, die gegen Zug elastisch verstärkt wurde. Ist eine spröde Zugfestigkeit gewünscht, so kommen kleine Glasfasern zur Verstärkung in das Harz. Noch spröder und härter wird Füllmaterial aus Kohlefasern.

In Harz getränkte Glasfaser-Gewebematten verstärken flächig gewichtsschonend alle möglichen Bereiche der Struktur eines Flugzeuges und helfen auch bei einfachen strukturellen Reparaturen.

Epoxidharz kommt also auch überall dort zum Einsatz, wo keine geeignete Klebefläche existiert, diese wird einfach anmodelliert. Und dort, wo besonders starke und dauerhafte Zug- und Druckkräfte wirken, wie zum Beispiel am Motorspant und am Servobrett im Rumpf. Bei Schnellreparaturen am Flugfeld ist das schnellanbindende Harz neben dem Sekundenkleber und dem Klebeband ebenfalls mit dabei.

Die Anwendungsmöglichkeiten von Epoxidharz-Kleber im Modellbau sind so vielfältig, dass nur die wesentlichsten Beispiele im Folgenden aufgezählt werden:

- Motorspant – Rumpf
- Servobrett – Rumpf
- Bowdenzug sichern
- Schnellreparatur an allen Bauteilen am Flugfeld
- Fahrwerkshalterung

Löten

Wollen wir das Modell einmal ausrüsten, so kommen wir um ein paar einfache Lötarbeiten meist nicht herum. Fast immer ist ein Servokabel zu verlängern oder eine Schubstange der Anlenkung zu löten. Bei der Elektronik sind es oft die Anschlusskabel des Akkus zum Regler und weiter zu den Goldkontaktsteckern des Motors. Leider gibt es im Handel zu viele verschiedene Kabelverbindungsstecker, als dass wir davon ausgehen könnten, dass die Komponenten *zufällig* zusammenpassen. Die Anschaffung eines Lötkolbens ist also kaum zu vermeiden. Dabei können wir uns auf ein Durchschnittsprodukt aus dem Baumarkt beschränken. Der Lötkolben sollte einen handlichen Griff und eine Spitze ähnlich groß wie die eines kleinen Schraubenziehers haben. Nabelspitze Lötkolben, wie sie zum Bearbeiten von Elektronikplatinen verwendet werden, sind für die Verbindung von Servokabeln ungeeignet.

Neben dem Lötkolben brauchen wir noch zwei Bestandteile, nämlich das Lötzinn und die „dritte Hand“. Das Lötzinn wird in kleinen Rollen verarbeitungsfertig verkauft. Wozu aber eine „dritte Hand“, wir haben ja schon zwei? In einer Hand der Lötkolben, in der anderen die Rolle mit dem Lötzinn, und wer hält das zu lötende Kabel? Eben – die „dritte Hand“. Das kann ein vorhandener kleiner Schraubstock sein, oder eine Kluppe, die am Tisch liegt und das Kabel hält. Oder es kann dieses praktische Werkzeug aus dem Bastelgeschäft sein, das zwei oder mehr justierbare Krokodilklemmen hat und einen soliden Standfuß. Die Klemmen

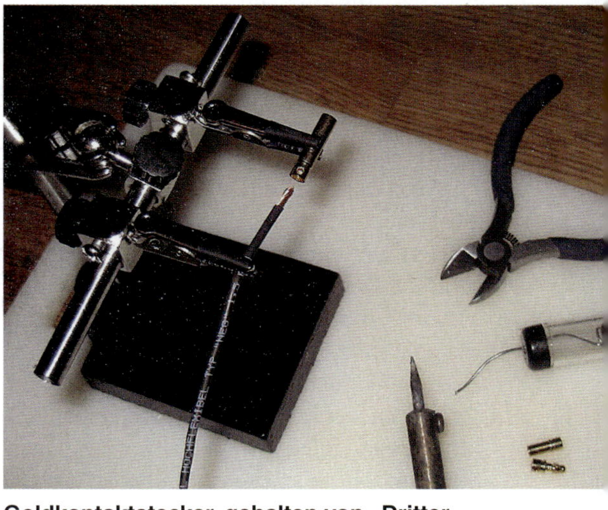

Goldkontaktstecker, gehalten von „Dritter Hand“.

halten die Kabel, die zusammengelötet werden müssen, schon freihand in Position zueinander. Nun kommt die Spitze des Lötkolbens von unten hinter die Kabel und erhitzt diese, dann kommt das Lötzinn von oben vorne an die Kabel und schmilzt verlaufend über die Lötstelle, wenn diese gut genug vom Kolben erhitzt wurde. Wichtig für die sichere Verbindung ist, dass das Lötzinn gut bis in die Fasern der Kabel einläuft. Das tut es nur, wenn die Fasern des Kabels mittels des Lötkolbens miterhitzt wurden. Tropft man nur flüssiges Zinn auf die Kabel, ist die Verbindung zu lose, es kommt zu keiner Verbindung Metall mit Metall.

Nach erfolgreicher Verlötung kommt die Isolation der Lötstelle, entweder durch Isolierband, oder elegant durch Schrumpfschlauch. Dieser wird über die Lötstelle geschoben und sogleich mit der Hitze des Lötkolbens geschrumpft. Goldkontaktstecker haben an ihrem kabelseitigen Ende eine kleine Wanne, die wird, nach oben in der „dritten Hand" eingespannt, zunächst mit Lötzinn angefüllt. Der Lötkolben wird außen seitlich an die Wand des Steckers gehalten und erhitzt so das Lötzinn. Nun wird die Rolle mit dem Lötzinn aus der Hand gelegt und mit der freien Hand das Kabelende in die Wanne getaucht. Der Lötkolben wird entfernt, während das Kabel so lange in Position gehalten wird, bis das Lötzinn in der Wanne auskühlt und härtet, eine Frage von Sekunden. Nun wiederum Schrumpfschlauch passgenau über den Stecker gestülpt, erhitzt, und fertig ist die Hochstromverbindung!

Auch Fahrwerksdrähte und Anlenkungen aus Metalldraht brauchen die Hitze des Lötkolbens, um ein für allemal zu halten. Dabei sollte der Draht vor dem Löten mit Sandpapier aufgeraut werden, damit das Lötzinn mit dem Material verzahnen kann und nicht rutscht. Zwei Stahldrähte können miteinander parallel verbunden werden, wenn sie durch einen feinen Messingdraht, den man zuvor aus einem Servokabel herausgedreht hat, umwickelt werden. Der Draht bildet dabei das Stützmaterial für das weiche Lötzinn.

Bügeln

Obwohl viele Modelle fertig bespannt im Handel erhältlich sind, so kommt man doch dann und wann in den Genuss des Aufbügelns von Bügelfolie. Sei es als konstruktiver und abschließender Beitrag zu einer Holzrippen-Fläche, einem Rumpf oder ganz einfach als praktisches und preiswertes Zweckfinish eines vollbeplankten Holzmodells.

Das Problem beim Bügeln von Modellen ist, sich unter Einplanung der dafür notwendigen Zeit dazu zu überwinden. Auch viele an sich erfahrene Modellflieger und Modellfliegerinnen haben hier eine Vorahnung des Versagens, so ein Gefühl wie „ich bekomm das nicht hin!". Das rührt oft daher, dass erste Versuche mit unzureichender Vorbereitung hastig unternommen wurden, und das Ergebnis trotz unvorgesehen langem „Herummurksen" nicht überzeugte. Aus diesem Grund hier die ausführliche Geschichte zum mühelosem Erfolg beim Bebügeln mit Folie.

Zunächst der Untergrund: Die Bügeltechnik stellt sehr wenig Ansprüche an das Holz. Die Unebenheiten mit Spachtel ausgeglichen, grob geschliffen, so kann gebügelt werden. Grundierung ist nicht notwendig, nicht einmal Porenfüller, und auch nicht zweckmäßig. Durch die offenen Poren einer Holzbeplankung kann die durch das Bügeleisen erhitzte und sich ausdehnende Luft entweichen, ohne an der Oberfläche Einschlussblasen zu bilden.

Die Folie selbst sollte unter Hitze gute Hafteigenschaften, und vor allem gute Schrumpfeigenschaften aufweisen. Der Handel bietet verschiedene Produkte in verschiedenen Stärken, Farben und mit unterschiedlicher Struktur und einem Gewicht ab ca. 35 Gramm/m² an. Die geläufigsten Folien sind farbige Polyesterfolien, die an der Unterseite mit einem Kleber beschichtet ist, der ab etwa 100 °C seine Klebewirkung entfaltet. Im Folgenden wird die Bearbeitung von Oracover®, ein Produkt des marktführenden Herstellers Lanitz-Prena, erläutert. Dann brauchen wir noch das Bügeleisen. Ein temperaturstabiles Altgerät aus

Vorbereitung.

Regelbares Folienbügeleisen mit Beschichtung.

dem Haushalt tut im Normalfall seine Pflicht, wer sich einmal den Komfort eines speziellen Folienbügeleisens gönnt, wird es nicht mehr missen wollen, der zuverlässigen Temperaturreglung wegen. Schere, scharfes Messer, Filzstift und Aluleiste oder großes Lineal runden den Werkzeugaufmarsch ab. Nun gleich ans Werk: Wir nehmen das zu bespannende Stück unter dem Aspekt in Augenschein, *wie viele* Folienflecken wir aufbringen wollen. Dabei ist an eine Überlappung zu denken, ein Zentimeter genügt. Bei verwinkelt aufgebauten Bauteilen ist es sinnvoll, in mehreren Abschnitten überlappend zu bespannen. Nehmen wir zum Beispiel eine Tragfläche, die als Doppeltrapez mit leichtem Knickflügel („Ohren“) aufgebaut ist. Hier werden pro Flächenhälfte mindestens vier Foliensegmente zugeschnitten: zwei unten und zwei oben, überlappend beim Knick in der Fläche und an der Tragflächenunterseite im Bereich der Nasenleiste und der Hinterkante. Ob die Überlappung an der Ober- oder Unterseite stattfindet, ist Geschmacksache, nur sollte sie nicht genau in der Mitte der Nasenleiste, also im Bereich der stärksten Krümmung, oder genau auf der Hinterkante zu liegen kommen, weil sich die Folie dort vermutlich eher ablöst.

Der Zuschnitt erfordert eine Anzeichnung, die wir anbringen, indem wir die Fläche auf die Folie legen und mit entsprechendem Übermaß für die Überlappung mit einem Filzstift, den wir später abwischen können, die Kontur so genau wie möglich anzeichnen. Danach wird ausgeschnitten, je nach Größe des Folienteilstückes mit Messer oder Schere. Die Schutzfolie, die die Klebeseite der Bügelfolie abdeckt, wird nun entfernt, und das Bügeleisen auf Temperatur gebracht. Die Oracover®-Folie schrumpft umso stärker, je stärker sie erhitzt wird. Im ersten Arbeitsgang des Bügelns wollen wird die Folie aber noch nicht schrumpfen, sondern lediglich auf der Oberfläche anheften, um das Folienstück auszurichten. Deshalb beginnen wir mit einer mittleren Temperatur, die zwar den Kleber aktiviert, nicht aber das Material deformiert.

Nun wird das Folienstück genau platziert und mit ein paar punktuellen „Tupfern“ mit dem Bügeleisen ringsum platziert, möglichst so, dass die Folie glatt auf der Oberfläche aufliegt. Nun folgt der zweite Schritt: Das flächige Ankleben des ausgerichteten Stückes, immer noch mit mittlerer Hitze, von innen nach außen bügelnd, um größere Lufteinschlüsse zu verhindern. Eine leichte Faltenbildung während dieses Schrittes ist zunächst zu erwarten, aber keine Sorge: Verweilen wir ein paar Sekunden flächig über einer Stelle, so zieht sich dort die Folie zusammen und lässt die Falten verschwinden. Wir verfahren so mit der Unterseite, dann mit der Oberseite, und drücken mit mittlerer Hitze auch die Überlappungen aneinander, dort findet eine besonders gute Haftung des Klebers statt.

Zum Abschluss bearbeiten wir konisch oder rund geformte Bauteile, wie zum Beispiel die Randbögen der Tragflächen. Dort erzielen wir mit flächigem Verweilen nicht genug Schrumpfwirkung, wir drehen nun die Temperatur des Bügeleisens höher, aber nicht so hoch, dass es zu Brandlöchern in der Folie kommt. Kommt es dennoch zu einer Verschmorung, wissen wir fürs nächste Mal: „Das war zuviel", und bringen eine neue Folie auf. Dabei ist eine vorübergehende *Verfärbung* der Folie eine normale Reaktion, erst wenn die Folie leicht dunkelt, während wir sie der Hitze aussetzen, wissen wir, dass die optimale Schrumpfung einsetzt. In mehreren Bügelbewegungen werden nun Zentimeter für Zentimeter die Randbögen von innen nach außen ausgebügelt, wobei am Rand jeweils ein paar Sekunden verharrt wird, um genügend Hitze zu erzeugen und ein faltenfreier Randbogen entsteht. Das Resultat: Perfekte glatte Oberfläche, leuchtende Farbe, kurzzeitig wasser- und treibstofffest, preiswert und leicht. Mit derselben Folie ist bei Misslingen (wegen Fehlplatzierung) mindestens ein zweiter Anlauf möglich, bevor die Klebeschicht aufgebraucht ist. Als Erstversuch sollte man mit kleineren Flächen wie beispielsweise dem Leitwerk beginnen. Die Folie schrumpft nach dem Auskühlen wieder unter Hitze, ein Nachspannen ist auch nach Jahren möglich, zur Verwendung kommt hier auch gerne ein Haarfön.

Laminieren

Die Technik des Laminierens hat große Ähnlichkeit mit der Klebetechnik mit Zwei-Komponenten-Epoxidkleber: Das *Laminat,* also die flüssige Komponente des Verbundes, besteht ebenfalls aus Epoxid-Kunstharz. Das Laminat, auch als *Matrix* bezeichnet, wird kurz vor dem Gebrauch aus Harz und Härter zusammengemischt. Die Aushärtungszeit und die Temperaturbeständigkeit des Laminates werden durch den Härter bestimmt. Die Verarbeitungszeit, also die so genannte „offene Zeit", kann je nach Härter und Temperatur zwischen 10 Minuten und einer Stunde liegen. Die Endfestigkeit des Laminates ist, ähnlich wie bei den Klebern, umso höher, je länger seine offene Zeit ist. Die Unterschiede der Festigkeit des Harzes sind im Bereich Flugzeugmodellbau kaum bemerkbar, der Zeitdruck während der Arbeit an sich ist hier ausschlaggebend für die Wahl des Härters. Für Reparaturen und kleinflächige Laminierungen wird daher meist ein Härter mit einer angegebenen offenen Zeit von 20 Minuten gewählt. Für großflächige oder komplizierte Laminierungen, und für den Bau von Rümpfen und Tragflächen, kommen eher Härter mit 40 bis 60 Minuten offener Zeit zur Anwendung. Ebenfalls vom Härter bestimmt wird die Temperatur, unter der das ausgehärtete Harz verformbar ist. Diese Qualität kann durchaus ins Blickfeld rücken, wenn man ein Modell aus GFK/CFK im Sommer längere Zeit im Kofferraum lagert. Nicht selten kommt es zu Verformungen der Struktur durch unsachgemäße, weil zu heiße Lagerung. Die im Flugmodellbau gebräuchlichen Harze weisen bei fachgerechter Fertigung eine Hitzebeständigkeit bis 80 °C auf. Industriell gefertigte Rümpfe werden zu diesem Zweck nach der Aushärtung des Harzes in einer Wärmekammer bei ca. 60 °C einige Stunden lang „ausgebacken", diesen Vorgang nennt man *Tempern.* Erst dadurch wird die beste Hitzebeständigkeit erreicht. Hat der Endverbraucher Zweifel, dass die Temperung durchgeführt wurde, kann er zu Hause *nachtempern*, wozu in ambitionierten Bastlerhaushalten selbst gebaute Wärmekästen mit Temperaturegelung eingesetzt werden. Ohne das Tempern kann man als

Richtwert von 60 °C als obere Grenze der Lagertemperatur ausgehen. Bei Bedarf kann eine wesentlich höhere Hitzebeständigkeit durch die Verwendung eines speziellen Härters erreicht werden.

Sollte es tatsächlich zu einer hitzebedingten Verformung eines Bauteiles gekommen sein, kann versucht werden, die Stelle durch einen Haushaltsfön oder ein Heißluftgerät wieder zu erwärmen und vorsichtig geradezubiegen.

Die Stärke des Gebindes wird aber hauptsächlich vom Stützmaterial bestimmt, welches sparsam mit dem Laminat durchtränkt wird. Hier kommen in erster Linie Glasfasergewebe oder -Gelege unterschiedlichster Stärken zum Einsatz. Ein *Gelege* unterscheidet sich vom *Gewebe* durch die gezielte Ausrichtung der Glasfasern, dabei können pro Gelege übereinander liegend auch zwei unterschiedliche Faserrichtungen gelegt werden (bidirektional). So ist es im industriellen Formenbau möglich, ein Gelege so zu wählen, dass die Faserrichtung genau der Richtung der zu erwarteten Belastung entspricht, während beim Gewebe die Fasern prinzipiell rechtwinkelig miteinander verwoben sind. Für genaue Festigkeitsberechnungen sind Gewebe problematisch, weil die einzelnen Fasern durch die Verwebung gebogen werden und praktisch nie parallel zueinander laufen. Dafür ist die *Drapierbarkeit*, also der Grad der Anpassung an gekrümmte Formen, bei Geweben wesentlich besser als bei Gelegen. Für Reparaturen und kleinere Formen werden in der Regel Geweberollen verwendet, für Rumpf- oder Tragflächenaufbau gibt es großflächige Gewebematten. Eine weitere Erscheinungsform von Glasfasern sind einzelnen Faserstränge, die *Rovings* genannt werden. Sie können von einer Spule abgewikkelt und entsprechend der Belastungsrichtung ausgerichtet werden.

Die Festigkeit des Faserverbundes wird durch die Anzahl der übereinander liegenden Schichten und durch das Gewicht der Glasfasern bestimmt. Als Unterlage für ein Lackfinish reicht eine dünne Lage Glasfasergewebe aus, für stark beanspruchte Stellen werden drei bis fünf Lagen verarbeitet. Dabei gilt: Drei dünne Lagen sind stabiler als zwei dikke. Die Stärke des Gewebes wird in Gramm pro Quadratmeter angegeben, im Modellbau sind Stärken von 25 g/m² bis 300 g/m² üblich.

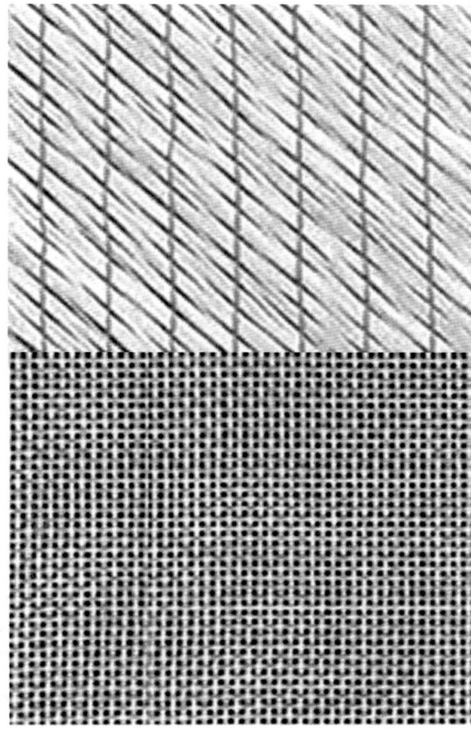

Glasfasergelege (bidirektional) und Gewebe aus dem Katalog des Herstellers R&G.

Das fertig ausgehärtete Material hat zwei herausragende Eigenschaften: Die *Festigkeit* und die *Steifigkeit*. Als Festigkeit wird die Eigenschaft verstanden, einer Kraft zu widerstehen, bevor das Material bricht. Einzelne Fasern aus Glas, Aramid oder Kohle haben die Eigenschaft, extrem zugfest zu sein. Durch eine verwobene Anordnung kann daraus eine hohe Bruchfestigkeit entstehen. Als Steifigkeit versteht man die Fähigkeit des Materials, einer Verformung unter Druck zu widerstehen. Die Zugfestigkeit und die Steifigkeit von Glas, Aramid- oder Kohlefasern übertrifft die Zugfestigkeit von Titanium mindestens um das Zehnfache bei gleichem Gewicht. Es ist leicht nachvollziehbar, wie groß das Interesse des Fahrzeug- und Formenbaues, insbesondere der Luft- und Raumfahrt, an diesen Materialien ist.

Auch im Modellbau stellt die Verwendung von GFK/CFK eine bahnbrechende Verbesserung in Bezug auf Festigkeit dar. Flugstile, die vorher nicht möglich waren, ohne das Modell in der Luft zu brechen, wurden so erst entwickelt, beispielsweise der *dynamische Segelflug,* wo Segler mit dünnen Tragflächen bei Geschwindigkeiten über 200 km/h in engste Kurven gezogen werden, was für die Tragflächen eine enorme Belastung darstellt.

Die Eigenschaften von Glas, Aramid und Kohle unterscheiden sich voneinander, und damit auch deren Verwendungszweck. Glasfasern haben gute Allroundeigenschaften, sie weisen die größte Elastizität unter den Fasern auf. Dabei verfügen sie über ausreichend Zugfestigkeit, um für die meisten der im Modellbau anstehenden Aufgaben geeignet zu sein. Ein Verbund aus Glasfasern und Epoxidharz wird als *Glasfaser-Kunststoff*, kurz GFK bezeichnet, wobei *Kunststoff* anzeigt, dass die Fasern in einer Matrix gebunden sind.

Besonders beliebt ist der Aufbau von Rümpfen aus GFK, sind außerdem Tragflächen und Leitwerke komplett aus GFK gefertigt, spricht man von einem Voll-GFK-Modell.

Kohlefasern, auch *Carbonfasern* genannt, sind wesentlich härter und spröder als Glas, sie verfärben sich unter Einfluss von UV-Licht, die Fasern ziehen Wasser aus der Umgebungsluft an, wenn sie nicht völlig in Harz eingebettet sind. Häufig werden Kohlefasern innenliegend zur Verstärkung von Tragflächenholmen eingesetzt. Kleine Formteile sieht man oft ohne Lack als „Sichtkohle-Optik", was nicht zuletzt die Aufmerksamkeit der Betrachter wecken soll. Will man den UV-bedingten Zersetzungsprozess verhindern, muss Kohle durch eine dekkende Lackschicht vor der Sonnenbestrahlung geschützt werden. Auch Tragflächen können zur Gänze in CFK-Bauweise (Carbonfaser-Kunststoff) gebaut sein, die Oberseite ist dann meist lackiert, die Unterseite in Kohle-Optik belassen.

Die stabilste Faser in Hinsicht auf Schlagzähigkeit ist das gelbe Aramid, in seiner Kunststoff-Form besser als Kevlar® bekannt. Aramidfasern ziehen wie Kohlefasern Wasser aus der Luft, sie haben die problematische Eigenschaft, sich nicht leicht mit Epoxidharz durchtränken zu lassen, was zu etwas höherem Gewicht im Vergleich zu Kohle beim ausgehärteten Gebinde führt. Die Bearbeitung von ausgehärtetem Kevlar® durch Bohrer und Sägen führt wegen seiner Härte zu hohem Werkzeugverschleiß. Sehr harte Rümpfe werden aus einem Gewebe von Kohle und Aramidfasern aufgebaut.

Die Technik des Formenbaus soll hier nicht in seiner Gesamtheit erläutert werden, da dieses Thema es aufgrund seiner Vielfältigkeit den Rahmen des Buches sprengen würde. Als allgemeine Richtlinie kann folgendes festgehalten werden:

- Immer mit Schutzhandschuhen arbeiten, da Epoxidharz bei Hautkontakt zu Gesundheitsschäden führen kann.
- Bei der Mischung von Harz und Härter eine genaue Waage verwenden, die Mischungsverhältnisse beziehen sich auch auf den Gewichtsanteil.
- Epoxidharz härtet unter Wärmeentwicklung aus, die teilweise heftig sein kann: Vorsicht Brandgefahr!
- Je höher der Faseranteil am Gebinde, desto höher die Festigkeit. Bei Reparaturen das Material vor dem Laminieren gut anschleifen, damit es zu einer verzahnten Verbindung kommt. Glatte oder fette Materialien verbinden sich nicht mit GFK/CFK.

Ausgehärtetes Laminat, insbesondere GFK, bildet neben seiner Stabilität und Steifigkeit auch eine ideale Grundlage für ein Lackfinish, womit wir zum nächsten Kapitel kommen.

Lackieren

Natürlich ist der optische Eindruck eines Flugmodells stark von einer farblichen Gestaltung abhängig. Doch Lacke haben im Modellbau weit mehr Bedeutung, als nur das Auge zu erfreuen: Sie versiegeln die Oberflächen gegen das Eindringen von Feuchtigkeit und sichern dadurch die Lebensdauer des Modells. Bei Modellen, die durch Verbrennungsmotore angetrieben werden, müssen Lacke den Treibstoffen gegenüber widerstandsfähig sein, besonders gegenüber dem ätzenden Zusatz Nitromethan, aber auch gegen das Gemisch aus synthetischen Ölen moderner Treibstoffe. Die glatte Oberfläche einer Hochglanzlackierung senkt obendrein den Gesamtwiderstandes des Modells.

Bedingt durch die Vielfalt der Materialien, die heute im Modellflug zum Einsatz kommen, gibt es auch eine entsprechende Palette von geeigneten Lacken für jedes Modell. Dabei gilt allgemein, dass Holz als Grundstoff die aufwändigste Vorbehandlung für ein gelungenes Lackfinish braucht. Holz hat, bei all seinen positiven Materialeigenschaften, die unangenehme Neigung, jede Flüssigkeit in seine Poren aufzusaugen. Das führt nicht nur zu Problemen an den Klebestellen, sondern auch zu Verformung und zu Gewichtszunahme. Um dem entgegenzuwirken, kann eine Holzoberfläche bis zu dreimal mit Porenfüller eingestrichen werden. Porenfüller ist ein farbloser Lack, zumeist auf Kunstharzbasis, der die Poren des Holzes praktisch verschließt. Damit wird verhindert, dass der anschließend aufgebrachte Lack in der Struktur des Holzes aufgesogen wird.

Doch die Vorbehandlung mit Porenfüller alleine genügt noch nicht, um eine glatte, hochglänzende Lackoberfläche auf Holz zu erreichen. Wohl kann bei leichten Holzrümpfen, die ihre Holz-Optik behalten sollen, gleich der abschließende Klarlack zur Versiegelung gegen Feuchtigkeit angebracht werden. Hier stört es nicht, dass die Oberflächenstruktur der Holzmaserung folgt, der Widerstandszuwachs durch die nicht ganz glatte Oberfläche ist so minimal, dass er im Verhältnis zur Gewichtsersparnis untergeht.

Holz braucht für ein Hochglanz-Lackfinish also noch ein Stützmaterial, eine so genannte *Armierung*, welches die darüber liegende Lackschicht vor Rissen bewahrt, die durch die Bewegungen im Holz selbst entstehen: es „arbeitet". Dafür kommt dünnes Papier in Frage, welches im Handel als Bespannpapier oder „Japanseide" geführt wird. Bespannpapier hat den Vorteil, preiswert und leicht zu sein. Es lässt sich über konisch gekrümmte Bauteile nur schlecht drapieren, doch kann man diese Stellen durch mehrere zugeschnittene Flicken abdecken. Eventuell entstehende Falten können vor dem Lackieren durch Spachtel und Haftgrund ausgeglichen, beziehungsweise glatt geschliffen werden. Hier wird schon deutlich, dass mehrere Arbeitsschritte erforderlich werden, die im Folgenden erläutert werden, weil sie für alle Lackarbeiten beispielhaft sind.

Auftragen der Armierung

Im Falle der Verwendung von Bespannpapier wird als Haft- und Spannmittel Spannlack verwendet. Dieser wird zunächst dünn auf die zu bespannende Oberfläche mit einem Pinsel aufgetragen. Das leicht überlappend zugeschnittene Papier wird darauf angedrückt, wobei auf eine gleichmäßige Durchtränkung des Papiers zu achten ist. Bei Bedarf kann das Papier nochmals mit Spannlack eingestrichen werden. Mit dem Pinsel kann die Oberfläche glatt gestrichen werden. Der Spann-Effekt des Lackes tritt bei seiner Austrocknung auf. Je nach Raumtemperatur dauert die Trocknung 12 bis 24 Stunden.

Arbeitsgang „Haftgrund"

Im Farben- oder Baufachhandel erhältliche Spraydosen mit Haftgrund, meist wasserlöslich auf Acrylbasis hergestellt, können für diesen Arbeitsgang verwendet werden. Der Haftgrund verschließt die Mikroporen des Papiers und gleicht flache Falten aus. Nachdem eine deckende, aber nicht tropfende Schicht aufgetragen wurde und schleifbar ausgetrocknet ist, wird mit nassschliff-fähigem Schleifpapier der Körnung 400 unter der Verwendung eines Schleifschwammes nass geschliffen. Und zwar so weit, bis die Armierung wieder sichtbar wird. Das bedeutet, wir haben eine ganze Schicht Haftgrund nur deshalb aufgebracht, um sie gleich wieder fast zur Gänze wegzuschleifen. Was aber mit freiem Auge kaum zu sehen ist, sind die Anlegungen in den Mikroporen und den leichten Unebenheiten. Nach dem Nasschleifen gut abtrocknen, eventuell mit einem Haarfön nacharbeiten.

Nun kommt der zweite Auftrag des Haftgrundes. Falls die Unebenheiten beim ersten Gang bereits beseitigt wurden, kann nun bereits mit einer Körnung von 600 bis 800 nass geschliffen werden. Diesmal soweit, bis die Armierung beginnt, durchzuschimmern. Nach dem Trocknen kann man das Ergebnis besser mit den Fingern als mit den Augen prüfen: Sollte eine durchgehend spiegelglatte Oberfläche tastbar sein, ist das Werkstück für den Lack bereit. Treten da und dort noch raue Stellen auf, so ist noch ein Durchgang Haftgrund und Nassschliff erforderlich, so lange bis die Rauigkeit beseitigt ist.

Arbeitsgang „Lack“

Nun wird die Geduld ein weiteres Mal auf die Probe gestellt, denn keinesfalls sollte versucht werden, das Werkstück in einer Schicht deckend zu lackieren. Es kommt dabei fast unweigerlich zur Tropfenbildung, außerdem besteht die Gefahr der Rissbildung nach der Austrocknung. Idealerweise werden drei dünne Schichten aufgetragen, wobei die erste Schicht tatsächlich nur wie ein durchscheinender Film wirkt. Es hat sich bewährt, die Lackschichten *nicht* völlig aushärten zu lassen, bevor man die nächste Schicht aufträgt. Eine Antrocknungszeit von etwa einer Stunde bei Raumtemperatur genügt bei kunstharz- oder acrylbasierten Lacken für den Auftrag der nächsten Schicht. Ungeduldige können die Zwischentrocknungszeit mit dem Haarfön auf etwa 20 Minuten verkürzen. Erst die letzte, dritte Schicht wirkt deckend. Dann sollte man der Oberfläche schon 24 Stunden End-Austrocknungszeit gönnen.

Sinn und Zweck dieser „nass-in-nass“-Technik ist die Bildung dreier verzahnter Lackschichten, die dadurch als Ganzes besonders zug- und schlagzäh werden. So verhindert man des Abblättern oder Reißen des Lackes auch an stark beanspruchten Bauteilen wie Randbögen oder Motorhauben.

Die Arbeitsgänge „Armierung“, „Haftgrund“ und „Lack“ finden sich im Prinzip bei jeder Lackarbeit auf Holz wieder, wobei als Armierung auch eine oder zwei Lagen dünnes Glasfasergewebe dienen kann, welches wesentlich bessere Drappiereigenschaften hat als Papier und außerdem die Struktur erheblich verstärkt, dafür teuerer und schwerer ist. Als Alternative kann als Matrix für das Glasfasergewebe in diesem Fall auch Holzversiegelungslack verwendet werden, der zwar wesentlich weicher, aber auch günstiger als Epoxidharz ist.

Besteht die Oberfläche des Werkstückes nicht aus Holz, wird die Lackarbeit deutlich einfacher. Beim Grundmaterial GFK entfällt der Arbeitsgang „Armierung“, eine Vorbehandlung mit Haftgrund/Nassschliff ist aber ebenfalls sinnvoll, weil sich im Harz oft kleine Lufteinschlüsse bilden, die, ähnlich wie Poren, verschlossen werden müssen. Danach folgen drei Lackschichten, wie zuvor beschrieben.

Bei CFK ist darauf zu achten, durch den Schliff keine Kohlefasern freizulegen, da diese stets Wasser aus der Luft ziehen und daher die ideale Austrocknung von Lack verhindern. Passiert es dennoch, im Zuge einer Reparatur beispielsweise, so kann man diese Stelle mit einem Flicken aus dünnem Glasfasergewebe versiegeln. Kleinere Tiefziehteile wie Kabinenhauben, Motorhauben oder Radverkleidungen aus ABS-Kunststoff werden ohne

Armierung und ohne Haftgrund lackiert. Zur besseren Haftung sollte lediglich mit 400er bis 600er-Körnung sorgfältig angeschliffen werden.

Die stark verbreiteten Modelle mit Schaumstoff als Oberflächenmaterial erlauben vielfältige Möglichkeiten der Oberflächengestaltung. Eine hochglänzende, zug- und druckfeste Lackoberfläche wie auf Holz oder GFK, ist hier nicht möglich und auch nicht erforderlich. Es geht in erster Linie darum, dass der Lack den Schaumstoff nicht angreift und zersetzt. Der Bogen der geeigneten Lacke spannt sich hier von Wasserfarben über Innendispersion bis zu Zwei-Komponenten-Kunstharzlack. Auch alle auf Acryl basierten Lacke können eingesetzt werden. Bei Polyurethan-basierten Lacken können Zersetzungen auftreten, ein Test auf einem Probewerkstück aus der Verpackung des Modells verschafft hier Klarheit. Auch eine Armierung mit Papier oder Glasfasermatte/Epoxidhard oder Bodenlack ist möglich.

Ist eine Motorisierung des Modells mit einem Verbrennungsmotor angedacht, so muss die Treibstoffbeständigkeit des Lackes gewährleistet sein. Man erhält darüber prinzipiell in der Produktbeschreibung des Lakkes Auskunft. Besonders aggressiv wirken Treibstoffe, denen synthetische Öle beigemischt sind, also die große Mehrheit der heute verwendeten Treibstoffe. Sicher gegen diese Zusätze sind praktisch nur Zwei-Komponenten-Polyurthanlacke und Zwei-Komponenten-Kunstharzlacke. Dabei ist die Anschaffung einer professionellen Lacksprühanlage nicht unbedingt notwendig, da im Handel Sprühdosen erhältlich sind, die bei der ersten Inbetriebnahme der Dose die Komponenten des Lackes zusammenfließen lassen. Nach der Anwendung ist der in der Dose verbleibende Rest, falls noch sprühfähig, nur mehr eingeschränkt treibstoffbeständig. Er kann für Bauteile verwendet werden, die nicht unmittelbar mit dem Treibstoff oder dessen Abgasstrahl in Berührung kommen.

Neben den physikalischen Eigenschaften der Lackierung als Schutzschicht für das Untermaterial ist auch die Lageerkennung des Modells im Flug stark von seiner Farbgebung abhängig. Dunkelblau und Signalgelb, Rot und Weiß sind traditionellerweise Farben, die eine gute Sichtbarkeit des Modells gegen den Hintergrund aus Himmel und Gelände gewährleisten. Auch knallige Orangetöne heben sich gut ab, darüber hinaus sind der künstlerischen Kreativität des Erbauers keine Grenzen gesetzt.

Baukastenausführungen

Im Folgenden wollen wir uns an klassischen Bausatzausführungen und verschiedenen Ausstattungsvarianten ansehen, was an Arbeit vor dem ersten Flug anfallen kann.

Der Holzbausatz

Der Begriff „Bausatz" oder „Baukasten" weist schon darauf hin: hier gibt es etwas zu *bauen.* Dabei muss der Zeitaufwand nicht groß sein, mit Sekundenkleber, Expressleim und Fünf-Minuten-Epoxi geht der Fortschritt an einem Holzbaukasten schnell voran. Der Vorteil von Baukästen besteht neben der Kostenersparnis darin, dass man sein Material genau kennt und ziemlich genau versteht, was er davon erwarten kann. Einsteiger befürchten bei dieser Ausführung gelegentlich, dass aus Mangel an Erfahrung oder Sachkenntnis der Flieger schlichtweg falsch zusammengesetzt werden könnte. Baukästen beinhalten aber in aller Regel eine übersichtliche Bauanleitung, und echte „Fehlmontagen" sind sehr selten. Unerfahrene wenden in der Regel mehr Zeit, und daher auch mehr Sorgfalt für ihr Werk auf, was der Genauigkeit zu Gute kommt. Während der Montage eines Baukastens werden oft auch schon vorbereitende Maßnahmen für die Ausrüstung gesetzt, wie zum Beispiel das Einpassen von Servos oder der Einbau von Bowdenzügen in den Rumpf, bzw. in die Tragflächen. Ein gewisses Risiko, die Sache falsch zu machen, bleibt natürlich, und damit der einzige Nach-

◀ Aufbau der Tragflächen aus Holzrippen.

▲ Rumpfaufbau als Kastenrumpf.

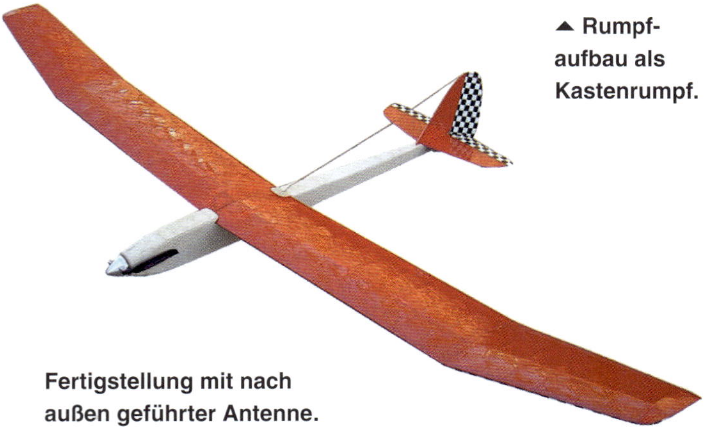

Fertigstellung mit nach außen geführter Antenne.

teil von Baukastenausführungen. Ein typischer Baukasten enthält Bauteile aus Holz, Metall und Kunststoff, die unter Umständen noch abgelängt werden müssen, bevor sie verarbeitet werden können. Ein scharfes Messer und eine Laubsäge werden nebst den Klebestoffen und einer Schere als Werkzeug vorausgesetzt. Ein Baubrett als Unterlage ist erforderlich für die verzugsfreie Montage direkt über dem Bauplan. Detaillösungen, wie zum Beispiel die Befestigung der Kabinenhaube oder die Anscharnierung der Ruder, können dem Erbauer überlassen werden. Bespannmaterial und Lack sind ebenfalls typischerweise nicht in einem Baukasten enthalten. Die Kleinteile für die Anlenkung sind in der Regel enthalten, wobei der Erbauer durchaus auch zur Anschaffung von Bowdenzügen herangezogen werden kann. Vor der Anschaffung empfiehlt es sich daher, den Inhalt des Baukastens genau zu überprüfen, um die zur Fertigstellung benötigten Teile im Fachhandel zu ergänzen.

Das Rohbaufertig-Modell (ARC)

Das *Rohbaufertigmodell* ist vom Inhalt des Baukastens her mit dem reinen Holzbaukasten vergleichbar, mit dem feinen Unterschied: Rumpf und Tragflächen sind fertig aufgebaut und benötigen nur noch Finish und Ausrüstung. Sehr häufig sehen wir bei solchen Baukästen einen transparenten oder weiß einfärbten Rumpf aus GFK und Tragflächen in Styropor-Abachi-Bauweise. Diese Ausführung ist in größeren Stückzahlen rationell herzustellen und stellt für den Modellpiloten einen beliebten Kompromiss zwischen „Baukasten" und „Fertigmodell" dar.

Die üblichen Arbeiten bestehen in der Fertigstellung der Tragflächen durch Anscharnieren der Ruder, Folienfinish oder aufwändigeres Lackfinish, Servoeinbau- und Anlenkung. Am Rumpf muss noch am Leitwerk gearbeitet werden (Anscharnierung und Anlenkung der Ruder), das Servobrett eingeharzt werden, und gegebenenfalls der Antriebsstrang montiert werden. Eine individuelle Farbgebung rundet das Bild ab.

Das ARF-/RTF-/PnP-/BNF-Modell

Der ARF-(Bau)-Kasten ist in Weiterführung zum ARC-Baukasten zumeist so ausgeführt, dass der Rumpf fertig gebaut und lackiert, beziehungsweise bespannt ist. Das Servobrett ist oft vorbereitet oder schon eingeharzt. Die Tragflächen sind bespannt oder lackiert, die Ruder sind zumeist bereits anscharniert. Da es keine für den Handel bindende Norm gibt, welche Merkmale ein ARF-(Bau)-Kasten aufweisen muss, gibt es hier teils große Unterschiede zwischen den Herstellern und manchmal auch zwischen verschiedenen Modellen eines Herstellers. Das Wort (Bau) wird hier bewusst in Klammer gesetzt, da es durchaus noch etwas zu bauen geben kann, wie die Bezeichnung „almost-ready-to-fly", also fast flugfertig, bereits andeutet. In jedem Fall, also auch bei höchstmöglicher Vorfertigung, ist das Modell noch auszurüsten. Nun kann es vorkommen, dass die herstellerseits vorgesehene Aussparung für die Ausrüstung den tatsächlichen Maßen der vorgesehenen Komponenten nicht entspricht. So muss nicht selten zeitaufwändig die vorhandene Struktur umgeändert werden, um die Ausrüstung auch aufnehmen zu können.

Inwiefern ARF-(Bau)-Kästen den Ansprüchen genügen, hängt von der Qualitätskontrolle des Herstellers ab. Ist das Grundmaterial Holz, so kann man beispielsweise beide Tragflächen wiegen, um festzustellen, ob sich durch unterschiedliche Holzqualitäten ein signifikanter Gewichtsunterschied eingeschlichen hat. Unterschiedlich schwere Tragflächen sollten durch Trimmgewichte in den Randbögen angeglichen werden. Beim Grundmaterial GFK/CFK können durch ungleichmäßige Durchtränkung des Gewebes ebenfalls Gewichtsunterschiede auftreten. Deshalb gehört die Gewichtskontrolle der Tragflächen bei ARF-Modellen zur Routine.

Das Formschaum-Modell

Formschaum-Modelle entsprechen im Vorfertigungsgrad einem ARF-(Bau)-Kasten, die Bauteile Rumpf, Tragflächen und Leitwerke sind bereit zur Anscharnierung und Ausrüstung. Die Oberflächen sind weißer oder lackierter Formschaum, der weiter oberflächenbehandelt werden kann, aber nicht muss. Die hervorragende Eigenschaft von Formschaum ist sein geringes Gewicht bei relativ guter Stabilität. Um das Gewicht nicht unnötig zu erhöhen, wird meist auf eine weitere aufwändige Oberflächenbehandlung verzichtet. Die Ausrüstungsteile, beispielsweise die Servos, werden nicht geschraubt, sondern direkt an den Formschaum geklebt. Mitunter werden Verstärkungsleisten aus Holz oder CFK zur Versteifung in den Rumpf oder in die Tragflächen geklebt. Fünf-Minuten-Epoxi kann beim Aufbau und später auch für die Reparatur verwendet werden. Formschaum hat entsprechend seiner Zusammensetzung unterschiedliche Eigenschaften, was seine Festigkeit, seine Elastizität und seine Verformbarkeit betrifft. Als besonders unempfindlich gegen Verformung gilt ein Isoliermaterial Namens EPP (Expandiertes Polypropylen). Es liegt in seiner Konsistenz zwischen Styropor und einem Haushaltsschwamm. Es muss also versteift werden, um sich im Flug nicht zu sehr zu verbiegen, diese Versteifung wird durch das kreuzweise Bekleben der Tragflächen mit nicht-flexiblen Klebebändern erzielt. Anstelle eines innen liegenden Holmes wird die strukturelle Stabilität durch beidseitiges „tapen“ erreicht. Nurflügler oder kleinere Segelflugzeuge oder Motorflugzeuge können teilweise oder ganz aus EPP gefertigt sein. Die unverkennbare Eigenschaft von EPP ist, dass sich das Material nach einer Deformierung infolge mechanischen Druckes wieder in die ursprüngliche Form zurückdehnt, ohne eine Eindellung zurückzulassen. Das verleiht den EPP-Modellen den Ruf der Unzerstörbarkeit, der einer genauen Prüfung so natürlich nicht standhält. Denn selbst wenn sich das Grundmaterial nach einem Aufprall wieder rückformt, so kann es doch unter Zugkraft reißen. Die mitfliegende Ausrüstung ist ebenfalls nicht „unverwundbar“. Dennoch ist die Bruchgefahr signifikant geringer als bei allen anderen Materialien.

Alle Formschaumprodukte werden unter Hitze ab 70 °C verformbar (EPP ab 100 °C), was vor allem beim Bebügeln mit Heißklebefolie zu beachten ist.

Der Voll-GFK/CFK-Flieger

Bausätze in Voll-GFK/CFK-Ausführung stellen die zurzeit teuerste Ausstattungsvariante dar, der Grund dafür liegt in der aufwändigen Fertigungsmethode. Es gibt keine Möglichkeit, die Fertigung zu automatisieren, die Arbeit des Laminierens muss von Hand erfolgen und ist daher kostenintensiv. Dennoch handelt es sich zumeist um einen Bausatz, der zur Endmontage noch ein paar wenige, aber wichtige Arbeitsschritte erfordert: Tragflächenver-

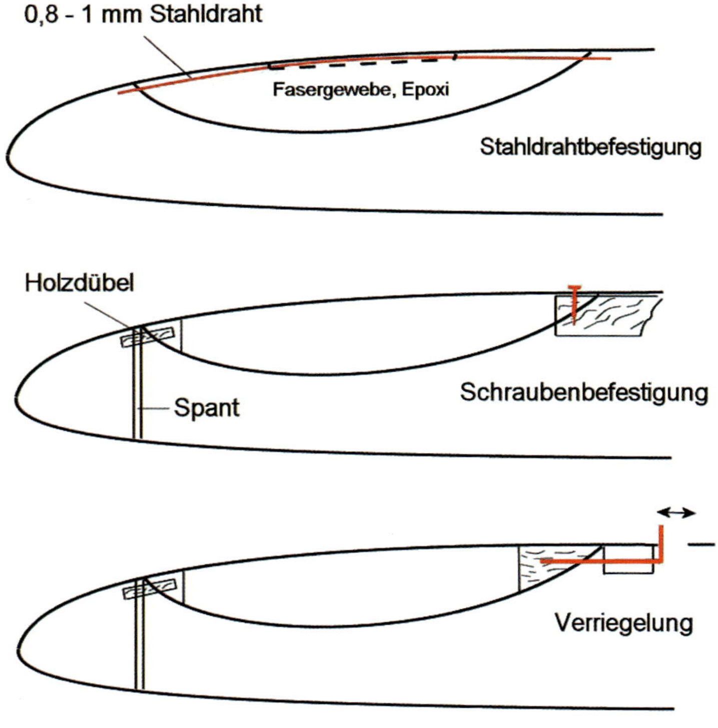

Kabinenhauben-befestigungen, drei oft gesehene Methoden.

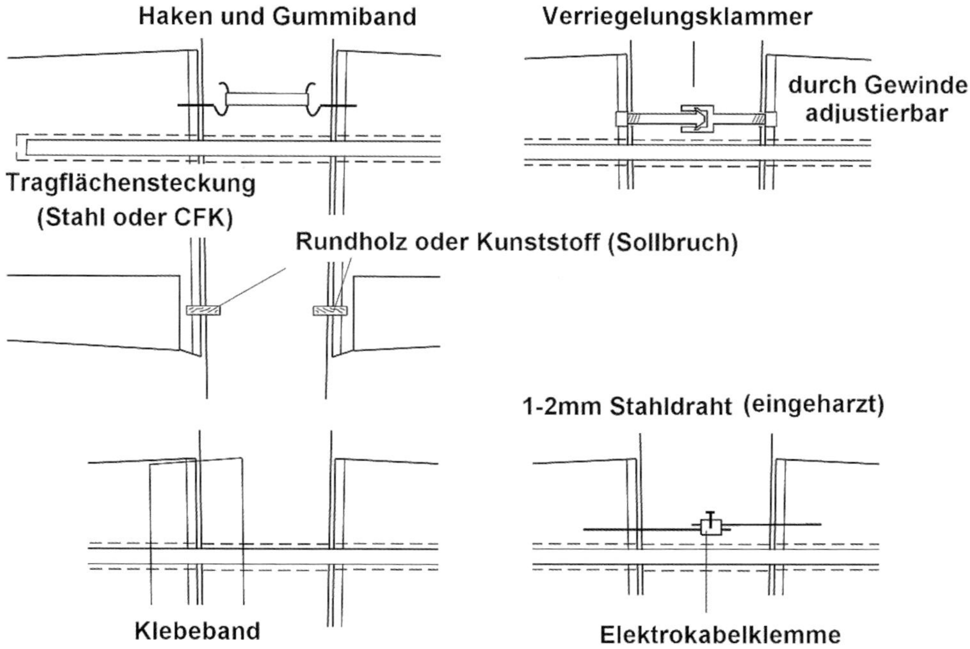

Beispiele Tragflächenverriegelung.

riegelung, Kabinenhaubenbefestigung, Anlenkungen und Ausrüstung mit RC-Komponenten bleiben oft noch zu bewerkstelligen.

Die Farbgebung der Oberflächen wird zumeist schon durch das Verfahren des Laminierens erledigt, auch die Ruderscharniere sind in das Laminat zumeist bereits spaltfrei eingearbeitet.

Auch bei Voll-GFK-Bausätzen gibt es eine gewisse Bandbreite, was die Ausführung der Bauteile und den Inhalt der Bausätze betrifft. Ein Blick in die Schachtel, beziehungsweise in die Produktbeschreibung des Herstellers sollte darüber Aufschluss geben.

Der Hubschrauberbausatz

Hubschrauber-Bausätze unterscheiden sich dadurch von allen vorangegangen Bausätzen, dass hier *nicht* gesägt, geschraubt, geschliffen, gelötet oder lackiert werden muss. Es handelt sich um reine Montagekästen, die viele vorgefertigte Bauteile enthalten. In der Regel folgt die Montage dem „Beutelchen-System“: Durchnummerierte Plastik-Beutelchen, die Bauteile und dazugehörige Schrauben, Muttern, Beilagscheiben, Kugellager usw. enthalten, werden der Reihe nach aufgemacht und verarbeitet. Ein sehr praktisches System, das Fehler bei der Montage größtenteils erst gar nicht zulässt. Beispiel: Man kann die Hauptrotorwelle gar nicht mit den falschen Schrauben am Hauptzahnrad fixieren, weil gar keine falschen Schrauben herumliegen, solange immer nur die Beutelchen geöffnet werden, die gerade an der Reihe sind. Das unbedingt erforderliche Werkzeug ist in der Regel im Montagekasten dabei, es kann sich dabei ohnehin nur um Sechskantschlüssel und Schraubenzieher handeln. Zur Sicherung der Schrauben muss Schraubensicherungslack verwendet werden, der ebenfalls zumeist dem Baukasten beiliegt.

Steht also keine Werkstatt zur Verfügung, kann der Hubschrauber in der Regel in zwei

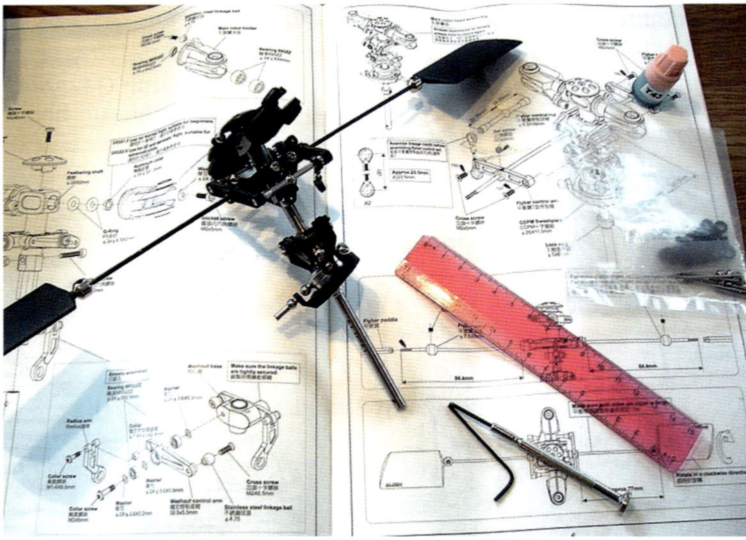

Rotorkopfaufbau mit „Beutelchensystem“.

bis drei Abenden auf dem Küchentisch montiert werden.

Auch die Ausrüstung des Hubschraubers mit RC-Komponenten erfordert keine Bastelarbeit im herkömmlichen Sinn, die Servos werden in genau passende Aussparungen im Rahmen des Hubschraubers geschraubt, die Anlenkungsstangen sind vorgefertigt und werden auf die Kugelköpfe der Mechanik gepresst.

Für die Verbindung, vor allem aber die Trennung von Kugelköpfen, erweist sich ein Werkzeug als nützlich, das zumeist nicht im Baukasten enthalten ist: Eine *Kugelkopfzange*, erhältlich im Fachhandel (siehe auch das Bild hierzu).
Der Ablauf einer Hubschrauber-Montage folgt in der Regel dem Schema:

- Rotorkopf
  (Kunststoff und/oder Aluminium)
- Taumelscheibe-Hauptrotorwelle-Hauptzahnrad
- Rahmen (aus Kunststoff, Aluminium oder GFK/CFK)
- Heckrohr (Alu, Messing oder CFK)
- Heckrotoreinheit/Zahnriemen
- Motoreinbau
- Servoeinbau
- Bordelektronik
  (Regler, Kreisel, Empfänger, Akku)

Viele Modellhubschrauber-Hersteller bieten eine vormontierte „ARF“-Version des Baukastens gegen Aufpreis an. Und Koaxial-Helikopter werden üblicherweise gar in einer echten RTF-Ausführung geliefert: Schachtel auf, Akku laden, fliegen.

Ausrüstungsphase

Es ist kein Zufall, dass dem Kapitel über den Einbau der Fernsteuer-Elektronik eine Beschreibung der grundsätzlichen Arbeitstechniken vorangeht: Spätestens bei der Ausrüstung des Modells, und sei es noch so „ARF“, kommen manche davon zur Anwendung. Ausnahmen bestätigen die Regel.

Servoeinbau

Von vitalem Interesse für die Steuerbarkeit des Modells, gemeinhin als „gut Fliegen“ bezeichnet, ist ein zielführender Einbau der Servos und deren Verbindung zu den Rudern, im Folgenden als *Anlenkung* bezeichnet. Ohne

Anlenkung keine Fernlenkung, und zwar mindestens zweimal pro Flieger. Ein Kunstflugmodell verfügt mindestens über vier Anlenkungen, Zusatzfunktionen wie Schleppkupplung oder Fahrwerk und kann die Anzahl der Anlenkungen spielend in den zweistelligen Bereich bringen. Gleich zur Praxis:

Servos werden prinzipiell immer mit Befestigungsmaterial inklusive einer Auswahl an Servoarmen geliefert. Dieses Material verwenden wir in der Regel auch, obwohl ein Servo auch eingeklebt oder „eingeschrumpft" werden kann. Bei dieser Befestigungsart wird der Servo vor dem Einkleben in seine Position mit Schrumpfschlauch umgeben. Die Klebestelle befindet sich anschließend auch nur am Schrumpfschlauch, nicht am Servo. Muss der Servo wegen eines Defektes später ausgetauscht werden, wird lediglich der Schrumpfschlauch aufgeschnitten und der Servo entfernt. Der neue Servo wird wie sein Vorgänger eingebaut. Bei Servos, die bei knappen Platzverhältnissen in eine Tragfläche montiert werden müssen, kommt diese Befestigungsart oft zum Einsatz. Weniger sensible Zeitgenossen kleben den Servo an seinem Gehäuse in die Tragfläche: Wenn der Servo tatsächlich kaputtgeht, wird auf die Schönheit des Gehäuses keine Rücksicht mehr genommen. Er wird dann mit einer Zange von seiner Klebestelle befreit, nach Möglichkeit ohne die Tragfläche zu beschädigen.

Mit Schrauben wird ein Servo im Rumpf befestigt, in einem mit leichtem Übermaß ausgeschnittenem Rahmen aus Pappel- oder Birkensperrholz. Um eine präzise Ruderanlenkung zu gewährleisten, ist es wichtig, dass der Servo fest sitzt. Die beiliegenden Gummihülsen können als Schutz gegen Vibration (z. B. durch den Antrieb) verwendet werden, dürfen aber keinesfalls „locker" sitzen. Inwiefern die Gummihülsen tatsächlich lebensverlängernd auf den Servo wirken, ist schwer nachvollziehbar. Taumelscheibenservos in Hubschrauben werden von vielen Piloten ohne Dämpfung, dafür felsenfest eingeschraubt. Jedes mögliche Spiel soll dadurch ausgeschlossen werden. Daher die allgemeine Richtlinie:

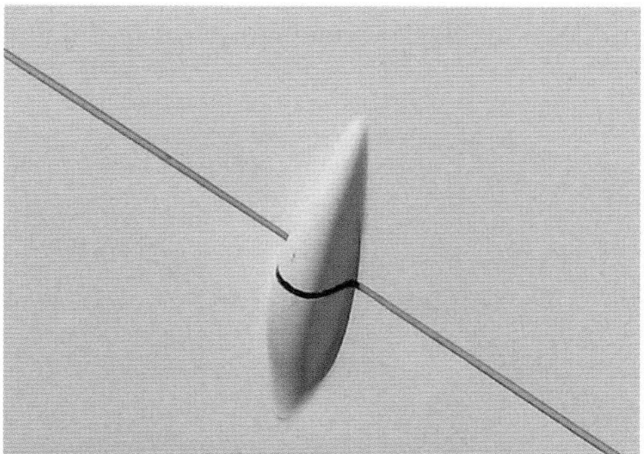

Aerodynamisch optimal verkleidete Querruder-Anlenkung.

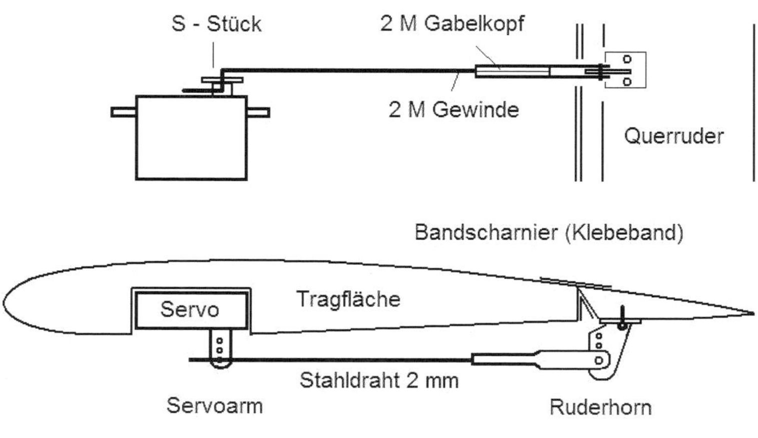

Einfache Querruderanlenkung mit 2-mm-Stahldraht.

Wenn Gummihülsen vorhanden sind und passen, werden sie verwendet, aber nur unter der Bedingung, dass die Befestigungsschrauben (mindestens zwei) fest und spielfrei darüber angezogen werden. Damit die Steuerung möglichst effektiv eingesetzt werden kann, was die Ruderwege betrifft, muss der Servo *selektiert* werden. Darunter versteht man eine Ausrichtung des Servoarmes zur Anlenkung im rechten Winkel bei Neutralstellung. Hier wird es zum ersten Mal sinnvoll, die Fernsteuerungsanlage in Betrieb zu nehmen, um die Neutralstellung des Servos zu bekommen. Dazu steckt man den Servo an einen senderseitig noch nicht vorprogrammierten Kanal des Empfängers und lässt den Steuerkanal neutral. Als Nebeneffekt wird die Funktion des Servos dabei geprüft, was verhindert, dass ein defekter Servo eingebaut wird und dann

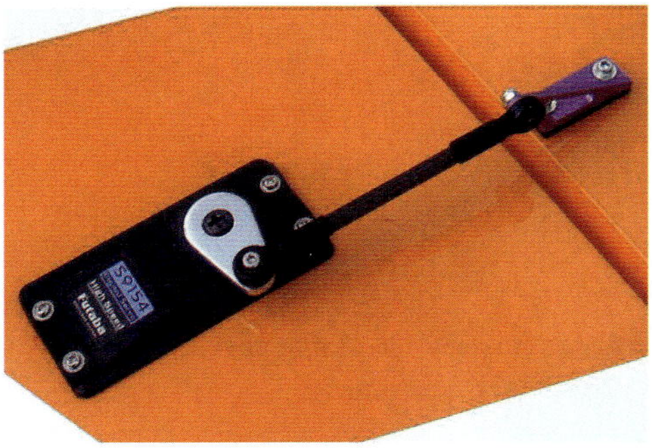

Spielfrei montierter Querruderservo an einem Kunstflugmodell.

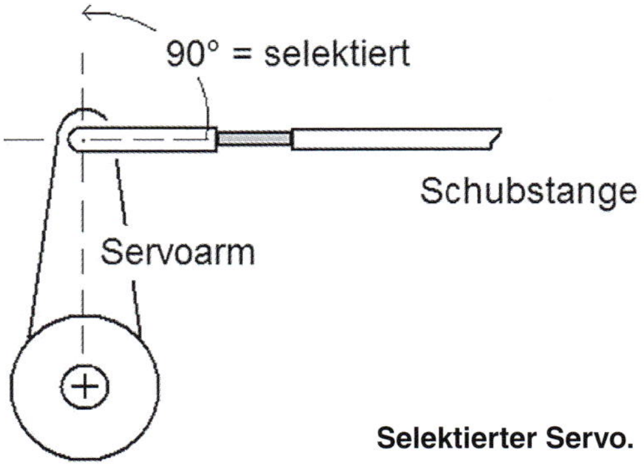

Selektierter Servo.

eventuell mühsam ersetzt werden muss. Nun kann der Servoarm so aufgesetzt und mit der Sicherungsschraube gesichert werden, dass er später rechtwinkelig zur Anlenkung steht. Die Lage des Servogehäuses selbst ist dabei unerheblich, es könnte auch schräg zur Anlenkung liegen. Nachdem der Servo auf diese Weise *selektiert* wurde, kann die Fernsteuerungsanlage wieder deaktiviert werden, bis der nächste Servo an der Reihe ist, eingebaut zu werden.

Neben der spielfreien Befestigung der Servos ist auch deren Anschluss an den Empfänger ein Thema für die Montage. Der günstigen Platzierung der Servos soll auf jeden Fall der Vorrang gegenüber Überlegungen betreffend der Kabellänge eingeräumt werden. Was im Klartext heißt: Servokabel verlängern. Sicher gibt es gebrauchsfertige Verlängerungskabel mit Buchse und Stecker. Aber eine weitere Steckverbindung bedeutet auch eine weitere Fehlerquelle, eine Einladung an einen Wakkelkontakt, und damit ein jähes Ende des Fluges. Das sichere *Verlöten* von Servokabeln ist daher zu bevorzugen. Die Servokabel sind dreiadrig, und jede Ader soll einzeln mittels Schrumpfschlauch isoliert werden. Der dreiadrige Strang verdient wiederum einen nächst größeren Schrumpfschlauch oder zwei Umdrehungen mit einem guten Isolierband.

Hat ein Servokabel längere Wege zu überwinden, sollte man es nicht anliegend an elektromagnetisch aktive Bauteile verlegen, da dies das Signal stören könnte. Darunter sind Elektromotoren und Regler, aber generell jede Art von Bordelektronik zu verstehen. Das Kabel selbst soll auch möglichst wenig Bewegungsfreiheit haben, um ein Aufbrechen von Lötstellen zu verhindern. Das Anlenkungsmaterial liegt in der Regel dem Baukasten bei. Es kommen Schubstangen aus Kohle, Holz, Kunststoff oder Stahl zum Einsatz, oder Bowdenzüge mit Führung und dem Innenteil, das *Seele* genannt wird. Bei Bowdenzügen ist die Leichtgängigkeit ein Thema, durch Aufrauen der Seele mit einem groben Schleifpapier kann die Leichtgän-

Selektierte Taumelscheibenservos an einem Helikopter, Direktanlenkung.

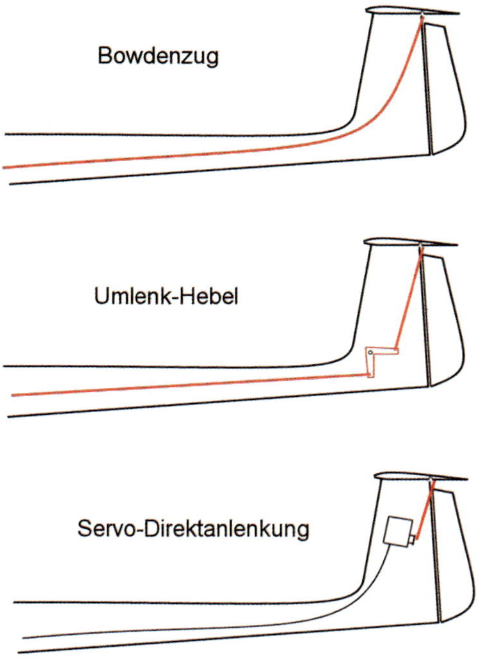

T-Leitwerks-Anlenkungen.

gigkeit verbessert werden. Es ist darauf zu achten, die Biegungen entlang des Bowdenzuges nicht zu knicken und diese sicher an mindestens drei Punkten mit Fünf-Minuten-Epoxi zu fixieren.

Bei vielen Modellen wird das Höhenruderservo direkt vor dem Höhenruder im Heck des Modells platziert. Dadurch entfällt der Reibungswiderstand durch einen langen Bowdenzug, und der Verlust durch die Elastizität einer langen Schubstange. Der Nachteil ist unter Umständen eine ungünstige Schwerpunkverschiebung, bzw. Gewichtszunahme wegen Ausgleich des Gewichtes durch zusätzliches Trimmblei im Bug des Modells. Sollte eine Direktanlenkung des Höhenruders angedacht sein, so ist auch zu bedenken, dass alle mechanischen Kräfte, die vom Höhenruder auf das Servo zurückwirken, beispielsweise beim Landestoß, direkt und ungedämpft dort ankommen. Es ist also nicht ratsam, auf ein sehr leichtes, und dadurch sehr zartes Servo zurückzugreifen, um zusätzliches Trimmblei zu vermeiden. Bei Seglern mit T-Leitwerk ab circa zwei Metern Spannweite kann ein Servo in der Regel im Seitenleitwerk eingebaut werden. Es ist im Falle eines Defektes über den Seitenruderabschluss zugänglich, nachdem man das Seitenleitwerk abnimmt.

Es gibt zahlreiche Einbaumöglichkeiten mit verschiedenen Vor- und Nachteilen, solange aber die Anlenkung spielfrei und leichtgängig ist, und der Servo *selektiert* wurde, erfüllen sie ihren Zweck.

Motorisierung

Hat unser Modell einen Antrieb, so wird uns die Montage des so genannten *Antriebsstranges* beschäftigen, Die Komponenten eines Antriebes sind in der Regel entlang einer fiktiven Linie angeordnet. Bei Elektromotoren ist die Lage des Akkus so gewählt, dass der Schwerpunkt des Modells dadurch eingehalten wird. Hochstromkabel vom Akku zum Flugregler können in ausreichender Länge verlegt werden, wobei darauf zu achten ist, den Empfänger nicht direkt zwischen den Stromkabeln zu platzieren, da diese ein elektromagnetisches Feld erzeugen und dadurch den Empfang stören können.

Für Brushless-Motoren ergeben sich zwei unterschiedliche Montagearten. In jedem Fall ist darauf zu achten, dass der bewegliche, meist im Rumpf liegende Teil des Außenläufers volle Bewegungsfreiheit hat. Den meisten im Handel erhältlichen Motoren liegen Montagematerial, also Schrauben, Mitnehmer und Spannkonus, für beide Montagearten bei.

Bei der Montage von Verbrennungsmotoren ist neben der absolut spielfreien Befestigung, die im Übrigen auch für den Elektromotor gilt, die Zuleitung des Treibstoffes mit Sorgfalt zu gewährleisten. Der Treibstofftank sollte so platziert sein, dass die Zuleitung, die in der Regel durch einen transparenten Silikonschlauch hergestellt wird, nicht geknickt werden kann, und so wenig Abstand wie irgend möglich zum Vergaser überwinden muss. Die häufigste Ursache für ein Versagen des Antriebes im Flug ist nämlich eine unterbrochene Treibstoffzufuhr. Und das kann, wenn das Modell in diesem Augenblick für eine Notlandung ungünstig positioniert ist, zum Verlust des Modells führen. Die Überlegung, den Tank genau im Schwerpunkt des Modells zu platzieren, um eine Schwerpunktverschiebung durch Leerfliegen des Tanks zu

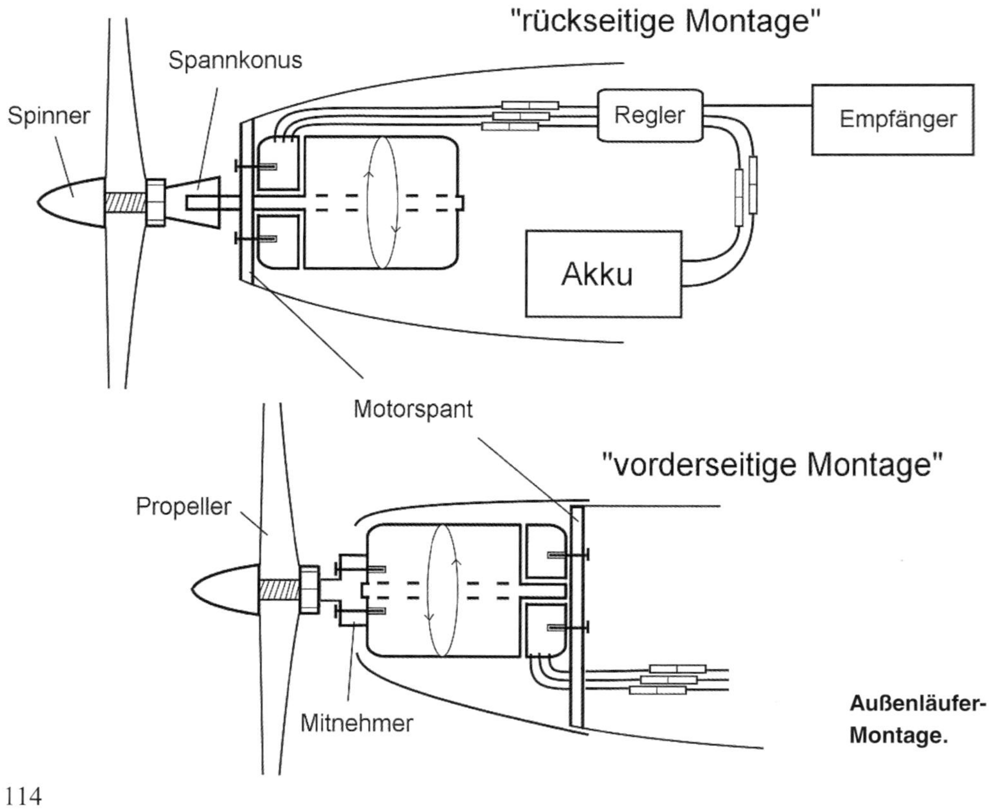

Außenläufer-Montage.

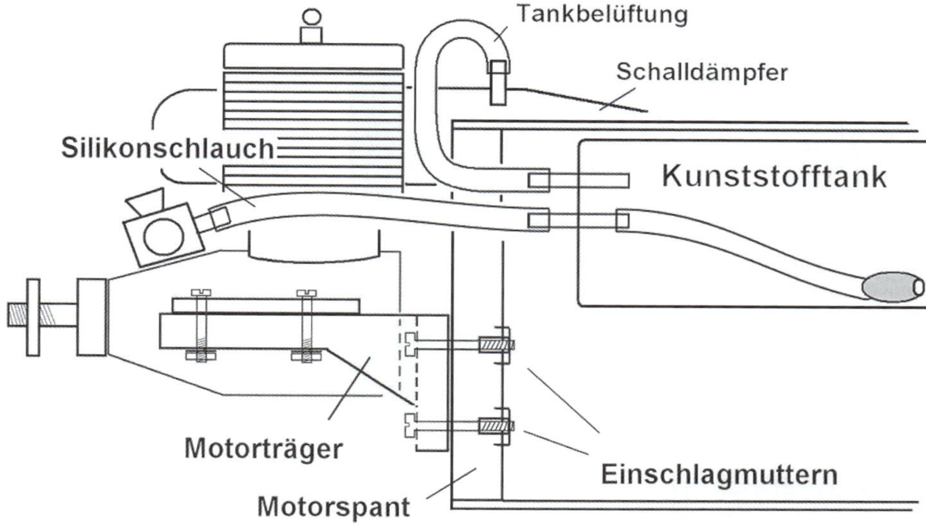

Klassische Montage eines Verbrennermotors.

umgehen, ist unbedingt zu verwerfen: Der Abstand zwischen Tank und Vergaser wird dadurch zu groß, es sei denn man verwendet eine Treibstoffpumpe, was nur in Ausnahmefällen praktiziert wird. Der beste Platz für den Tank liegt unmittelbar hinter dem Motorspant, in einer Höhe zum Vergaser. Die Treibstoffzuleitung bleibt dadurch kurz, der Vergaser kann den benötigten Treibstoff in jeder Fluglage ansaugen. Die Verwendung von Treibstofffiltern zwischen Tank und Vergaser stellt ebenfalls ein Risiko dar, denn der Filter wird mit der Zeit auch ohne Verunreinigung schwerer durchgängig, was wiederum zum Versagen des Antriebs im Flug führen kann. Wenn man darauf achtet, dass verunreinigter Treibstoff erst gar nicht in den Tank gelangt, kann auf Filter verzichtet werden. Besondere Antriebsarten wie Impeller oder Hubschrauberantriebe lassen in der Regel keinen Spielraum für Variationen in der Montage. Der Impeller muss genau an dem im Rumpf dafür vorgesehenen Platz, damit eine ideale Luftzu- und Abströmung gewährleistet ist.

Helikopterantriebe müssen ebenfalls an genau der für sie vorgesehenen Position im Rahmen des Helikopters absolut spielfrei montiert werden. Die Übertragung erfolgt über dem an die Motorwelle fest montierten Motorritzel, welches über das Hauptzahnrad an die Hauptrotorwelle angreift. Der Heckrotor ist entweder über einen Zahnriemen oder

Ein Messing-Antriebsritzel wird an der Motorwelle fixiert.

Das Ritzel greift am Hauptzahnrad an: Elektromotor im Hubschrauber.

Verbrennermotor im Hubschrauber.

eine Zahnwelle mit dem Antrieb verbunden, zumeist über eine Freilaufhülse, die im Falle eines Motorstillstandes den Motor aus der Verbindung zwischen Hauptrotor und Heckrotor entkoppelt, um so den Flugzustand *Autorotation* zu ermöglichen.Nun eine Frage, die uns stets beschäftigen wird: „Ist das Modell ausreichend motorisiert?" Die Bemessung der Antriebskraft eines Modells richtet sich nach seiner Größe, seinem Gewicht und seinem Einsatzbereich. Das historisch begründete „je mehr desto besser" ist nicht mehr zutreffend, da es sowohl im Bereich Verbrenner, und noch mehr im Bereich Elektroflug heute auch darum geht, den Antrieb auf das Modell und den Verwendungszweck abzustimmen. Ein zu hoher Leistungsüberschuss führt bei vielen Modellen zu einer dramatischen Verschlechterung der Handhabungseigenschaften, schlicht und eingedeutscht auch Handling genannt. Gerade die aufrichtenden und seitwärts gerichteten Drehmomente bei Lastwechsel mit starken Motoren können ein Modell „unfliegbar" machen, wenn seine Steuertechnik dem nicht Rechnung trägt.

Prinzipiell ist man gut beraten, die Motorisierungsvorschläge aus dem Bedienungshandbuch des Modells als Ausgangslage zu akzeptieren. Eine „Aufmotorisierung", also der Einsatz eines stärkeren Motors, hat außerdem eine Veränderung der Gewichts- und Platzverteilung im Rumpf zur Folge, die weitere Umbauten zur Unterbringung der Ausrüstung nötig machen könnte.

Die folgende Aufstellung gibt einen Anhaltspunkt zur sinnvollen Bemessung der Motorkraft für verschieden Modelltypen und Einsatzarten.

Bordelektronik

Je kleiner und feiner die elektronischen Bauteile wie Empfänger, Flugregler, BEC, Daten-Logger und Kreisel werden, desto emp-

Bemessung der Motorkraft
Langsame Motorsegler mit Hilfsmotor: **80-120 W/Kg**
Vorbildähnliche Modelle, Oldtimer und Einstiegsmodelle: **100-200 W/Kg**
Warbirds (Modelle, die den Kampfflugzeugen des 2. Weltkriegs nachempfunden sind): **200-300 W/Kg**
Vorbildähnliche Hubschrauber: **200-350 W/Kg**
Kunstflugtrainer: **200-350 W/Kg**
Elektrohotliner (senkrechte Steigflüge): **ab 400 W/Kg**
Motorkunstflugmodelle für den Wettbewerb: **ab 400 W/Kg**
Kunstflughelikopter: **ab 450 W/Kg**
Showflug und extremes 3D, Flächenflugzeuge und Helikopter: **ab 600 W/Kg.**

findlicher sind sie in der Regel. Es gilt daher bei der Montage, sie so gut wie möglich vor Vibrationen und Feuchtigkeit zu schützen. Das bedeutet zunächst, die Bauteile so zu platzieren, dass sie keine Bewegungsfreiheit haben. Für eine unkomplizierte Montage eignen sich Klettbänder und doppelseitige Klebebänder mit einer Schaumstoff-Dämpfungsschicht. Ein Kontakt mit den Stromkabeln eines Antriebsakkus sollte vermieden werden, diese stören durch ihr elektromagnetisches Feld nicht nur den Empfänger, sondern alle sensiblen elektronischen Bauteile. Einzelne Bauteile können zum Schutz vor Feuchtigkeit in Plastikbeutel gesteckt werden, die dann ihrerseits einen festen Platz im Rumpf bekommen und eventuell mit Dämmmaterial wie Schaumstoff oder Moosgummi verkeilt werden können. Bei der Verkeilung mit Dämmstoffen muss die Bewegungsfreiheit der Servos und der Anlenkung natürlich gewahrt bleiben. Auf dem Flugfeld kann in Ermangelung von Kunststoffen auch zerknülltes Zeitungspapier als Vibrationsdämmung von Bordelektronik genützt werden.

Besonderes Augenmerk ist im Bereich Bordelektronik der Verlegung der Empfangsantenne zu widmen. Schlecht verlegte Antennen reduzieren die Reichweite der RC-Anlage deutlich. Bei 35/40-MHz-Anlagen ist das Antennenkabel in der Regel 80 bis 100 cm lang. Es soll abgewickelt, also gestreckt verlegt werden. Holzrümpfe und Formschaummodelle eignen sich ohne nennenswerte Verluste für eine innenliegenden Verlegung, wobei das Antennenkabel zum Schutz gegen Lageveränderung idealerweise in einem Bowdenzugröhrchen geführt wird. Die letzten Zentimeter können ohne weiteres am Heck aus dem Rumpf herausgeführt und hinter dem Modell hergezogen werden.

Auch GFK-Rümpfe sind noch für die innenliegende Antennenverlegung geeignet, wobei es hier insbesondere bei stabilen, dicken Laminaten zu Abschirmungseffekten kommt. Es wird empfohlen, das Antennenkabel an geeigneter Stelle aus dem Rumpf zu führen, so dass es noch etwa ein Drittel seiner Länge außen verläuft. Nurflügler aus Formschaum oder EPP können das Antennenkabel in einem mit einem scharfen Messer gezogenem Schnitt direkt in der Substanz des Flügels unsichtbar und effizient aufnehmen.

Problematisch kann die Verlegung in einem Rumpf aus Kohle oder Aramid (Kevlar™) werden. Hier ist darauf zu achten, das Antennenkabel so bald wie möglich aus dem Rumpf herauszuführen, da CFK und Kevlar™ eine stark abschirmende Wirkung haben. Das trifft im Besonderen auf Empfangsanlagen mit

2,4-GHz-Technologie zu. Diese Empfänger haben in der Regel zwei kurze Antennen, die zueinander gekreuzt außen am Rumpf verlegt werden müssen, um eine gute Empfangsreichweite zu gewährleisten. Im Fachhandel angebotene Antennenverlängerungen können helfen, die Einbaulage des 2,4-GHz-Empfängers zu optimieren. Systeme mit innenliegender Knopfantenne sind für CFK oder Kevlar™-Rümpfe ungeeignet.

Modellhubschrauber werden in der Praxis zwar kaum bis zur Reichweitengrenze getrieben, dennoch sollte die Antenne abgespult und in einem gewissen Abstand zum Motor verlegt werden, dabei kommen häufig Kunststoffröhrchen (Bowdenzugröhrchen) als Antennenmasten zum Einsatz, die entlang einer Kufe montiert werden. Wird ein Antennenkabel direkt an ein CFK-Rohr längsseits angeklebt, kann das Kohlefaserrohr in bestimmten Fluglagen zu einer Abschattung des Signals führen. Für das Gelingen des Fluges selbst ist beim Modellhubschrauber ein kleiner Baustein namens Kreisel verantwortlich: Er ist zwischen Empfänger und Heckservo geschaltet und steuert das Heckservo an, auch wenn seitens des Senders kein Steuersignal kommt. Die korrekte Montage, sowie eine gute korrekte Anpassung der Einstellungsmöglichkeiten des Kreisels, sind ausschlaggebend für einen gelungenen Drehmomentausgleich. Bis vor wenigen Jahren waren es noch Kreisel mit *Piezo-Technologie*, die als Krone der Kreiselelektronik teuer gehandelt wurden. Seit dem Erscheinen von moderneren Systemen wie der SMM-Technologie wurden die Piezo-Kreisel zwar nicht schlechter, aber kostengünstiger. SMM steht für „Silicon Micro Machine", was noch keinen Schluss über die Funktionsweise dieser Technik zulässt. Die Charakteristik der SMM-Technologie ist ihr Aufbau aus mikroskopisch kleinen, mechanischen Bauteilen, die in der Regel durch Ätzung aus einer Silizium-Matrix entstehen. Die Bauteile haben eine Größe von 0,001 bis 0,1 Millimeter und sind durch elektronische Bausteine wie Transistoren und Mikroprozessoren miteinander verknüpft, weshalb diese Technologie im anglikanischen Sprachraum als „Micro-Electro-Mechanical Systems" (MEMS) bezeichnet wird. MEMS-Technolgie kommt unter anderem bei der Messung von Beschleunigungskräften zur Auslösung von Airbag-Systemen in Autos zur Anwendung. In Japan, dem Herstellungs- und Entwicklungsland eines marktführenden SMM-Kreisels, blieb man bislang beim Ausdruck *„micro machines"*.

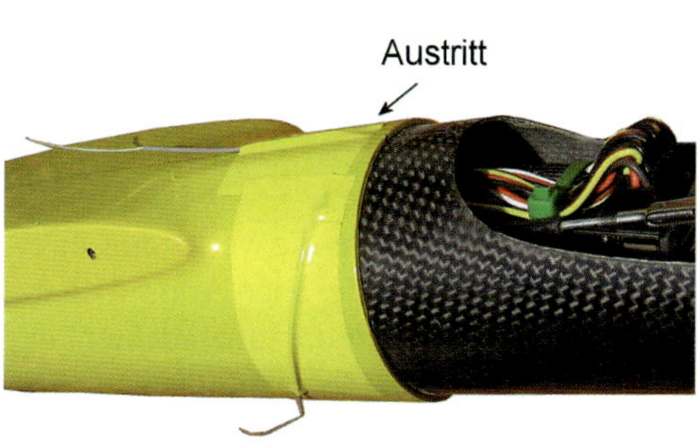

Außenliegende Antennenverlegung an CFK-Rumpf.

Ein SMM-Kreisel könnte also zu deutsch auch als mikromechanischer Siliziumkreisel bezeichnet werden. Zum Unterschied von Kreiseln, die piezo-elektrische Elemente verwenden, sind SMM-Kreisel nicht temperaturempfindlich. Piezo-elektrische Elemente, wie zum Beispiel Kristalle aus Bariumnitrat, erzeugen unter mechanischem Druck elektrische Spannung, die zur Messung einer Richtungsänderung verwendet werden kann. Bei Temperaturschwankungen ändert sich aber die piezo-elektrische Eigenschaft der Kristalle, was dazu führt, dass die Empfindlichkeit des Piezo-Kreisels nachreguliert werden muss.

Die Messmethode eines SMM-Kreisels besteht im Aufbau einer Schwingung („Oszillation") in einer zweidimensionalen Ebene durch eine schwingende Masse, ähnlich dem Schwing-Quarz eines Schmalbandempfängers. Wird der Kreisel in eine Richtung gedreht, so behält die Schwingung ihre Schwingungsebene bei, und die Abweichung der Schwingungsebene zur Lage des Kreisels kann gemessen werden. Die Messdaten werden vom integrierten Mikroprozessor in Steuersignale für den Heckservo umgewandelt.

Sowohl Piezo- als auch SMM-Kreisel können mit der Funktion „Angular Vector Control System“ (AVCS) ausgestattet sein, mit deren Hilfe die Abdrift des Hecks durch Seitenwind nicht nur gebremst, sondern vollständig aufgehoben werden kann. Kreisel ohne AVCS reagieren nur auf eine bereits erfolgte Winkeländerung um die Hochachse, was bei stetigem Seitenwind dazu führt, dass sich das Heck wie eine Windfahne zwar langsam, aber sicher aus dem Wind dreht. Im Detail bedeutet das: Die Winkeländerung um den Winkel von einem Grad wird vom Kreisel gemessen und ein entsprechendes, ausgleichendes Steuersignal an den Heckservo geschickt. Die erfolgte Drehung um dieses eine Grad wird aber nicht rückgängig gemacht. Die nächstfolgende Abdrift wird wieder registriert und ausgeglichen, aber nicht auf die Ausgangslage zurückgestellt. So kommt es zu einer allmählichen Lageänderung des Hubschraubers, weil der Kreisel immer nur auf bereits erfolgte Lageänderungen reagiert.

Arbeitet ein Kreisel im AVCS-Modus, so reagiert er auf die Lageänderung mit einem rückführenden Steuersignal an das Heckservo. Beträgt also die gemessene Abdrift ein Winkelgrad, so wird die Abdrift nicht nur gestoppt, sondern die ursprüngliche Lage des Hubschraubers wieder hergestellt, also um ein Winkelgrad zurückgesteuert. Durch die hohe Kreiselempfindlichkeit für Lageänderungen von wenigen Bruchteilen von Winkelgraden ist die Abdrift und Rückführung so klein, dass sie vom menschlichen Auge nicht mehr wahrgenommen wird: Das Heck steht auch bei Seitenwind im Idealfall wie „angenagelt“.

Weitere Anwendungsgebiete der MEMS-Technologie sind Kreiselsysteme, die nicht nur die Beschleunigung über die Hochachse, sondern über alle drei Achsen im Raum messen und ausgleichen. Diese Funktion kann zur

Rotorkopfmechanik ohne Hiller-Paddel.

Unterstützung der Steuereingaben des Piloten genützt werden, der Hubschrauber steuert und stabilisiert sich selbstständig über NICK, ROLL und YAW, wenn der Pilot die Steuerknüppel loslässt. Auch bei den in Mode kommenden Rotorkopfmechaniken ohne Paddel wird diese elektronische Stabilisierungstechnik eingesetzt, um die fehlende dämpfende Wirkung des Hiller-Paddels auszugleichen.

Die Attraktivität dieser im Fachjargon mit *flybarless* bezeichneter Systeme (engl. für „ohne Paddelstange“) liegt in der größeren Agilität und der geringfügig längeren Akkulaufzeit, da durch das Fehlen des Paddels etwas weniger Widerstand erzeugt wird. Dem gegenüber steht ein etwas höherer Stromverbrauch durch die Taumelscheibenservos beim akrobatischen 3D-Flug.

Neben diesen im Helikopter-Bereich eingesetzten elektronischen Bauteilen wird auch im Flächenflug stark elektronisch nachgerüstet. Kreiselsystem oder lichtempfindliche Sensoren können die Stabilisierung über einzelne oder alle Steuerebenen übernehmen. Die Verbreitung solcher „Autopiloten“ ist im Hobbybereich jedoch nicht besonders stark, da Flächenflugzeuge im Gegensatz zum Hubschrauber eine gewisse Eigenstabilität aufweisen und elektronische Stabilisatoren für den Flug nicht notwendig sind. Die Kosten für solche Systeme können gut die Gesamtkosten des Modells verdoppeln, und schließlich möchte man ja auch selber steuern. Bei sehr kostenintensiven Projekten wie Großmodellen oder Jets relativiert sich diese Ausgabe wieder.

Abgesehen von Bordelektronik, die direkt in die Steuerung des Flugzeuges eingreift, wie Kreiselsysteme oder Autopiloten, gibt es zwei weitere große Gruppen von Anwendungen: *Redundanz* und Messtechnik.

Der Ausdruck *Redundanz* wird gut mit der Überlegung „zwei Akkus sind besser als einer“ beschrieben. Wie in der personentragenden Fliegerei können verschiedene Systeme wie Stromversorgung, Empfänger und auch Servos so abgesichert werden, dass im Falle einer Fehlfunktion ein gleichwertiges System dessen Aufgabe übernimmt. Elektronische Schalter wie so genannte „Akkuweichen“, koppeln zwei Akkus miteinander. Der Einsatz von zwei zusammengeschalteten Empfängern wird als *Empfänger-Diverstity* bezeichnet. Getrennt angesteuerte Höhenruder schaffen eine Redundanz bei Ausfall eines Höhenruderservos, wenn auch nur mit eingeschränkter Manövrierbarkeit. Es ist unter anderem auch eine Frage des Budgets, wie viel Redundanz man braucht und wie viel das kosten darf. Es ist zu bedenken, dass ein sorgfältiger Umgang mit einzelnen, qualitativ hochwertigen Komponenten auch eine akzeptable Vorkehrung zur Gewährleistung der Funktion und dadurch für die Sicherheit des Modellflugsports darstellt.

Mit dem Marktauftritt kleiner und billiger elektronischer Sensoren und Speichermedien wurden auch für den Modellflug entsprechende Anwendungen geschaffen. Alles was mit Strom zu tun hat, kann einfach über zwischengeschaltete Kabel abgenommen, gemessen und aufgezeichnet werden. Die Auswertung der Daten erfolgt entweder über kleine Displays oder Leuchtdioden am Modell selbst, oder idealerweise am PC. Dabei stellt sich heraus, wie der Entladungsverlauf eines LiPo-Akkus im Flug tatsächlich ablief, oder welche Stromstärken in bestimmten Flugphasen tatsächlich auftraten. Besonders bei der Erprobung der Prototypen durch den Hersteller können dadurch die Angaben für die Motorempfehlung optimiert werden. Im Hobby-Bereich ist der praktische Wert der Erkenntnisse aus den Informationen der Daten-Logger oft von der reinen Neugier abhängig. Eine Verbesserung seiner eigenen Steuertechnik kann man sich davon nicht erwarten, und eine Neukonfigurierung der Ausrüstung bei einem nach Herstellerangaben ausgerüsteten Modell ist eher unwahrscheinlich. Neben den Stromflüssen kann mit besonders druckempfindlichen Sensoren die relative Flughöhe und die Steigrate bestimmt und aufgezeichnet werden. Das Instrument zur Messung der Steigrate wird auch in der Großfliegerei Variometer genannt und ist für den Thermikflug seit Jahrzehnten ein willkommener Helfer. Schon lange vor dem Erscheinen von Daten-Loggern wurden einfache elektronische Schaltungen dazu verwendet, Veränderungen im statischen Luftdruck zu messen und als akustisches Signal auszugeben.

Häufige Montagefehler

Versagen der Klebestelle: Durch ungeeigneten Klebstoff, aber vor allem durch eine schlechte Vorbereitung der Klebestelle. In fast allen Fällen muss die Klebestelle durch Schleifpapier aufgeraut werden, damit es zu einer verzahnten Verbindung kommt. Nagt der Zahn der Zeit schon am Modell, trocknen der Kleber und das Grundmaterial aus und es kommt zu altersbedingten Brüchen. Manche Brüche bleiben unbemerkt, da sie von Bespannmaterial, Lack oder Schmutz verdeckt sind.

Sollbruchstelle „behoben“: Der Versuch, bruchgefährdete Stellen zu festigen, führt oft zu einem Bruch an einer anderen, viel ungünstigeren Stelle. Meist sind in der Konstruktion so genannte „Sollbruchstellen“ berücksichtigt, und betreffen Bauteile, die kostengünstig, schnell und einfach ausgewechselt werden können. Werden zum Beispiel die für eine Tragflächenbefestigung vorgesehenen Nylonschrauben gegen Stahlschrauben ausgewechselt, so können diese zwar bei starker Belastung nicht durch das Gewinde rutschen, dafür bricht die Tragfläche.

Ungeeignete Unterlage: Montagearbeiten sollten stets auf einer plangeraden, stabilen Unterlage durchgeführt werden, sonst ist ein Verzug im Werkstück unvermeidlich. Wird beim Bohren, Löten und Kleben die Unterlage beschädigt, schadet das zwar nicht dem Modell, wohl aber dem darunter liegenden Möbelstück. Eine starke Leimholzplatte aus dem Baumarkt erfüllt hier zumeist den Zweck.

Schleifunfälle: „Dreimal geschliffen und immer noch zu wenig“. Ist die Substanz einmal abgeschliffen, wächst sie nicht mehr nach. Abhilfe schafft hier häufiges Kontrollieren beim Schleifgang selbst, und Spachtelmasse, wenn's schon passiert ist.

Ungeduld: Im ersten Enthusiasmus über das schöne Modell übersieht man gerne einmal eine Beilagscheibe, ein einzuziehendes Bowdenzugrohr oder eine Schraubensicherung. Es ist zu empfehlen, vor der Durchführung eines Arbeitsganges sich die nächsten und übernächsten Arbeitsschritte zu vergegenwärtigen. Hat man einen guten Gesamtüberblick über die anstehende Montage, so halten sich Flüchtigkeitsfehler in Grenzen.

Einstellungsphase

Obwohl wesentliche Einstellungen schon im Zuge der Ausrüstung erfolgten, wie zum Beispiel die Ausrichtung der Servoarme, liegen jedenfalls noch zwei entscheidende Arbeitsschritte vor uns: Die Auswägung und die Programmierung der RC-Anlage.

Auswägung

Selbst die höchste Steuerkunst im Flug kann eines nicht schaffen: Eine Änderung der Schwerpunktlage im Flug. Ist der Schwerpunkt falsch gesetzt, hat das fatale Folgen auf die Flugeigenschaften. Aus diesem Grund ist bereits hier ein Exkurs zum Thema Flugstabilität erforderlich.

Ein Flugmodell hat drei Stabilitätsachsen: Die Stabilität um die Hochachse oder Richtungsstabilität, die Stabilität um die Längsachse oder Rollstabilität, und die Stabilität um die Querachse, oder Längsstabilität.

Durch richtige oder falsche Auswägung beeinflussen wir gleich alle drei Achsen, am folgenschwersten aber die Längsstabilität. Als extremes Beispiel sehen wir uns einen Wurfpfeil an: Der Schwerpunkt liegt weit vorne. Die Flugeigenschaften bezogen auf Längsstabilität: Extrem stabil. Kaum eine Böe wird den Pfeil signifikant von seiner Flugbahn ablenken. Er würde auch Steuerbefehlen an seinen Stabilisierungsflügeln kaum gehorchen. Hohe Längsstabilität geht also offenbar zu Lasten der *Manövrierbarkeit*. Wird er jedoch verkehrt herum abgeschossen, also mit einem Schwerpunkt weit hinten – unfliegbar, mit und ohne Böe.

Die korrekte Lage des Schwerpunktes für ein entsprechendes Modell ist im Bauplan bezeichnet, auch bei Fast-Fertig oder Fertig-Ausführungen. Durch variieren der Schwerpunktlage kann man unter Umständen die Flugeigenschaften für seinen Einsatzzweck optimieren, jedenfalls verändern. Um hier nicht ganz im Dunkeln zu tappen, muss ein Konstruktionsmerkmal ins Augenmerk gefasst werden: Die Einstellwinkeldifferenz, kurz und im Folgenden nur mehr als EWD bezeichnet.

EWD, Schwerpunkt, Druckpunkt und Neutralpunkt

Per luftfahrttechnischer Definition ist die EWD die Winkeldifferenz zwischen der Nullauftriebslinie der Tragflächen und der Nullauftriebslinie des Höhenleitwerkes.(9)

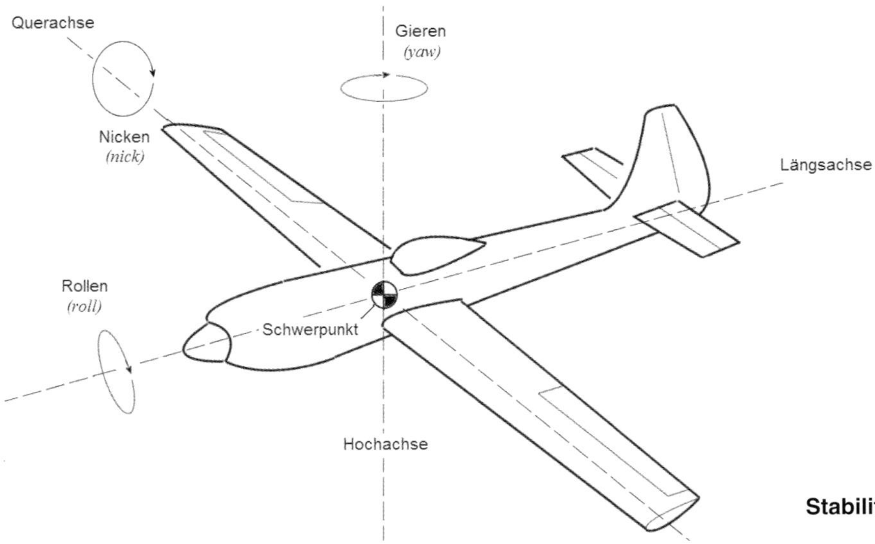

Stabilitätsachsen.

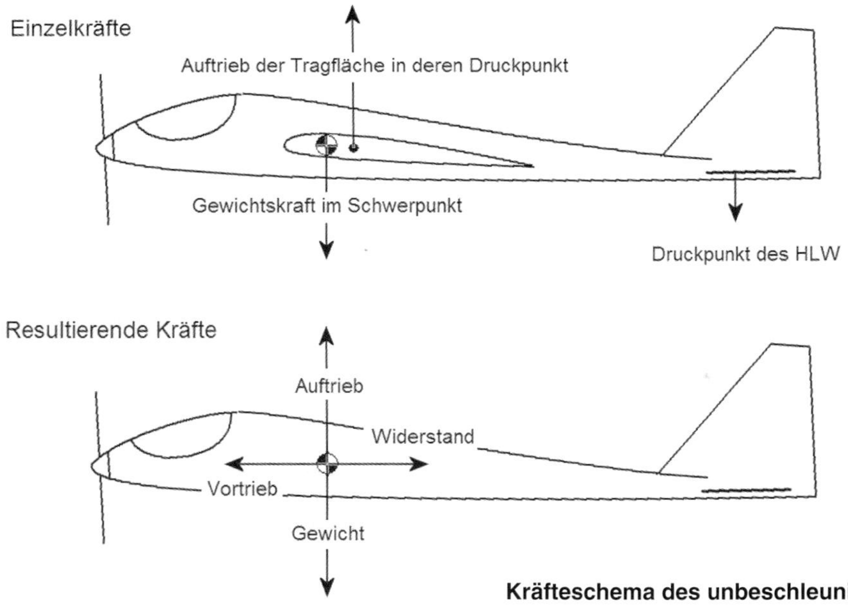

Kräfteschema des unbeschleunigten Fluges.

Diese Linie verläuft parallel entlang jener Strömungsrichtung, die herrschen muss, um am Profil keinen Auftrieb zu erzeugen. Bei symmetrischen Profilen entspricht sie genau der Profilsehne. Bei stark gewölbten Profilen kann die Nullauftriebslinie geringfügig von der Profilsehne abweichen. Diese Abweichung ist so schwach, dass sie für unsere Zwecke vernachlässigt werden kann. Wir können die Profilsehne eines üblichen Tragflächenprofiles einfach bestimmen, in dem wir den vordersten Teil der Nasenleiste mit dem hintersten teil der Tragflächenhinterkante mit einer Geraden verbinden. Für die Praxis ist folgende Vereinfachung erlaubt:

(9) vergl. Alasdair Sutherland: Grundlagen des Modellfliegens

Die EWD ist die Winkeldifferenz zwischen der Profilsehne der Tragflächen und der Profilsehne des Höhenleitwerks.

In vielen Bauplanzeichnungen wird als Referenz eine so genannte Rumpfmittellinie gewählt, weil die Messung des Winkels an dieser Linie in der Praxis leichter durchzuführen ist als am Höhenleitwerk. Eine Rumpfmittellinie oder eine andere, willkürlich eingezeichnete Referenzlinie hat keine Bedeutung im Sinne der Längsstabilität, sie ergibt sich in der Regel aus dem konstruktiven Aufbau des Rumpfes. Die Größe des Rumpfes und die Einbaulage der Tragflächen haben auf die Längsstabilität Einfluss, wie wir später am Beispiel eines Jet-Modells oder eines mehrmotorigen Modells erkennen werden. Liegt der Rumpf ungünstig entlang der Strömungsrichtung, erhöht sich der Gesamtwiderstand des Models. Besonders gekrümmte Rümpfe können auch den Gesamtauftrieb geringfügig erhöhen, ebenfalls aber zu Lasten des Widerstandes. Der Rumpf hat eine ausrichtende Wirkung auf die Fluglage entlang der Längsachse. Die EWD hat mit der Lage des Rumpfes im Luftstrom nur insofern zu tun, als die EWD kleiner oder größer sein darf, wenn der Rumpf die ausrichtende Wirkung des Höhenleitwerks unterstützt oder aufhebt. Wozu die EWD taugt, wird am besten durch ein Kräfteschema des unbeschleunigten Fluges sichtbar.

Dazu stellen wir gleich noch eine Kerngröße der Stabilität vor – den Druckpunkt. Hier greifen alle aerodynamischen Kräfte, insbesondere die Auftriebskraft, an. Der Druckpunkt hat nur leider eine Unart: Er wandert mit der Änderung des Anstellwinkels bei Profilen, die nicht *druckpunktfest* sind. Und diese Profile sind in der Mehrheit, nur symmetrische Profile und Profile mit S-Schlag sind annähernd druckpunktfest. Wir können daher den Druckpunkt allgemeingültig zur Bestimmung einer sinnvollen Schwerpunktlage nicht verwenden, da der Schwerpunkt nicht mitwandern kann. Er wird ja durch die Auswägung vor dem Flug festgelegt. Die Lösung bietet ein Geschenk der Natur: Der **Neutralpunkt**, felsenfest bei fast allen Profilen bei 25 % MAC zu finden, bei einer Abweichung von 0,8 %. Man kann ihn definieren, indem man die sonst ruhenden Kräfteparallelogramme in Bewegung bringt, indem man den Anstellwinkel erhöht. Der Neutralpunkt ist der Punkt, an dem bei einer Anstellwinkelvergrößerung der Zusatzauftrieb angreift.

Der Auftrieb vor der Anstellwinkelvergrößerung und der Zusatzauftrieb resultieren in einem neuen Gesamtauftrieb. Der Angriffspunkt dieses neuen Gesamtauftriebes liegt nun vor dem bisherigen Angriffspunkt. Der

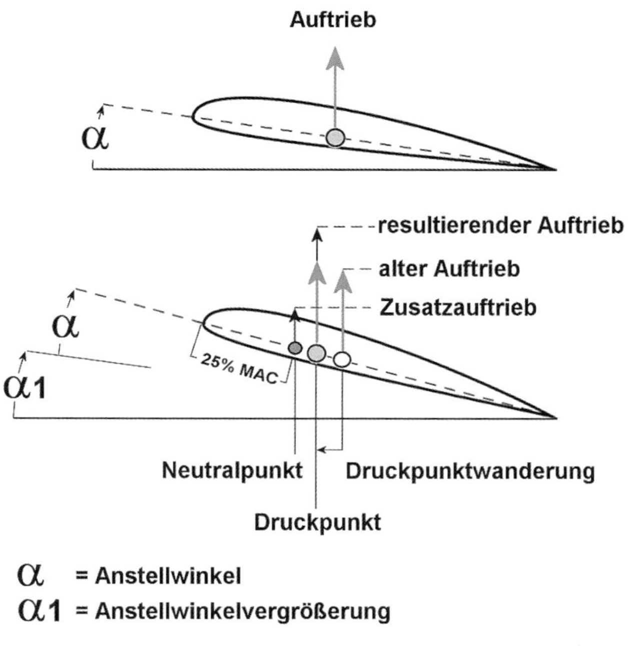

Neutralpunkt (Zusatzauftrieb).

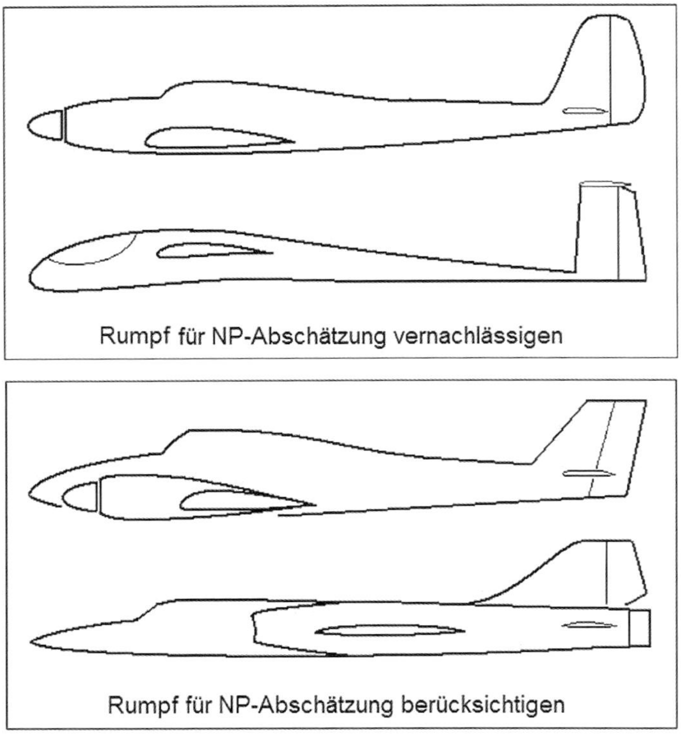

Tragflächen/Rumpf-konfigurationen.

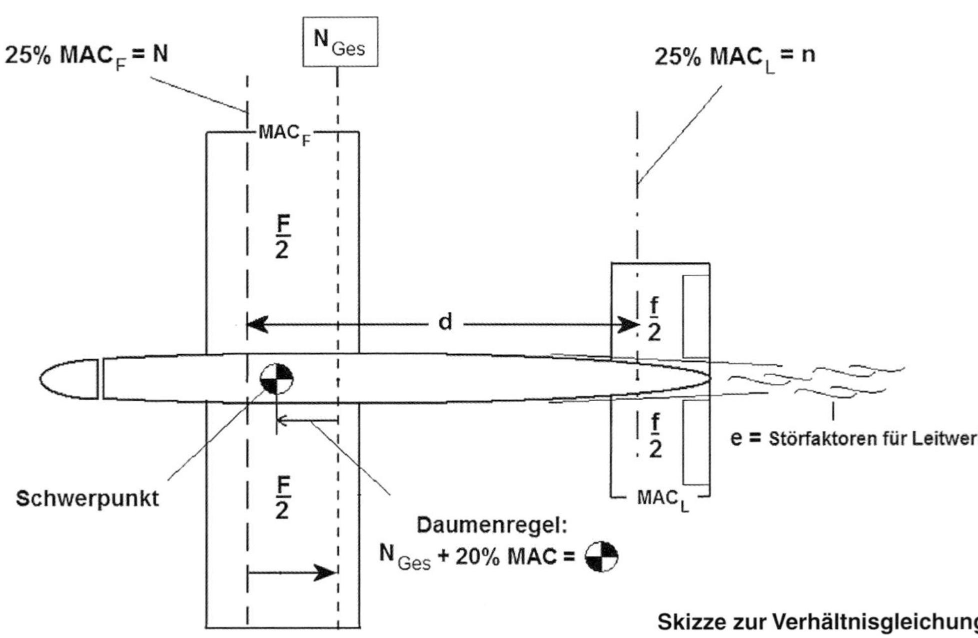

Skizze zur Verhältnisgleichung zur Abschätzung des NP.

neue Druckpunkt, an dem der neue Gesamtauftrieb angreift, hat sich dadurch nach vorne verschoben.

So ist also die Lage des Neutralpunktes verantwortlich für die Druckpunktwanderung bei nicht druckpunktfesten Profilen. Als Referenz für den Schwerpunkt muss bei Flugmodellen der Gesamtneutralpunkt, resultierend aus dem Neutralpunkt der Tragflächen, des Rumpfes und des Höhenleitwerkes, herangezogen werden. Hat das Höhenleitwerk einen besonders großen Flächeninhalt, bringt das den Gesamtneutralpunkt nach hinten. Zur Berechung wird eine Verhältnisgleichung der Flächeninhalte unter Berücksichtigung des Hebelarmes des Rumpfes angestellt. Ein langer Rumpf erhöht dessen Hebelwirkung auf den Gesamtneutralpunkt und führt ebenfalls zu einer Verschiebung nach hinten.

Anhand der Verhältnisgleichung kann der Neutralpunkt jedes Flugmodells annäherungsweise berechnet werden, wenn man die Dimension der Tragflächen und des Höhenleitwerkes kennt, gerne werden dafür auch kleine Computerprogramme verwendet. Die Ungenauigkeit ergibt sich aus der Schätzung der Effizienz des Höhenleitwerkes unter Einfluss der verschiedenen Störfaktoren.

Der Neutralpunkt des Rumpfes wurde bei der folgenden Gleichung ebenfalls vernachlässigt. Bei Rümpfen, die zu einem großen Teil vor dem Neutralpunkt der Tragflächen liegen, kommt es zu einer deutlichen Verschiebung des Gesamtneutralpunktes nach vorne, bezogen auf die MAC. Beispiele dafür sind die meisten Jet-Modelle und mehrmotorige Modelle mit massigen Motorgondeln und Rumpfspitzen. Die Motorgondeln wirken aerodynamisch wie kleine Rümpfe, die ebenfalls den Neutralpunkt verschieben.

Ist die Abschätzung des Gesamtneutralpunktes einmal bekannt, so ist die Festlegung des Schwerpunktes in Zusammenhang mit den Stabilitätsgraden ein Kinderspiel:

- Schwerpunkt liegt vor dem Neutralpunkt: **stabil**
- Schwerpunkt liegt im Neutralpunkt: **labil**
- Schwerpunkt liegt hinter dem Neutralpunkt: **instabil**

Leider gibt es neben den bereits bekannten Wirbelschleppen der Tragfläche noch weitere Faktoren, die sich mindernd auf die Effizienz des Höhenleitwerks im Sinne der Längsstabilität auswirken. Zum einen wird die anströmende Luft nicht nur verwirbelt, sie wird

Verhältnisgleichung: Abschätzung des Neutralpunkts
F = Flächeninhalt der Tragflächen
f = Flächeninhalt des Höhenleitwerks
N = Neutralpunktlage der Tragfläche
n = Neutralpunktlage des Höhenleitwerks
d = Distanz zwischen N und n
e = Effizienz des Höhenleitwerkes, geschätzt

$$N_{Gesamt} = N - \frac{d \cdot f \cdot e}{F + f \cdot e}$$

Anmerkung:
Das Vorzeichen ‚Minus' (-) bedeutet im Zusammenhang mit Positionsangaben entlang der MAC immer eine Verschiebung in Richtung Heck, die Formel gibt also eine Position hinter dem Neutralpunkt der Tragflächen (N) an.

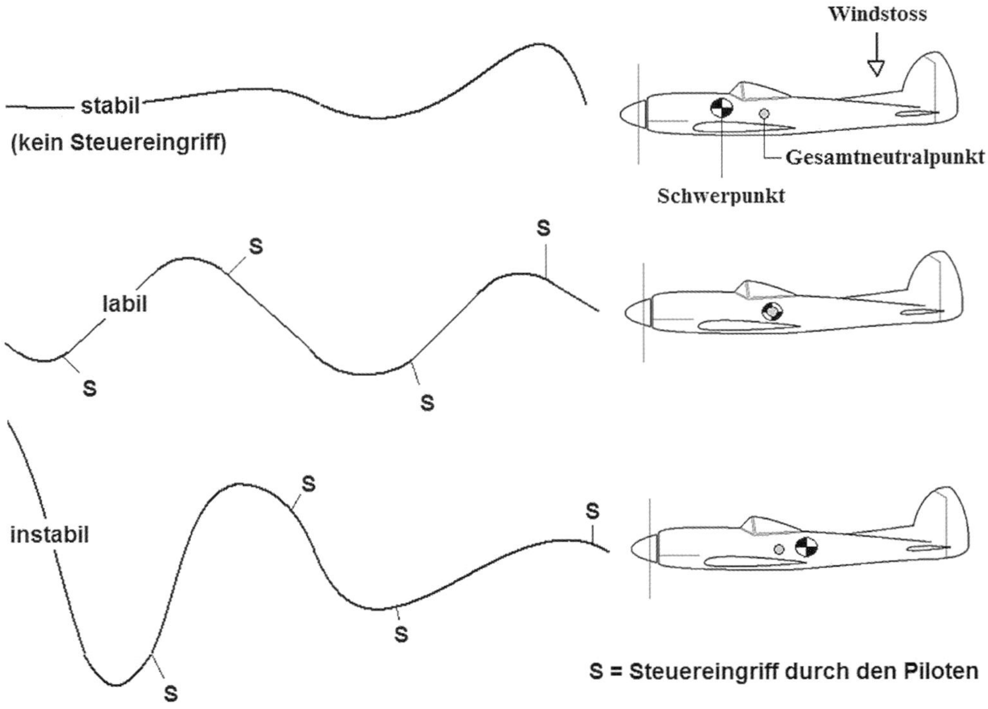

Stabilitätsgrade.

insgesamt umgelenkt, und zwar nach unten. Dieser Effekt wird in der Fachsprache als „*downwash*“ bezeichnet.

Während also die Tragfläche beispielsweise noch mit einem Anstellwinkel von 0 Grad getroffen wird, trifft der Luftstrom das Leitwerk bereits leicht abgelenkt mit –1 Grad. Das bedeutet außerdem, dass eine konstruktiv angelegte EWD von 2 Grad in diesem Beispiel nur durch den *downwash* um 50 % reduziert wird.

Für die Längsstabilität, also die Lage des Gesamtneutralpunktes, ist die Veränderung des *downwash* mit zunehmendem Anstellwinkel ausschlaggebend. Der Grad der Zunahme des *downwash* kann nur im Windkanal oder durch Experiment am Modell beurteilt werden. Für uns bedeutet es, das wir den durch die Verhältnisgleichung geschätzten Gesamtneutralpunkt weiter vorverlegen müssen. Eine weitere Störung des Luftstromes geht, falls vorhanden, vom Antrieb in Form eines Propellers aus. Der nach hinten geworfene Luftstrom verursacht ebenfalls einen *downwash*, der die Leitwerke nach Bauart mehr oder weniger hart trifft. Bei Motormodellen kann es durchaus spürbare Änderungen in der Längsstabilität geben, wenn der Antrieb aktiviert wird. Und damit noch nicht genug, so verursachen starr montierte Fahrwerke, Antennen oder sonstige aerodynamische Störer, wie zum Beispiel Kabinenhauben, Luftwirbel, die die Effizienz des Leitwerks weiter beeinträchtigen. Als Richtlinie kann die Effizienz des Leitwerkes bei typischen Modellauslegungen wie in Tabelle 5 angenommen werden.

Treffen beispielsweise bei einem Motormodell mit voluminösen Rumpf und Kreuzleitwerk alle Störer zusammen, kann die Effizienz theoretisch auf 0 sinken, insbesonde-

Tabelle 5: Effizienz des Höhenleitwerks (Abschätzungen)	
Segler mit T-Leitwerk :	0,9
Segler mit Kreuzleitwerk (Mittellage):	0,9
Segler mit Kreuzleitwerk (Tieflage) oder V-Leitwerk	0,8
Motorsegler mit Kreuzleitwerk (Tieflage)	0,7
Motorflugzeug Hochdecker, schlanker Rumpf	0,6
Motorflugzeug Tiefdecker, schlanker Rumpf	0,4-0,6
Motorflugzeug Tiefdecker, breiter Rumpf	0,3-0,5

re wenn der Antrieb aktiviert ist. In diesem Fall würde man zu Recht von einer Fehlkonstruktion sprechen. Ist dagegen der Abstand zwischen Propeller und Höhenleitwerk sehr gering, wie zum Beispiel bei Schockflyern, dann wirkt der vom Propeller nach hinten geworfene Luftstrom sogar stabilisierend auf das Leitwerk: Der Luftstrom hat zu wenig Gelegenheit, um Verwirbelungen zu bilden. Ein vor dem Schwerpunkt liegender starker Antrieb wirkt zudem auch noch insofern stabilisierend, als er das ganze Flugzeug praktisch hinter sich herzieht. Auch wenn die Stabilität aufgrund der Schwerpunktlage labil oder sogar instabil ist, kann das Flugzeug stabil gehalten werden, solange es „am Propeller hängt". Diese Situation trifft man am ehesten bei Einsatzarten, wo besonders Wert auf extreme Manövrierfähigkeit gelegt wird, also zum Beispiel Schockflyer und 3D-Kunstflug.

Das bedeutet genau genommen, dass für jedes Modell die Neutralpunktlage individuell nur annäherungsweise rechnerisch ermittelt werden kann. Am besten gelingt diese Annäherung bei Nurflügelseglern: Kein Leitwerk, daher keine Diskussion über die Effizienz des Leitwerks, und kein störender Rumpf. Hier liegt der Neutralpunkt so genau wie sonst nie bei 25 % MAC. Eine Schwerpunktvorlage von 10 % ist in diesem Fall für die Längsstabilität ausreichend. In allen anderen Fällen sollten in Rücksichtnahme auf die erwähnten Störfaktoren Schwerpunktvorlagen von 20 bis 25 % angelegt werden.

Wie viel Stabilität gewünscht wird, also wie weit der Schwerpunkt tatsächlich vor dem Neutralpunkt sein muss, liegt in der Einsatzart und in der Vorliebe der Piloten, bei böigem Wetter ist eine vordere Schwerpunktlage meist hilfreicher als bei ruhigem Wetter. Wenn man das Extrem Wurfpfeil heranzieht, wird ein Nachteil einer stark nasenlastigen Auswägung gleich erahnbar – die Wendigkeit leidet.

Nun brauchen wir zur Aufrechterhaltung des Kräfteparallelogramms eine Abstimmung zwischen Schwerpunkt und EWD. Damit Höhe gehalten wird, muss die EWD größer werden, je weiter der Schwerpunkt nach vorne gelegt wird. Je größer die EWD wird, desto größer wird auch der so genannte *Trimmwiderstand*. Das bedeutet, dass eine hohe statische Längsstabilität auch noch von der Flugleistung selbst einen Tribut fordert: Durch den Trimmwiderstand wird die Flugleistung insgesamt schlechter.

Eine für alle möglichen Fluglagen genau passende EWD, die man einmal festlegt und nie mehr ändern muss, gibt es nicht. Der Grund dafür sind Veränderungen des Gesamtauftriebes mit wechselnder Fluggeschwindigkeit. Und selbst bei schlauen Konstruktionen wirkt die Auftriebsänderung nie auf Tragflügel und Leitwerk proportional genau gleich, ein Grund dafür ist der bereits erwähnte *downwash*. Die konstruktive Festlegung auf eine bestimmte EWD beruht auf einer Einschätzung. Die EWD sollte für die *durchschnittlich geflogene Geschwindigkeit* optimiert sein, mit der sich das Modell bewegt. In der Ära der Freiflugmodelle vor dem Erscheinen der Funkfernsteuerungen hat das den Modellfliegern auch begründetes Kopfzerbrechen bereitet. Die Abstimmung Schwerpunkt/EWD musste einfach genau stimmen, man konnte daran im Flug nichts ändern. Das ist heute durch die Möglichkeiten der Ansteuerung

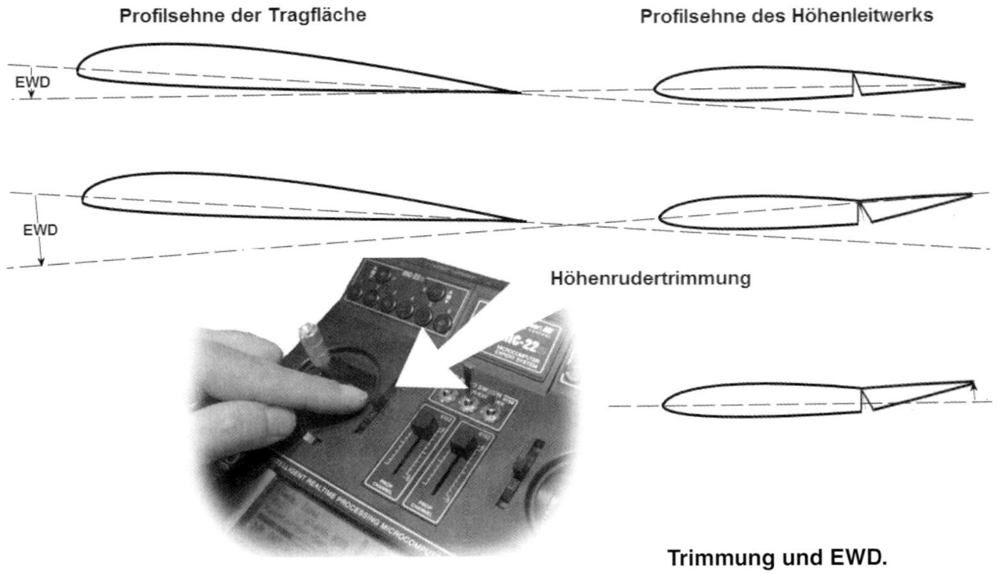

Trimmung und EWD.

des Höhenruders anders: Die EWD ist im Fug beeinflussbar. Denn sie ist, wie oben bereits erläutert, die Winkeldifferenz zwischen den Nullauftriebslinien der Tragflächen und des Höhenleitwerks. Und jeder Ausschlag des Höhenruders verändert die Profilsehne und damit die Nullauftriebslinie des Höhenleitwerks. Besonders deutlich wird diese Möglichkeit bei der Ausführung des Höhenruders als Pendelleitwerk.

Dieser Umstand verleiht uns große Flexibilität beim Erstflug des Modells. Denn selbst wenn die EWD nicht ganz optimal auf die Schwerpunktlage abgestimmt ist: Beim ersten Anzeichen von ungewolltem Steigflug oder Sinkflug können wir diese Tendenz durch die Höhenrudersteuerung, und in weiterer Folge die Höhenrudertrimmung aussteuern. Diese Möglichkeit soll keinesfalls dazu verleiten, die im Bauplan angegebenen EWD zu missachten. Denn grob falsche Einstellungen führen zu extremen Ausschlägen am Höhenruder, nur um das Modell nicht zu verlieren. Die Manövrierbarkeit leidet grob darunter, wenn schon für den Geradeausflug ein voller Höhenruderausschlag benötigt wird, nicht zu sprechen vom Widerstandszuwachs *(Trimmwiderdstand)* im Vergleich zu einem neutral angestellten Höhenruder.

Um also die Montage des Flugmodells abzuschließen, können wir nun den Schwerpunkt richtig setzen, und zwar auf jeden Fall vor den Gesamtneutralpunkt. Je weiter wir den Schwerpunkt nach vorne legen, desto mehr muss die EWD vergrößert werden, um nicht zu unerwünscht großen Trimmausschlägen beim Erstflug zu führen. Eine vordere Schwerpunktlage erhöht die Längsstabilität, erhöht aber auch die Mindestgeschwindigkeit, das heißt: Der Strömungsabriss kommt früher. In der Regel beginnt man mit einer leicht nasenlastigen Schwerpunktlage, um den Schwerpunkt dann Flug für Flug ein wenig mehr in Richtung Neutralpunkt zu verschieben, um die Flugleistung zu verbessern. Nicht ohne dabei die EWD gleichzeitig zu reduzieren. Eine Schwerpunktlage am oder hinter dem Neutralpunkt ist in keinem Fall zu akzeptieren, egal wie viel Trimmblei, Zink oder sonstiges Ballastmaterial dafür aufgewendet werden muss. Die Daumenregel für die Praxis, Flugzeug mit Heck:

- **Schwerpunktlage bei 30 % MAC, EWD 2 Grad**

Begründung: Der Neutralpunkt der Tragfläche liegt bei 25 % MAC, wenn das Flugzeug ein Heck hat, *muss* der Gesamtneutralpunkt weiter hinten liegen, aber mit allergrößter Wahrscheinlichkeit nicht viel weiter als 30 % MAC. Die EWD von 2 Grad gibt Sicherheit gegen den Effekt von Abschattung und *downwash*. Diese Einstellung ist keinesfalls auf ein bestimmtes Modell optimiert, aber sie funktioniert mit großer Sicherheit für den Erstflug, falls keine genaueren Angaben durch die Baubeschreibung oder den Bauplan des Modells gegeben sind, zum Beispiel bei gebraucht erstandenen Modellen.

Programmierung der RC-Anlage

Obwohl es zwischen den Herstellern teils unterschiedliche Philosophien gibt, was die Routine des Programmierens betrifft, findet man heute bestimmte Möglichkeiten der Senderprogrammierung durchgehend durch die meisten Produkte. Im Folgenden sollen die üblichen Einstellungsmöglichkeiten allgemein erläutert werden.

Servowegumkehr

Diese Einstellung ist eine Grundeinstellung für die Drehrichtung der einzelnen Servos. Jeder Computersender verfügt über die Möglichkeit, die Servodrehrichtung in einem Menu für alle Servos einzeln zu bestimmen. Diese Funktion ist kein Mischer im eigentlichen Sinn, für die korrekte Funktion von Mischern ist es aber notwendig, die Servodrehrichtung an die Einbaulage des Servos im Modell anzupassen. Beispiel: Zwei Querruderservos sind verbaut, das linke ist im Empfängerkanal 2 eingesteckt, das rechte im Empfängerkanal 5. Nun wird die Fernsteuerungsanlage aktiviert und der Steuerknüppel nach rechts gelegt. Das linke Querruder sollte nun nach unten ausschlagen, und das rechte nach oben. Schlagen beide Querruder nach oben aus, so muss im Sender der Kanal 2 auf Servowegumkehr programmiert werden. Häufig wird der gleichbedeutende Ausdruck „Servo-Revers" (kurz: REV) oder „Servoumpolung" verwendet. Diese Grundeinstellung wird von allen darüber liegenden Mischern übernommen, sie muss also nur einmal vorgenommen werden. Es ist empfehlenswert, bei der Programmierung eines Modells mit der Servowegumkehr für alle Servos zu beginnen. Die Einstellung im Menü des Senders kann dabei mit NORM/REV oder +/- bezeichnet sein.

Servomittelstellung

Diese Einstellung dient dazu, die Neutralstellung des Steuerknüppels mit der Neutralstellung des Ruders abzugleichen. Eine abweichende Stellung ergibt sich aus einer Ansteuerung, die entweder etwas zu lang oder zu kurz geraten ist. Vor der Verstellung der Servomitte im Sender sollte also überprüft werden, ob es möglich ist, die Neutralstellung des entsprechenden Ruders durch eine Anpassung der Ansteuerung, also eine Verlängerung oder eine Verkürzung derselben, zu erzielen. Erst wenn die mechanischen Möglichkeiten ausgeschöpft sind, sollte die Feineinstellung über den Sender programmiert werden. Gleich wie bei der Einstellung Servowegumkehr wird diese Einstellung für jeden Servokanal einzeln getroffen und von den darüber liegenden Mischern übernommen.

Beispiel: Das linke Querruder steht 2 mm nach oben, wenn der Steuerknüppel neutral steht – die Anlenkung ist also zu lang. Nun wird zunächst der Gabelkopf der Anlenkstange vom Ruderhorn des Querruders getrennt, um den Gabelkopf weiter auf das Gewinde der Anlenkstange aufzuschrauben und das Gestänge dadurch zu verkürzen. Reicht die Verkürzung nicht aus, weil das Gewinde aufgebraucht wurde, so steht das Querruder nach Aufsetzen des Gabelkopfes auf das Ruderhorn beispielsweise noch einen Millimeter nach oben. Dieser Mangel wird durch die Funkti-

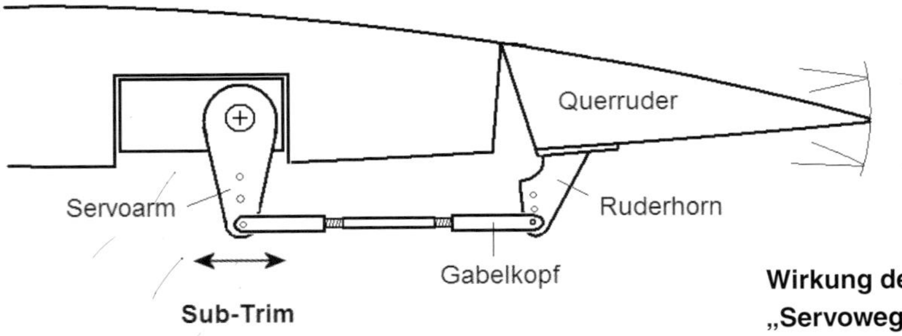

Wirkung der Funktion „Servowegmitte" (Sub-Trim).

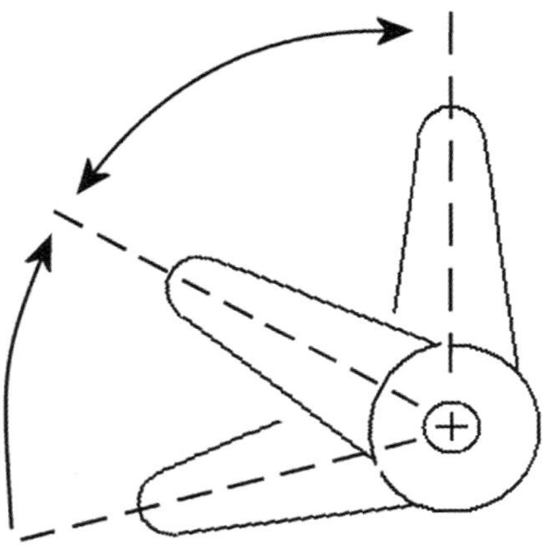

Servowegbegrenzung.

on „Servowegmitte" im Sender korrigiert, indem die Mitte des entsprechenden Servos je nach Bedarf in Richtung + oder – verschoben wird, und zwar so lange, bis die Hinterkante des Querruders genau mit der Tragflächenhinterkante abschließt. Diese Funktion wird auch als *Sub-Trim*, kurz SB-TRIM bezeichnet. Sie stellt eine Voreinstellung für die Trimmräder neben den Steuerknüppeln dar. Auf die Servowegmitte kann also später während des Fluges direkt über die Trimmung zugegriffen werden.

Servowegbegrenzung

Durch diese für jeden Servo getrennt zu treffende Einstellung verkürzt man senderseitig den Ruderausschlag. Dabei findet man im entsprechenden Menü des Senders für beide Richtungen eine prozentuale Angabe des ausgewählten Servoweges, der zunächst auf +100 % und –100 % gesetzt ist. Nun ist es bei den meisten handelsüblichen Servos möglich, diesen Ausschlag nicht nur zu verkürzen, sondern bis zu 150 % zu vergrößern. Dabei ist es empfohlen, am angeschlossenen Servo zu überprüfen, ob es zwischen 100 % und 150 % Servoweg tatsächlich zu einer Vergrößerung des Ausschlages kommt.

Im Prinzip sollte bei der Montage des Servos und der Wahl des Hebelarmes durch den Servoarm ein mehr als ausreichender Weg gegeben sein, der während der Programmierung des Senders auf das tatsächlich gewünschte Maß verkürzt wird.

Die optimalen, durch Erprobung des Modells bekannten Ruderausschläge findet man in der Betriebsanleitung des Modells. Sollte diese nicht mehr verfügbar sein, so ist ein Ausgangswert von 20° Ausschlag in beide Richtungen eine gute Grundlage für die Erprobung im Fluge.

Linear/Exponential (EXPO)

Bei dieser Funktion des Senders wird der Grad der Weitergabe des Steuerknüppelausschlages an den Servo manipuliert. Wird der Steuerknüppelausschlag *linear* an den Servo weitergegeben, so erreicht der Servoarm bei 50 % des maximal möglichen Knüppelweges auch 50 % seines maximal möglichen Winkelbogens. Falls der Servoweg im Menü „Servowegbegrenzung" nicht erhöht oder verringert wurde, sind das die Hälfte von etwa 80° Winkelmaß, also 40° . Wird der Steuerknüppel nur um ein Viertel seines Maximalausschlages bewegt, erreicht der Servoarm linear dazu auch nur ein Viertel seines maximalen Bogens, also 20°, und so weiter: Egal wie groß der Knüppelausschlag ist, die Drehung des Servoarmes erfolgt prozentual gleich.

Nun ergibt es sich aus der Geometrie der Anlenkung, dass Knüppelbewegungen in der Nähe der Mittelstellung zu verhältnismäßig großen Ruderausschlägen führen, und Knüppelbewegungen in der Nähe der Endstellung zu verhältnismäßig kleinen Ruderausschlägen. Auch ohne Kenntnis über die Winkelfunktionen Sinus und Kosinus wird aus der Abbildung ersichtlich, was der Grund dafür ist: In seiner Mittelstellung wirkt der Servoarm noch praktisch rechtwinkelig auf die Schubstange, die Drehbewegung wird ohne großen Verlust in eine schiebende Bewegung zum Ruder übersetzt. In der Nähe des Endausschlages befindet sich der Servoarm bereits derart in der Kurve, dass nur mehr ein geringer Anteil seiner Drehbewegung in eine Verschiebung des Ruders übersetzt wird.

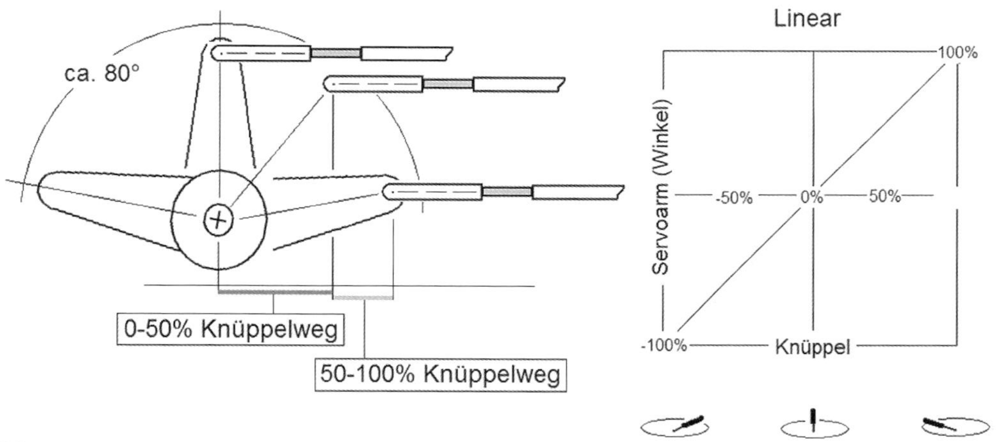

Lineare Impulsweiterleitung.

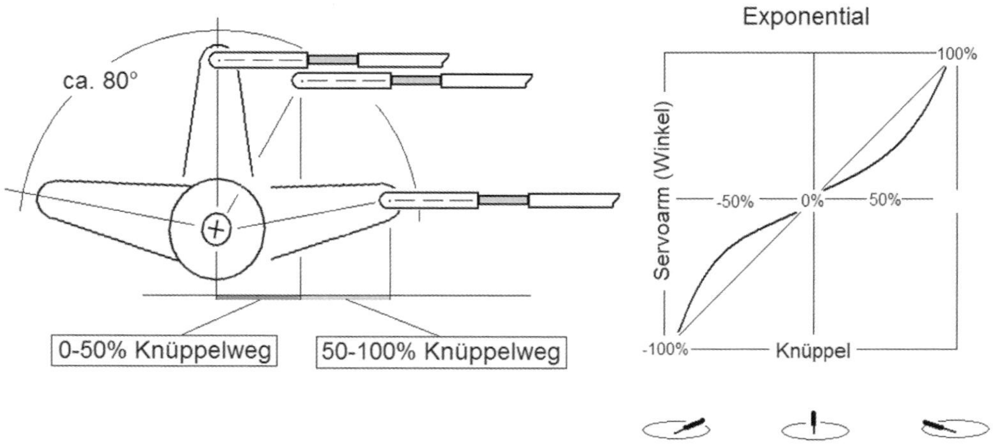

Exponentielle Impulsweiterleitung.

Bei 50 % Knüppelimpuls wird die Drehbewegung bei linearer Weiterleitung nicht zu 50 %, sonder etwa zu 70 % in eine schiebende Bewegung, also in 70 % Ruderweg übersetzt. Wird der Knüppel nun von der Hälfte seines möglichen Ausschlages bis zum Anschlag (100 %) bewegt, so resultiert dieser Knüppelimpuls nur mehr in einer Vergrößerung des Ruderausschlages von 30 %.

Diese Besonderheit bei linearer Weiterleitung des Knüppelimpulses führt teils zu abrupten Flugbewegungen, insbesondere wenn das Höhenruderservo, oder beim Hubschrauber, die Taumelscheibenservos betroffen sind. Geübte Piloten können ihr Steuerverhalten zwar auf diesen Umstand einstellen, in dem sie besonders feinfühlig im Bereich Knüppelmitte steuern. Verfügt der Sender jedoch über die Möglichkeit, die lineare Weitergabe in eine *exponentiale* Weitergabe umzurechnen, wird das normalerweise von Jung und Alt gerne angenommen.

Dabei wird vom Rechner des Senders die Weitergabe der Knüppelimpulse in der Mittelstellung unterdrückt und im Endbereich wieder verstärkt. Als Berechnungsgrundlagen dienen dem Rechner schlicht und einfach Sinus und Kosinus aus der Winkelgeometrie der Mathematik. Möchte man also bei 50 % Knüppelimpuls auch nur 50 % Ruderweg, so wird nur etwa 30° Knüppelimpuls an das Servo weitergeleitet, weil der Kosinus von 30° eben ungefähr 0,5 ist. Wie stark diese exponentielle Umrechnung auf die Knüppelimpulse angewandt wird, kann in der Regel senderseitig stufenlos von 0 bis 100 % eingestellt werden. Wie viel Steuerimpuls bei 100 % Exponential tatsächlich noch beim Servo ankommen, ist von der Software des Senders abhängig. Zur Verbesserung im Sinne einer Dämpfung der Steuerimpulse um die Knüppelmitte werden in der Praxis zwischen 10 % und 30 % EXPO programmiert. Es ist zu beachten, dass die Verringerung des Servoweges um die Mittelstellung auch die maximal mögliche Rudertrimmung verringert. Aus diesem Grund wird zumeist erst die korrekte Rudermittelstellung erflogen, um anschließend erst das Flugverhalten durch den Einsatz von EXPO zu verfeinern.

Querruder-Differential

Werden für die Ansteuerung der Querruder zwei individuelle Servos verwendet, so können diese senderseits so abgemischt werden, dass ein *negatives Roll-Wendemoment* unterdrückt wird. Um die Situation genau zu erfassen, sehen wir uns zunächst die Druckverhältnisse an der Tragfläche im Bereich der Querruder an: Bedingt durch einen positiven Anstellwinkel, der zu Auftriebserzeugung notwendig ist, entsteht an der Tragflächenunterseite mehr Staudruck als an der Tragflächenoberseite. Dadurch erzeugt ein nach unten ausschlagendes Querruder nicht nur zusätzlichen Auftrieb, sondern auch zusätzlichen Widerstand im Vergleich zu einem genau gleich stark nach oben ausgeschlagenem Querruder. Die Tragfläche mit dem unten ausgeschlagenen Querruder wird also stärker abgebremst, als die gegenüberliegende. Dies führt zu einem Drehmoment um die Hochachse, in der Wirkung ähnlich einem Seitenruderausschlag.

Dieses Drehmoment um die Hochachse tritt zeitgleich mit dem Drehmoment um die Längsachse auf, nur stimmt die Drehrichtung nicht mit der durch die Querruder eingeleiteten Flugkurve zusammen. Wenn wir den Querruderausschlägen und deren resultierenden Drehmomenten folgen, stellt sich der Verlauf wie folgt dar: Steuerknüppel „Querruder“ nach rechts, linkes Querrunder: Ausschlag nach unten, rechtes Querruder: Ausschlag nach oben. Linke Tragfläche hebt sich, rechte Tragfläche senkt sich: *Rollmoment nach rechts.* Linke Tragfläche weniger Widerstand, rechte Tragfläche mehr Widerstand, *Wendemoment nach links.* Das *negative* (weil nicht in Kurvenrichtung gerichtete) Roll-Wendemoment tritt beim Einleiten einer Kurve allein durch die Querruder

Verhältnis von Staudruck und Widerstand an Ober- und Unterseite einer Tragfläche.

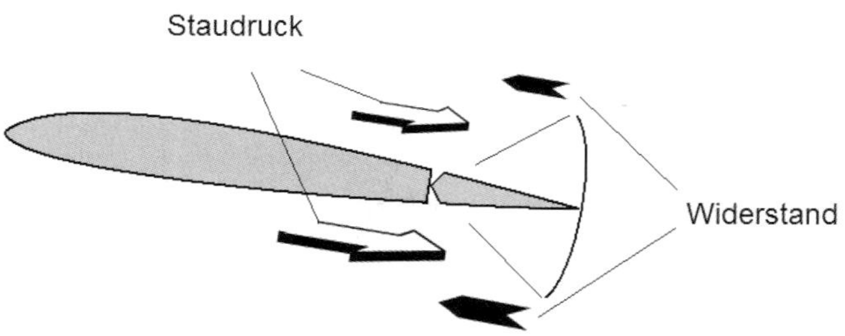

auf. Das Flugzeug führt eine kurzzeitige Drehbewegung in die falsche Richtung aus, um sich schließlich, der Querlage folgend, in Kurvenrichtung zu stabilisieren. Ein koordinierter Einsatz von Seitenruder und Querrudern kann diesem Moment auch bei nach oben und unten gleich ausschlagenden Querrudern entgegenwirken. Eine *differenzierte* Ansteuerung der Querruder verhindert die Entstehung eines negativen Roll-Wendemoments: Das nach unten gerichtete Ruder wird weniger stark ausgeschlagen als das gegenüberliegende. Flugtechnisch stellt das negative Roll-Wendemoment (es gibt übrigens kein *positives*) kein bedeutendes Risiko dar. Für präzisen Kunstflug oder vorbildgetreues Fliegen ist es unerwünscht, gleichermaßen wegen der Aerodynamik und der Optik des Fluges. Die Abstimmung der Querruderdifferenzierung wird zumeist so gewählt, dass das negative Roll-Wendemoment reduziert wird, andererseits die Ruderausschläge noch groß genug sind, um die Manövrierfähigkeit des Flugzeuges für seinen jeweiligen Einsatzzweck zu gewährleisten. So wird bei einem Einstiegsmodell, oder einem Modell ohne Seitenruder, mehr Querruder-Differenzierung gesetzt als bei einem Kunstflug- oder Wettbewerbsmodell. Im Rückenflug wirkt die Querruder-Differenzierung nämlich genau sinnverkehrt: Das negative Roll-Wendemoment wird stärker! Reine Kunstflugmodelle werden daher oft ohne jegliche Differenzierung abgestimmt, die unerwünschten Momente werden durch das Seitenruder ausgesteuert. Die Differenzierung der Querruder im Modell kann durch drei unterschiedliche Methoden bewerkstelligt werden: Mechanisch, durch senderseitige Servowegbegrenzung und durch den Mischer Querruder-Differenzierung (QR-DIFF).

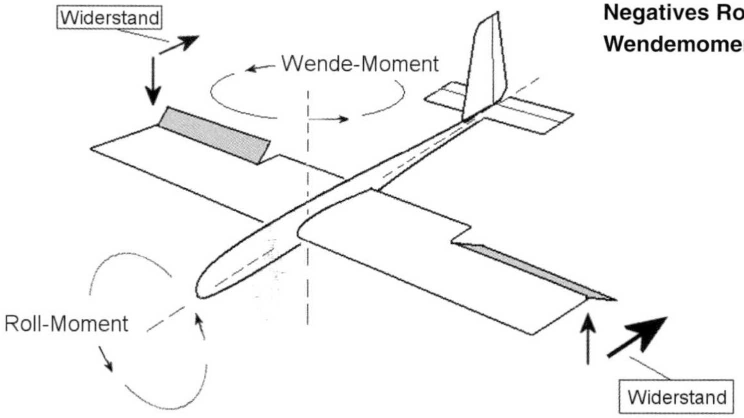

Negatives Roll-Wendemoment.

Bei der mechanischen Methode wird das oder die Querruderservos so angelenkt, dass die Schubstange vom Servoarm nach oben effektiver getroffen wird als nach unten. In diesem einzigen Fall wird das Servo also

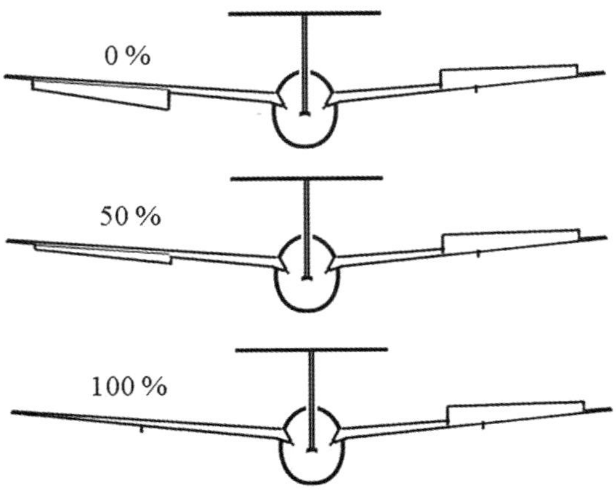

Prozentuelle Abstufung des Mischers.

nicht selektiert, sondern schräg angelenkt. So kann auch bei der Verwendung eines zentralen Querruderservos eine Differenzierung erreicht werden. Bei der Verwendung von zwei selektierten Querruderservos kann schon bei der Festlegung des Servoweges eine Differenzierung erfolgen, indem man den Servoweg nach unten stärker verkürzt als nach oben. Oder man bedient sich der vorprogrammierten Mischerfunktion „QR-DIFF“. Dazu ist es erforderlich, die Querruderservos in die dafür vorgesehenen Empfängerkanäle zu stecken, das könnte beispielsweise Kanal 2 und Kanal 5 sein. Danach kann der Grad der Differenzierung von 0 bis 100 % gewählt werden, wobei 100 % bedeutet, dass der Querruderausschlag nach unten gleich null ist.

Delta/V-Mischer

Ein Flugzeug, das anstelle eines Kreuzleitwerkes ein V-Leitwerk besitzt, muss für die Steuerbefehle „Höhe (Tiefe)/Seite“ speziell angesteuert werden. Durch den Steuerbefehl „Höhe“ sollen beide Leitwerksservos zu einem gleichzeitigen Ausschlag der Leitwerksruder nach oben bewegt werden. Durch den Steuerbefehl „Seite“ soll ein Ruder nach oben, das andere nach unten ausschlagen. Damit der vorprogrammierte Mischer wunschgemäß funktioniert, müssen die Leitwerksservos an die dafür vorgesehenen Empfängerkanäle angesteckt werden. Bei einem Nurflügler, wozu auch Delta-Flügler gehören, werden die Steuerfunktionen „Höhe/Querruder“ mit derselben Mischfunktion abgemischt. Vor dem Zeitalter der Computersender wurden für diese Mischfunktion mechanische Mischer zwischen Servo und Anlenkstange montiert.

QR-S-Mischer

Diese Mischfunktion mischt dem Querrudersignal mit einem Beimischungsgrad von 0 bis 100 % einen Seitenrudersteuerbefehl bei. Dies kann zusätzlich zur Funktion QR-DIFF zur Unterdrückung des negativen Roll-Wendemomentes und zur Einleitung einer koordinierten Kurve eingesetzt werden. Nachteilig wirkt sich auf den Kurvenflug die Seitenruderbeimischung aus, je steiler die Querlage des Flugzeuges ist: Ab einer Querlage von 45° ist die Tiefenruderwirkung des Seitenruders schon stärker als die angestrebte Seitenruderwirkung. Dieser Mischer wird hauptsächlich dann verwendet, wenn eine Querruderdifferenzierung nicht erfolgt.

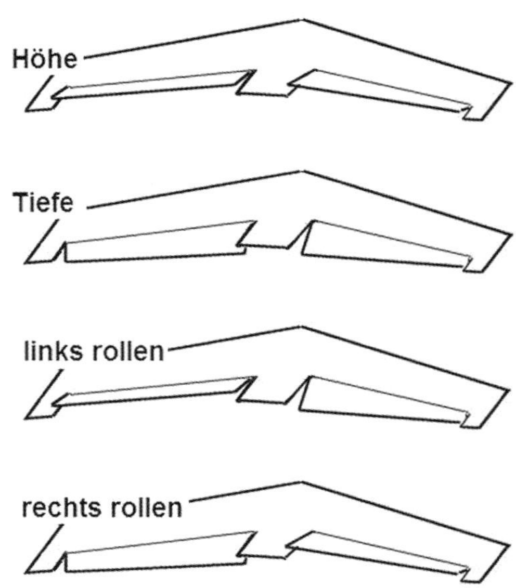

Delta Mischer.

Snap-Flap.

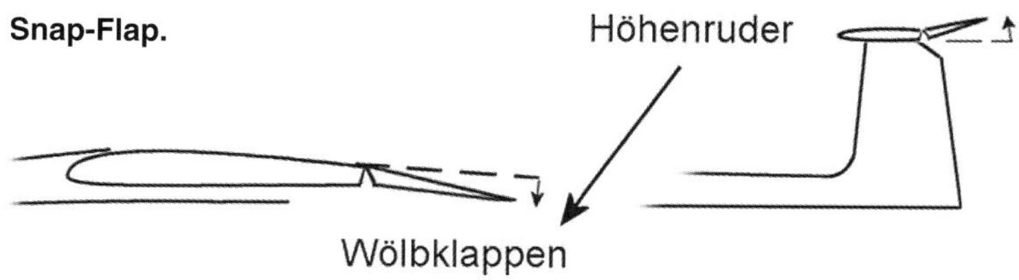

Snap-Flap

Dieser Mischer wirkt vom Höhenruder auf die Wölbklappen. Kurven mit starkem Neigungswinkel werden dadurch zu *gerissenen Wenden*, wie sie im Wettbewerbs-Hangflug (F3F-Wettbewerb) häufig zu sehen sind. Der durch die ausfahrenden Wölbklappen steigende Auftriebsbeiwert führt in Zusammenarbeit mit dem Höhenruder zu einem sehr engem Kurvenradius, ohne dass es dabei unmittelbar zum Strömungsabriss kommt. Dieses Manöver ist jedoch sehr energieraubend, die Fluggeschwindigkeit nimmt während der Steilkurve stark ab. Bleibt das Höhenruder zu lange gezogen, folgt der Strömungsabriss rascher als ohne *Snap-Flap*, da die Wölbklappen neben dem Auftrieb auch den Widerstand erhöhen.

Im Bereich Kunstflug wird diese Mischfunktion zu- und abschaltbar programmiert, um lediglich bei bestimmten Figuren genutzt zu werden, für das restliche Programm jedoch deaktiviert. Der englische Ausdruck *Snap* drückt die abrupte Erscheinung des geflogenen Manövers aus. In manchen Sendern wird der Mischer seiner Wirkung entsprechend als HR-WK bezeichnet.

Flaperon

Dieses Kunstwort aus *flap* (Wölbklappe) und *aileron* (Querruder) drückt aus, dass den innen liegenden Wölbklappen ein gleichsinniger Querruderausschlag beigemischt wird, um die aerodynamische Wirkung der Wölbklappen auf die gesamte Spannweite auszudehnen. Dabei ist darauf zu achten, die Ausschläge der Querruder in ihrer Stärke stets den innen liegenden Wölbklappen unterzuordnen. Wäre der Wölklappenausschlag des Querruders stärker als der der Wölbklappe selbst, so kann eine Anstellwinkelerhöhung zum Abreißen der Strömung im Bereich des Querruders führen, was den Verlust der Steuerbarkeit und ein einseitiges Abkippen der Tragflächen zur Folge hätte. Aus diesem Grund wird die stärkere Wölbung stets in der Nähe der Tragflächenwurzel (also innen) erzeugt.

Butterfly

Bei der „Schmetterlingsstellung" werden auch Wölbklappen und Querruder gleichzeitig bewegt, nur diesmal in entgegengesetzter Richtung. Segelflugmodelle, die über keine Störklappen verfügen, können mittels Butterfly überflüssige Höhe und Geschwindigkeit abbauen, um gezielt zur Landung gebracht zu werden. Dazu ist es erforderlich, die Wölbklappen stark nach unten auszufahren, in einem Winkel von mehr als 60° zur Profilsehne, damit sich der Widerstand so stark erhöht, dass er den Zusatzauftrieb durch die stärkere Wölbung mehr als zunichte macht. Die gleichzeitig nach oben ausfahrenden Querruder reduzieren den Auftrieb im Querruderbereich, verhindern dort aber den Strömungsabriss. Die Querruder fahren nur so weit aus, dass Querrudersteuerbefehle nach oben und unten noch wirksam werden, also in etwa 30°. Im Idealfall bleibt die Profilsehne der MAC gleich, es kommt also zu keiner Lastigkeitsänderung (Aufbäumen oder Unterschneiden) durch die Änderung der Gesamt-EWD.

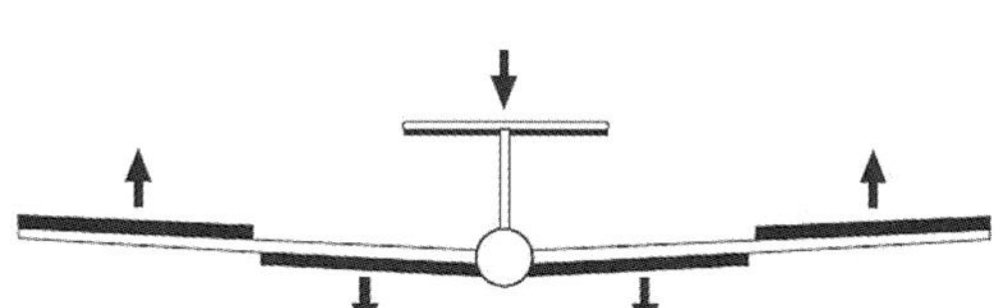

Butterfly-Schematik.

Butterfly im Einsatz.

Dieser Idealfall würde erfordern, dass die Querruder im Verhältnis etwa doppelt so lang sind wie die Wölbklappen. So ein Fall tritt selten auf, weil dadurch die auftriebserhöhende Wirkung der Wölbklappen im Langsamflug zu gering wäre. In der Regel kommt es bei der Aktivierung der Butterfly-Stellung, die entweder durch einen Kippschalter oder durch einen Schieberegler erfolgt, zu einem deutlichem Aufbäumen des Flugzeuges, was durch ein beigemischtes Tiefenruder ausgeglichen werden kann. Hier werden also die Bewegungen von fünf Servos untereinander abgemischt und durch eine Bewegung an einem Schieberegler oder einem Kippschalter ausgelöst: Zwei Wölbklappenservos ziehen die Wölbklappen nach unten, zwei Querruderservos ziehen die Querruder nach oben, behalten aber ihrer Querruderfunktion, und das Höhenruderservo gleicht das aufrichtende Moment durch die großen Wölbklappen aus. Man kann sich vorstellen, dass die Mischerverhältnisse, insbesondere die Tiefenruderbeimischung, durch mehrere Einstellungsflüge erflogen werden müssen, bevor sie ohne zusätzlichen Nervenkitzel bei der Landung eingesetzt werden können.

Um zu verhindern, dass die Anlenkung der stark nach unten ausgefahrenen Wölbklappen nicht durch Bodenkontakt bei der Landung beschädigt werden, sollten sie vor dem Aufsetzen nach Möglichkeit wieder eingefahren werden. Dadurch wird der Gleitwinkel in Bodennähe wieder flacher, die Energie beim Landestoß geringer, wenn die Einstellungen gut getroffen und die individuelle Landetechnik dem gerecht wird.

Taumelscheibenmischer

Eine Mischerfunktion exklusiv für den CP-Hubschrauber (vergl. *collectiv pitch*). So harmlos doch die drei gleichartigen Taumelscheibenservos wirken, so unabdingbar ist ihre korrekte Abmischung für die Funktion des Helikopters. Es gibt keine Hubschrauberprogrammierung ohne Taumelscheibenmischer. Hier liegt oft eine Hürde sowohl für erfahrene als auch unerfahrene Hubschrauberpiloten nach dem Umstieg auf eine andere Sendeanlage. wenn er seine Sendeanlage wechselt. Die verschieden Hersteller konnten sich nämlich bislang zu keiner einheitlichen Bezeichnung der unterschiedlichen Mischertypen durchringen. Da es unterschiedliche Taumelscheibentypen wie *mechanische-*, *Heim*-Mechanik oder *CCPM*-Mechanik gibt, ist zuerst unbedingt dieser Mischertyp im Sender festzulegen. Erst danach können Grundeinstellungen wie Servo-Revers, Sub-Trimm und Wegbegrenzung eingestellt werden. Es führt meist zu keinem Ergebnis, durch Experiment zu versuchen, die Lösung zufällig zu finden. Man muss den Taumelscheibentyp *wissen*, und den korrekten Mischertyp *setzen*. Selbst dann wird man oft noch durch Servo-Revers und Anpassen des Mischerverhältnisses oder seines Vorzeichens die korrekte Funktion erarbeiten müssen.

Nachdem das Problem nun ausreichend bewundert wurde, gehen wir an seine Lösung. Dabei sollten wir uns vergegenwärtigen, was wir letztendlich erreichen wollen: Durch die Betätigung des Leistungshebels soll sich die Taumelscheibe als Ganzes heben und senken, und zwar in ihrer Ebene ganz parallel zum Horizont. Das verstellt den kollektiven Blattwinkel. Durch Betätigung des Steuerknüppels für die Steuerfunktion „Rollen" soll die Taumelscheibe nach rechts und nach links kippen, und für „Nicken" soll sie vor- und zurück kippen. Von drei der vier Steuerebenen erwarten wir also durch Setzen des korrekten Mischertyps in Zusammenarbeit mit Servo-Revers und Mischverhältnis eine bestimmte Reaktion. Und solange diese Reaktion nicht genau wie vorgesehen eintritt, gibt es kein Weiterkommen.

Da inzwischen die CCPM-Taumelscheibe am weitesten verbreitet zu sein scheint, gehen wir auf diese im Folgenden ein. Von einem CCPM-Mischer erwarten wir Folgendes: Bei Vergrößerung des kollektiven Blattwinkels, in Folge kurz Pitch genannt, sollen alle drei Servos die Taumelscheibe gleichzeitig heben *oder* senken. Als kleine Raffinesse für die Programmierung gibt es nämlich Hubschraubermechaniken, bei denen eine *Absenkung* der Taumelscheibe zur Pitch-*Erhöhung* führt. Diesen Umstand kann man später bei der Programmierung der Pitchkurve berücksichtigen, indem man den Pitchverlauf „auf den Kopf" stellt. Für den Taumelscheibenmischer selbst ist dieser Umstand noch nicht von Bedeutung.

Als Nächstes muss der Mischer bei der Steuereingabe „nach rechts rollen" die Servos, die links und rechts der Mittellinie angeordnet sind und „Roll-Servos" genannt werden, rechts absenken und links anheben. Der genau auf der Mittellinie angeordnete Servo, auch „Nick-Servo" genannt, steht bei dieser Steuereingabe völlig still.

Nun haben wir, was das Nick-Servo betrifft, wieder zwei Möglichkeiten, je nach Hubschraubermodell – es kann vor oder hinter den Roll-Servos liegen.

Nun muss bei der Steuereingabe „nach vorne nicken" das Nick-Servo entsprechend seiner Lage vorne absenken (oder hinten anheben) und die beiden Roll-Servos hinten anheben (oder vorne absenken). Die Taumelscheibe muss jedenfalls nach vorne kippen, und das unter Mitwirkung aller Servos.

Um das zu bewerkstelligen, wählen wir zunächst den Modelltyp „Hubschrauber" aus, im Display meist als kleines Hubschraubersymbol gekennzeichnet. Dann suchen wir umgehend das Menü auf, das für die Auswahl des Taumelscheibenmischers zuständig ist. Dann befragen wir das Handbuch der Fernsteuerung nach der Bezeichnung für unseren Taumelscheibentyp. Die Bezeichnung CCPM werden wir oft vergeblich suchen, da praktisch jeder

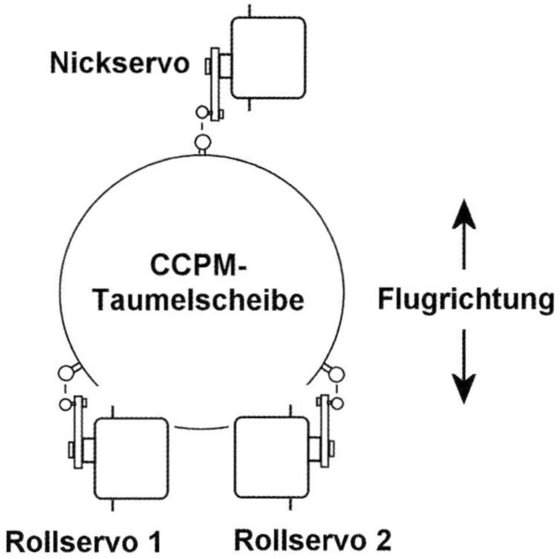

Servoanordnung bei CCPM-Taumelscheibe.

Hersteller dafür eigene Kurzbezeichnungen hat. Aus den Handbüchern einiger zur Drucklegung im Handel befindlicher Sender konnten folgende Bezeichnungen für den Taumelscheibentyp CCPM (120°) gefunden werden (alphabetisch):

- **HR3-120** (alle gesichteten Futaba)
- **3s(2 roll)** (Graupner MC-22)
- **120CCPM/3 Servos** (Graupner MX-12)
- **Typ 3** (Multiplex Cockpit SX)
- **HELIccpm** (Multiplex Evo 9 u. Evo 12)
- **KOPF-MIX** (Multiplex Profi MC4000)
- **3CH120** (WTF09)

Angesichts dieser Namensvielfalt wird eingeräumt, dass in den Handbüchern aller gesichteten Sender eine anschauliche Erläuterung zu diesem Thema zu finden war.

Gaskurve/Pitchkurve

Eine wesentliche Charakteristik für den Betrieb von CP-Hubschraubern besteht in der Doppelfunktion des Schubhebels. Einerseits regelt der Pilot über den Schubhebel die Motorleistung, und andererseits die kollektive Blattverstellung. Ein ausschließlich linearer Verlauf dieser Regelung würde für die Betriebsart „Rundflug“ schon große Ansprüche an die Abstimmung der Rotorkopfmechanik stellen. An Kunstflug, insbesondere Rückenflug, wäre nicht mehr zu denken. Betrachten wir zunächst die Problemstellung in ihrer Ausgangslage: Der Motor des Helikopters, sei es ein Verbrenner oder ein Elektromotor, braucht ein Steuersignal für seine Arbeit. Das Ziel des Antriebes ist es, in jeder Phase des Fluges mit konstanter Drehzahl zu laufen. Drehzahlschwankungen führen zu Instabilität um die Hochachse, was den Drehmomentausgleich erschwert.

Um die Drehzahl konstant zu halten, muss die Leistung des Motors auf den Anstellwinkel der Rotorblätter (*pitch*) abgestimmt sein. Die *power* geht mit dem *pitch* ein Verhältnis ein, und dieses Verhältnis ist so ohne weiteres nicht harmonisch!

Für die Flugphasen „Schweben“ und „Rundflug“ gehen wir davon aus, dass die Motorleistung in dem Maße erhöht werden muss, als der *pitch* zunimmt. Nun stellen wir bei einem Testflug fest, dass bei einer Erhöhung von 50 % Leistung auf 75 % Leistung und gleichzeitiger Pitch-Erhöhung von 50 % auf 75 % die Drehzahl *abfällt*. Der Grund dafür mag in der Rotorkopfgeometrie liegen, oder einfach in dem Umstand, dass die Taumelscheibenservos in der Nähe ihrer Mittelstellung (50 %) besonders gut wirken. Ist kein EXPO gewählt, so bewegt sich die Taumelscheibe von 50 % bis 65 % nicht um 15 % ihres gesamten Pitchhubes, sondern um etwa ein Viertel davon. Um dem entgegenzuwirken und die Drehzahl in diesem Bereich konstant zu halten, könnte man nun entweder die Leistung bei gleich bleibendem Pitch erhöhen, oder den Pitch bei gleich bleibender Leistung reduzieren. Beide Maßnahmen hätten die gleiche Wirkung auf die Drehzahl.

In der Praxis der Helikoptereinstellung geht man von bestimmten Pitchwerten aus, die man für die entsprechenden Flugphasen einsetzen möchte. Diese Werte sind zumeist durch die Flugerprobung des Herstellers empfohlen. So wird beispielsweise als Pitchwert für Schweben und Rundflug bei -3°/+10°, Mitte +5° empfohlen, für Kunstflug (Rückenflug) -11°/+11°, Mitte 0°. Die Pitchkurve wird nun bei Motorstillstand und unter Verwendung der Pitchlehre so programmiert, dass diese Werte erzielt werden. Dabei hebt und senkt sich die Taumelscheibe als Ganzes, gemessen wird am Blatt bei horizontal stehender Paddelstange.

Die Pitchkurve des Senders ist zumeist als 5-Punkt-Kurve dargestellt. Sie besteht aus zwei Endpunkten, einem Punkt in der Mitte, welcher der Neutralstellung des Leistungsknüppels entspricht, und jeweils einem Punkt dazwischen. Sie ist bei den meisten Sendern grafisch durch eine Linie dargestellt, bei manchen prozentuell, das heißt es können den Punkten *P1* bis *P5* jeweils frei wählbare Prozentangaben zugeordnet werden. Für jede der

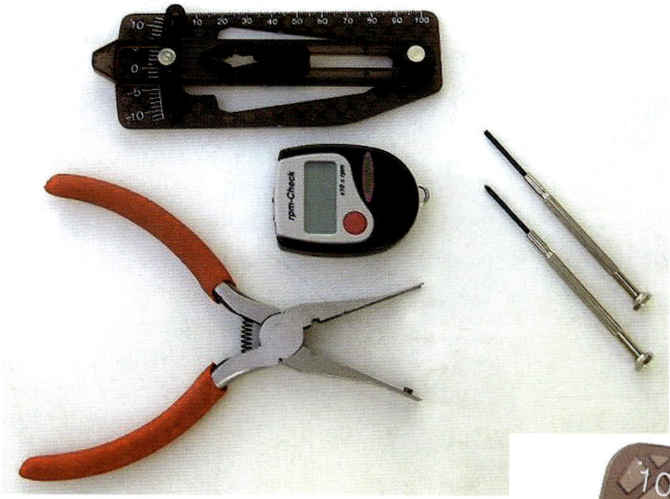

◀ **Unverzichtbare Helfer: Kugelkopfzange, Pitchlehre, Drehzahlmesser, Präzisionsschraubendreher.**

Pitchlehre auf -3°. ▼

möglichen Flugphasen kann eine individuelle Pitchkurve gewählt werden. Die erste Kurve, die wir programmieren wollen, ist die Kurve für den Schwebeflug.

Nun wird die Pitchlehre auf das Blatt gesetzt und bei -3° fixiert. Der Leistungshebel wird in seine mechanische Endstellung gebracht (keine Leistung, ganz „bauchwärts“) Die Pitchkurve wird nun so lange an ihrem unterem Endpunkt versetzt, bis die Pitchlehre genau parallel zur horizontal stehenden Paddelstange verläuft.

Damit ist der erste Punkt einer 5-Punkt-Pitchkurve programmiert! Nun wenden wir uns dem Mittelpunkt *P3* zu, der Leistungshebel wird in seine Mittelstellung gebracht. Die Pitchlehre am Blatt wird bei +5° neu fixiert. Der mittlere Punkt der Pitchkurve wird so lange versetzt, bis wiederum die Pitchlehre mit der Paddelstange parallelisiert. Nun noch der obere Endpunkt *P5*: Knüppelstellung auf Vollgas, Pitchlehre auf 10° fixiert und Endpunkt versetzt.

Die Zwischenpunkte, also Punkt *P2* und *P4*, sollten so gesetzt werden, dass sich die dazwischenliegenden Pitchwerte ergeben. Zwischen -3 und +5° liegen 8°, die Hälfte davon liegt also bei +1°, daher Pitchlehre auf +1° gestellt, *P2* dem entsprechend versetzt. Nun noch *P4* so versetzt, dass die Pitchlehre 7,5° zeigt, und die Pitchkurve ist fertig programmiert. Handelt es sich bei dem Sender um eine grafische Darstellung, wird deutlich, warum man von einer „Kurve“ spricht, denn die resultierende Linie ist nicht gerade, und wenn, dann rein zufällig. Bei einer prozentualen Darstellung als Prozentzahl von *P1* bis *P5* sehen wir eine mehr oder weniger unregelmäßig ansteigende Folge von Prozentzahlen. Entscheidend ist der mit der Pitchlehre gemessene Winkel entlang des Weges des Leistungshebels. Erst jetzt macht es Sinn, die dazugehörige Gaskurve zu programmieren. Dabei kann man von Abschätzungen ausgehen, die sich später durch Testläufe und Testflüge bestätigen müssen. Gehen wir von dem Schema der

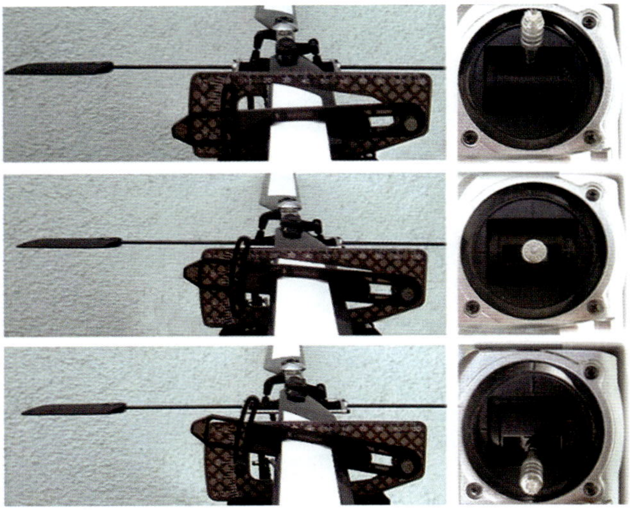

Pitchlehre ausgerichtet an der Paddelstange, Pitchknüppel.

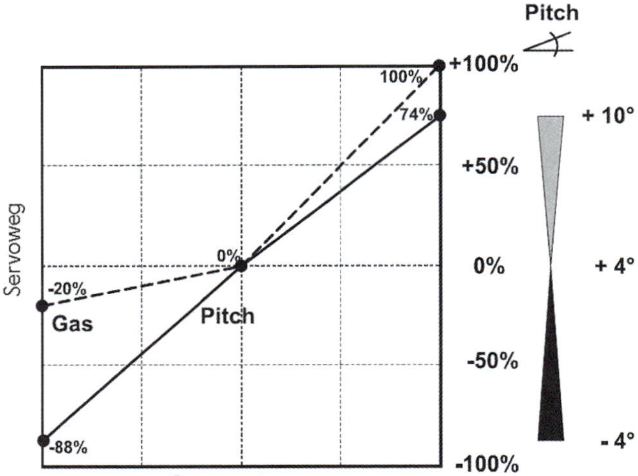

Grafische Pitch/Gaskurve.

drei Flugphasen „Schweben, „Rundflug" und „Kunstflug (3D)" aus, so sollten wir uns nun dafür entscheiden, wie wir den Motor „anfahren" wollen, also wie die Drehzahl von 0 auf Solldrehzahl geregelt werden soll. Dies muss allmählich geschehen, weil sonst die Hubschraubermechanik durch die ruckartige Kraft beschädigt wird. Dazu gibt es prinzipiell zwei Möglichkeiten, die von der Ausstattung des Senders abhängen: Entweder man verwendet zum Hochfahren einen freien Schieberegler, oder man setzt den Schubhebel in der Phase „Schweben" dazu ein.

Im ersten Fall dient der Schieberegler als *„Freigeber"*, er gibt das Leistungsniveau über den gesamten Bereich frei, sofern die Gaskurve deren Entfaltung erlaubt. Das heißt im Speziellen: Der Schieberegler erlaubt das Anlaufen des Motors von 0 auf theoretische 100 % Leistung unabhängig vom Leistungshebel, indem er langsam hochgeschoben wird. Die Leistung des Motors wird aber beispielsweise bei 60 % gehalten, wenn die Gaskurve diesen Wert bei der aktuellen Leistungshebelposition (z. B. Mitte) *fordert*. Sämtliche Leistungsstufen werden entsprechend der Gaskurve durch die Maximalstellung des Schiebereglers *freigegeben*. Schieberegler und Leistungshebel greifen also beide auf die Motorleistung zu, wobei der Schieberegler Vorrang hat. Lässt man den Schieberegler in der Mitte stehen, kann man durch den Leistungshebel nicht mehr als 50 % Leistung verlangen, selbst wenn die Gaskurve mehr möchte. Im Falle des Senders ohne freien Schieberegler muss eine Flugphase, normalerweise die erste („Schweben"), für das Hochfahren des Antriebes verwendet werden. Für diesen Fall muss durch einen Kippschalter des Senders die Flugphase „Schweben" gewählt werden. Danach wird die Gaskurve so gesetzt, dass bei der Leistungshebelposition „keine

Leistung“ (Hebel bauchwärts) die tatsächlich abgefragte Leistung auch „Null“ ist. Damit ist der erste Punkt einer 5-Punkt-Gaskurve schon gesetzt. Als nächstes die Mittelstellung: Hier haben wir am Pitch bereits +5°, es ist der Bereich, in dem der Hubschrauber schon abheben möchte. Die Solldrehzahl sollte also bei dieser Knüppelstellung erreicht sein, und die Rotorblätter erzeugen bei 5° Anstellwinkel schon entsprechend Widerstand. Als grobe Abschätzung können hier 60 bis 70 % Leistung gesetzt werden. Für das Anlaufverhalten bedeutet das: Zwischen der Stellung Leerlauf und der Mittelstellung des Leistungshebels soll der Motor von Null bis zu seiner Solldrehzahl hochfahren. Um das Hochfahren weiter zu beruhigen, können wir den Zwischenpunkt (*P2*) noch etwas absenken, um die Gaskurve zur Mitte hin etwas steiler werden zu lassen.

Nun müssen noch die Leistungswerte für P4 (7,5° Pitch) und P5 (10° Pitch) gesetzt werden. Als Ausgangswerte nehmen wir 80 % (P4) und 90 % (P5). Das sind reine Schätzungen, die später durch Einstellungsflüge erprobt werden müssen. Wie schon erwähnt, müssen die Werte der Gaskurve mithilfe eines Drehzahlmessers korrigiert werden. Dazu wird die Drehzahl bis zur Mittelstellung des Leistungshebels hochgefahren. Nun sollte der Pitch bei 5° liegen und der Hubschrauber gerade noch nicht abheben. Die Drehzahl sollte der Solldrehzahl entsprechen, bei einem Elektro-Hubschrauber der 450er-Klasse beispielsweise 2.200 U/min. Wird diese Drehzahl nicht erreicht, kann während des Testlaufes vorsichtig und unter ständiger Beobachtung des Hubschraubers, die Gaskurve in ihrer Mitte angehoben werden, bis die Solldrehzahl erreicht ist. Besondere Vorsicht ist bei diesem Unterfangen geboten, da der Hubschrauber durch die Drehzahlerhöhung den Bodenkontakt verlieren und unkontrolliert abheben könnte. Wird diese Tendenz bemerkt, muss der Motor abgestellt werden. Es ist nun einerseits die Pitchkurve in der Mitte abzusenken (von +4 auf +3°), damit der Hubschrauber nicht vor Erreichen der Solldrehzahl abhebt. Der Testlauf ist zu wiederholen, wird die Solldrehzahl wieder nicht erreicht, muss wieder abgestellt werden und im Ruhezustand die Gaskurve weiter angehoben werden.

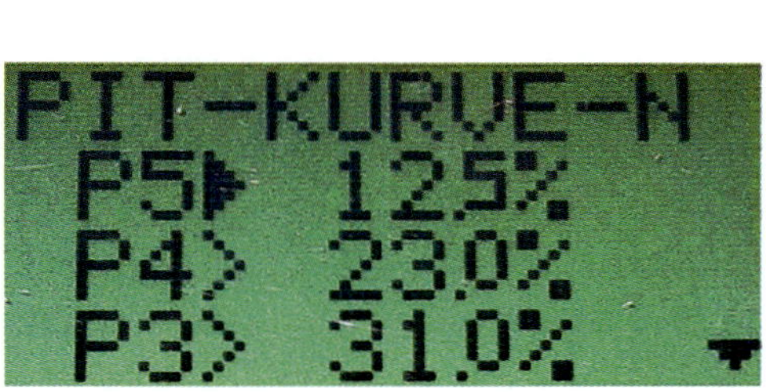

Tabellarische Pitchkurve (Futaba FF-7).

Die Mühe hat sich gelohnt, wenn am Ende dieser Serie von Testläufen die Drehzahl ruhig im Sollbereich schnurrt und die Stabilität im Fluge dadurch gewährleistet ist. Zur abschließenden Überprüfung der Gaskurve wird der Leistungshebel vorsichtig über die Mittelstellung geschoben und der Helikopter dadurch vom Boden gelöst. Nun müssen wir auf unsere Ohren vertrauen: Macht sich ein Drehzahlabfall akustisch bemerkbar, ist die Gaskurve nach der Mittelstellung *zu flach* gewählt. Nach dem Absetzten des Helis erhöhen wir die Leistung entsprechend an P4 (von 80 auf 85 %) und P5 (von 90 auf 95 %). Neuer Schwebeversuch, Ohrenspitzen: Ergebnis registrieren und Gaskurve anpassen.

Zusammenfassend sei festgehalten: die Pitchkurve wird mittels Pitchlehre auf die gewünschten Werte gesetzt. Die Gaskurve wird zunächst auf geschätzte Werte gesetzt, um durch Testläufe und Testschwebeflüge mittels Drehzahlmesser und Gehörsinn angepasst zu werden.

So wie Pitch und Gas für die Flugphase „Schweben“ aufeinander abgestimmt wurden, werden sie auch für „Rundflug“ und „Kunstflug (3D)“ programmiert. Die Pitchkurve beginnt, da sie bekannten Werten folgt, die Gaskurve wird dem angepasst. Die Flugphase „Rundflug“ unterscheidet sich kaum von „Schweben“, außer dass nach Wunsch der obere Pitchwert etwas angehoben werden kann, um noch zügigere Steigflüge zu ermöglichen. Bei der Flugphase „Kunstflug (3D)“ gibt es allerdings krasse Umstellungen: Die Pitchkurve soll nun von -11° bis +11° reichen, damit sich der Hubschrauber auf den Rücken legen kann. Die Gaskurve muss dem angepasst werden, und jeweils in den Endstellungen des Leistungshebels die maximale Motorleistung fordern. Es ergibt sich bei grafischer Darstellung eine V-förmige Gaskurve. „Hebel bauchwärts“ entspricht also „Vollgas“ im Rückenflug. Eine große Umstellung, die für die steuertechnische Umsetzung eine Menge Training erfordert, denn die Gaskurve zwischen unseren Ohren lässt sich nicht mittels Kippschalter umstellen.

Die Programmierung der Pitchkurve ist in jedem Fall manuell vorzunehmen. Was die Gaskurve betrifft, so gibt es unter Umständen eine Möglichkeit, sie mittels Bordelektronik automatisch zu regulieren. Die Funktion heißt „Governor“-Modus. Manche Flugregler für brushless-Motoren sind mit dieser wertvollen Funktion ausgestattet. Die Funktion ist prinzipiell simpel und macht sich das Wesen eines brushless-Reglers zunutze: Der Regler gibt durch seine Schaltkreise die Drehzahl für den Motor vor, er kennt daher seine Drehzahl, weil er selbst den Taktstock schwingt. Wenn nun durch den Mikroprozessor des Reglers festgelegt wird, dass der Motor bis zum Erreichen seiner maximalen Stromaufnahme seine Drehzahl auf einem bestimmten Niveau konstant zu halten hat, dann tut er das auch. Durch den Leistungshebel des Senders wird nun lediglich das Niveau festgelegt, in der Regel um die 70 %. Die Pitchkurve stellt grafisch bei der Verwendung einer Governor-Reglers (oder Drehzahlstellers) eine gerade, waagrechte Linie bei etwa 70 % dar. Den Rest macht der Regler: Wird vom Governor ein Drehzahlabfall registriert, erhöht der Regler den Strom und die Drehzahl hält. Wird die Solldrehzahl bei 70 % Pitchkurve im Governer-Modus nicht erreicht, ist der Antrieb zu schwach.

Man kann sich vorstellen, dass diese Funktion viele Freunde im Hubschrauber-Club hat. Auch für Verbrenner-Hubschrauber gibt es Governer-Bauteile, die die Drehzahl des Rotors mechanisch oder optisch abgreifen und entsprechende Befehle an das Motordrosselservo schicken, um die Drehzahl zu halten.

Fail Save und Servo Hold

Eine Funktion, die bis vor einigen Jahren nur im PCM-Modus zur Verfügung stand, kommt nun auch bei digitalen 35/40-MHz-Empfängern und bei der 2,4-GHz-Technologie zur Anwendung. Es wird dabei eine bestimmte, programmierbare Stellung für ein oder mehrere Servos im Empfänger gespeichert. Für den Fall, dass die Funkverbindung zum Sender während des Fluges abbricht, sei es auch nur vorübergehend, bewegen sich das oder die Servos in diese vorbereitete Stellung. Bei der Funktion „Fail Save“ kann diese Stellung frei gewählt werden, im Modus „Servo Hold“ verbleibt der Servo in der zuletzt vom Sender geforderten Position. Die Funktion „Fail-Save“ kann zu- und abgeschaltet werden, die Funktion „Servo Hold“ ist bei den meisten handelsüblichen Empfängern nicht abwählbar, also ständig aktiv.

Über den konkreten Nutzen dieser Funktionen kommt in es Pilotenkreisen immer wieder zu kontroversen Diskussionen. Der einzig unstrittige Anwendungsfall ist die Fail-Save-Stellung des Antriebskanales auf „Leerlauf“. Diese Maßnahme schützt Mensch und Tier vor Verletzung im Falle einer Funktstörung durch einen unkontrolliert auf Volllast drehenden Propeller oder Rotor. Auch ist die zerstörerische Energie im Falle eines unkontrollierten Absturzes geringer, wenn die Motorleistung durch Fail Save gedrosselt wird.

Für alle anderen Steuerfunktionen gibt es Überlegungen, die im Prinzip auf zwei verschiedene Szenarien hinauslaufen:

Aus der Erfahrung mit Funkstörungen mit PPM-Anlagen im 35/40-MHz-Band weiß man, dass Störungen sich durch Servozittern oder einzelne, unkontrollierte Maximalausschläge ankündigen. Dadurch könnte bemerkt werden, dass man in den Bereich eines „Funkloches" eingeflogen ist, einem Luftraum also, in dem es durch Umwelteinflüsse zu Störungen der Empfangsanlage kommt. Bemerkt man dies frühzeitig, so kann man versuchen, diesen Bereich zu verlassen, bevor es zum Totalausfall der Anlage kommt. Aus der Erfahrung mit PCM-Anlagen weiß man, dass durch Fail Save, vor allem aber durch Servo Hold solche Ankündigungen eines Kontrollverlustes unbemerkt bleiben. Man bemerkt daher nicht, dass man in ein Funkloch einfliegt, und denkt daher auch nicht an eine Kursänderung. In diesem Szenario ist eine sinnvolle Anwendung der Fail-Save- und Servo-Hold-Funktion schwer vorstellbar, denn selbst wenn bemerkt, dass über die Auslösung der Fail-Save-Motordrossel der Motor ohne Zutun plötzlich auf Leerlauf geht, wird das Verlassen des Funkloches durch die fehlende Motorleistung erschwert. Das zweite Szenario geht davon aus, dass die Störung beim Einflug in ein Funkloch so stark sein könnte, dass das Modell mit großer Wahrscheinlichkeit unkontrolliert zum Absturz gebracht wird. Eine vorausschauende Wahl der Fail-Save-Stellung für Seitenruder und Höhenruder bieten zumindest die Chance, dass das Modell praktisch blind eine flache Kurve einleitet und so unter Umständen das Funkloch verlässt. Solche Szenarien werden vor allem im Thermiksegler-Bereich konstruiert, da hier die Ausgangslage bei Eintreten der Störung wahrscheinlich ein ausgetrimmter, stabiler Horizontflug ist. Im Bereich Hangflug oder Kunstflug, wo ständig die Fluglage geändert wird, führt die Fail-Save-Stellung der Steuerungsservos praktisch sicher zum Absturz.

Außer der unbestrittenen Sinnhaftigkeit der Fail-Save-Stellung Leerlauf für die Motordrossel ist eine Ausdehnung dieser Funktion auf die Steuerungsservos also stark von der Einsatzart, dem Fluggelände und der Funkcharakteristik des Modells abhängig.

Bei PCM- und 2,4-GHz-Anlagen wird die Programmierung ausschließlich von einem Menü des Senders aus programmiert, bei digitalen PPM-Empfängern wird der Programm-Modus am Empfänger selbst gesetzt, entweder durch Taster oder durch die Verwendung von Strombrücken, so genannten „Jumpern" auf den entsprechenden Servokanälen.

Nun haben wir die RC-Anlage eingestellt, die Akkus geladen, das Flugzeug ausgewogen, einen Start- und Landeplatz gewählt, das geeignete Wetter abgewartet: Das Flugmodell kann in Betrieb genommen werden.

F3F-Eurotour 2009: Warten auf den Start.

Typischer F3A-Look mit viel Carbon: Shark Elektro.

Die 13 Kilogramm schwere L-213A auf dem Weg zur Hangkante.

Schnelle Wende in Bodennähe, der nächste Steuerimpuls muss sitzen!

Perfekte Geometrie für eine Dreipunktlandung: Sascha Flieheners Yak 55 SP von Composite-ARF, 3 m Spannweite, 18,8 kg Fluggewicht.

Senkrechtes Steigen mit der Extremeflight „Extra 300", Spannweite: 225 cm. Foto: Martin Kopp

Messerschmitt Me-110, ein zweimotoriger Warbird. Foto und Modell: M. Stocker.

Modell oder Original? Überflug einer Piper Cub aus einem Holzbaukasten der Firma Krick.
Foto: Wolfram Holzbrink, www.rcline.de

F3A Wettkampf im „Scale-Look“: Gernot Bruckmanns Yak-55 m bei der Eurotour 2009.

Vorbildgetreue Schulungsmaschine Curtis Jenny (Scale). Foto und Modell: M. Stocker

▲ **Kontrastreiche Farbgebung hilft beim Auffinden nach der geglückten Wiesenlandung: Hangsegler „Laser“ von Stratair.**

Heli-Mechanik im „Raptor 50“ von Thunder Tiger, ein Klassiker der verbrennungsmotorgetriebenen Modellhubschrauber.

Fliegen

Bevor wir das Flugmodell seinem Element übergeben: Wäre es denn nicht von Interesse, warum es überhaupt fliegen soll? Die allgemeingültige Antwort nach dem *Warum* ist erfrischend simpel und hält uns nicht lange auf:

„Jeder Körper fliegt, wenn er mit der notwendigen Energie ausgestattet ist."

Wie viel Beispiele aus dem täglichen Leben bestätigen diese These? Der Dampf, der von der Elektroenergie des Herdes erhitzt vom Kochtopf aufsteigt, der Fußball, der mit der Muskelkraft und der Impulsenergie des Stürmers auf den Flug geschickt wird, Beispiele über Beispiele, und Isaac Newton hat's gesehen und niedergeschrieben: Das Trägheitsprinzip und daraus resultieren, der Energieerhaltungssatz, die Impulslehre, das Gesetz von Actio und Reactio.[(10)]

Wenn also die verfügbare Energie ausreicht, um einen Körper seiner Schwerkraft zu entbinden, dann brauchen wir uns um das Zustandekommen des Fluges nicht zu sorgen. Nun wächst aber Energie nicht unbedingt in dem Maße nach, wie sie durch ein Flugmodell in Reibungshitze und Randwirbel umgewandelt wird. Es ist sogar die Regel, dass für ein bestimmtes energieaufwändiges Vorhaben, sagen wir mal einen Flug, nur begrenzt Energie zur Verfügung steht. Und schon erleben wir, wie nützlich all die Optimierungsmaßnahmen der Aerodynamik sind.

Energie-Management

Es wird Zeit für ein Experiment: Die zu Verfügung stehende Energie ist die Muskelkraft unseres rechten oder linken Armes. Das Objekt, das für den Flug ausgewählt wurde, ist ein Bogen Schreibpapier DIN A 4. Der Ort des Experimentes: Das Wohnzimmer, bitte nur in Ausnahmefällen das Büro.

Das Ziel des Experimentes: Das Blatt Papier soll durch Muskelkraft getrieben von einer Ecke des Zimmers in die gegenüberliegende fliegen.

Versuch 1: Das Papier wird so wie es ist mit ganzer Kraft in Richtung Zielecke geschleudert. Ergebnis: Es kommt dort nicht an, sondern schwebt nach kurzem Aufbäumen eine Armlänge vom Werfer entfernt zu Boden.

Versuch 2: Das Blatt Papier wird zusammengeknüllt auf die ungefähre Form und Größe eines Tennisballes. Das stellt eine eindeutige Optimierung des Stirnwiderstandes dar. Sonst bleibt alles gleich. Ergebnis: Das Papierknäuel erreicht die Zielecke spielend.

Versuch 3: Ein neues Blatt Papier wird zu einem Papierflieger gefaltet. Eine weitere Optimierung im Sinne des Stirnwiderstands, außerdem erzielt man durch die Papierflügel Auftrieb, welcher der Erdanziehung entgegenwirkt. Durch die Faltung von Stabilisierungsflossen (Aufbiegen der Flügelenden)

(10) vergl.: Newtons Gesetze im Anhang B

wird dem Objekt Richtungsstabilität verliehen. Ergebnis: Der Papierflieger überwindet nicht nur die Distanz zur Zielecke, sondern umkreist den Raum auch noch mehrfach, bis er sanft landet.

In jedem der drei Fälle stand die gleiche Energie, das gleiche Material mit dem gleichen Gewicht zur Verfügung. Doch wurde die Energie nicht gleich verwertet: Im ersten Fall sofort an den Luftwiderstand verloren, im letzteren durch Optimierungsmaßnahmen effizient genutzt. Man spricht gerne auch von Energie-Management oder Energie-Handling.

Der erfolgreiche Flug braucht eine gewissenhafte Einteilung der zur Verfügung stehenden Energie. Versagt das Energie-Management des Piloten, fällt das Modellflugzeug, und prinzipiell jedes Flugzeug unkontrollierbar vom Himmel. Über die Methoden des Energie-Managements werden wir in der Folge einiges mehr erfahren.

Der Erstflug

Zunächst wird überprüft, ob die Steuersignale von den Steuerknüppeln korrekt an die Steuerflächen weitergegeben werden. Dies wird als „Ruder-Check“ bezeichnet und soll verhindern, dass es beim ersten Flug, und sei er noch so kurz, zu unliebsamen Überraschungen kommt, weil sich unter Umständen ein Servokabel aus der Empfängerbuchse gelöst hat oder eine Anlenkung beim Transport zum Fluggelände gelöst hat. Auch vor allen folgenden Flügen soll unbedingt ein Ruder-Check durchgeführt werden.

Tabelle 6: Ruder-Check

Steuerachse	Steuerflächen	Steuerknüppel-Befehl: Wirkung:
Querachse	Höhenruder HR	Ziehen/Drücken: HR geht nach oben /unten
Längsachse	Querruder QR	QR-Knüppel links/rechts: Li. QR hoch/tief, re. QR tief/hoch
Hochachse	Seitenruder SR	SR-Knüppel links/rechts: SR (in Flugrichtung) links/rechts

Entspricht ein Ruderausschlag nicht genau den Erwartungen, muss die Ursache dafür gefunden werden, da ein Flug sonst nicht erfolgreich absolviert werden kann. Ein Flüchtigkeitsfehler bei der Programmierung des Senders ist häufig der Grund eines seitenverkehrt ausschlagenden Ruders, und die letzte Möglichkeit einer Aufdeckung bietet der Ruder-Check.

Als zweite vorbereitende Maßnahme in voll montiertem Zustand muss ein Reichweitentest der RC-Anlage durchgeführt werden. Es ist durchaus zielführend, diesen Test bereits durchzuführen, obwohl nur ein räumlich begrenzter, wenige Meter abmessender Einstellungsflug geplant ist. Denn manchmal ergibt es sich, dass ein Flug deutlich über sein geplantes Ausmaß ausgedehnt wird. Dies kann bewusst herbeigeführt sein, da Man bemerkt daher nicht, dass man alle Einstellungen von Anfang an als optimal empfindet und das Flugverhalten im Sinne der Reaktion auf die Steuereingaben der Erwartung voll entspricht. Oder auch durch einen unvorhergesehenen Ausreißer, der das Modell höher und weiter fliegen lässt als beabsichtigt, und Man bemerkt daher nicht, dass man zu tun hat, es wieder in seine Nähe und unter Kontrolle zu bringen. In jedem Fall wird man bemerkt daher nicht, dass man erleichtert sein, die Reichweite der eigenen RC-Anlage im Vorfeld geprüft zu haben. Dazu kommt in rechtlicher Hinsicht die Sorgfaltspflicht bei der Inbetriebnahme von ferngesteuerten Flugmodellen, der auch aus Haftungsgründen heraus genüge getan werden muss.

Eben deshalb findet man auch in der Betriebsanleitung der meisten Funkfernsteuerungsanlagen die Aufforderung, einen Reichweitentest *vor jedem Flug* durchzuführen. Obwohl diese Aufforderung hier in keiner Weise kompromittiert oder aufgehoben werden soll, ist es kein Geheimnis, dass dies, im Gegensatz zum Ruder-Check, nicht den Gepflogenheiten der Modellflugpraxis entspricht. Vielmehr ist es üblich, nach jeder Veränderung an der Struktur des Modells, der Verlegung der Empfangsantenne oder einer Veränderung an der Lage des Empfängers einen Reichweitentest durchzuführen. Jede Auswechslung einer Empfangs- oder Sendeanlage muss ebenfalls durch einen solchen Test abgesichert werden. Auch ein Wechsel des Geländes macht eine neuerliche Überprüfung der Reichweite sinnvoll, da in jeder Funk-Umgebung besondere, individuelle Störungen auftreten können.

Wie der Reichweitentest durchgeführt wird, ist in der Regel der Betriebsanleitung der RC-Anlage zu entnehmen, wobei es Unterschiede zwischen den verschiedenen Herstellern und deren Produkten gibt. Manchmal ist das empfohlene Test-Szenario so konservativ, dass zwar der Produkthaftung des Herstellers Genüge getan wird, ein erfolgreicher Test unter solch erschwerten Umständen aber selten möglich sein wird. So kann gefordert werden, die Senderantenne abzuschrauben und sich 120 Meter vom Modell zu entfernen, während ein Helfer das Modell in 1,5 Metern über dem Boden hält und seine Ruderbewegungen beobachtet. Besteht ein Modell diesen Test, so ist natürlich anzunehmen, dass die Reichweite bei angeschraubter und voll ausgezogener Antenne ein Vielfaches der Testdistanz erreicht.

Besteht sie diesen Test nicht, bedeutet das aber noch nicht unbedingt eine Fehlfunktion. Im Zweifelsfall erhält man ein realistisches Testergebnis, wenn die Testbedingungen auch den Bedingungen des Einsatzes entsprechen, also: Antenne anschrauben, ausziehen und bis zur Sichtgrenze weglaufen. Reagieren die Servos in dieser Distanz auf die Steuerbefehle ohne Zittern, auch wenn es vom Helfer in alle Richtungen gedreht wird, so kann man die Reichweite als getestet annehmen.

Sender mit 2,4-GHz-Technologie haben in der Regel einen senderseitig anwählbaren Modus, der die Sendeleistung zum Zwekke des Reichweitentests reduziert, ohne dass Manipulationen an der Senderantenne selbst notwendig sind.

Schlägt ein Reichweitentest fehl, soll unter keinen Umständen ein Flug mit reduzierter Reichweite unternommen werden. Die Ursachen für den Fehler liegen zumeist in einer ungünstig verlegten Empfangsantenne oder in der Empfängerstromversorgung. In seltenen Fällen liegt der Defekt im Empfänger oder im Sender selbst, eine schrittweise Auswechselung der Komponenten bringt hier Klarheit.

Längsstabilität

Segelflugzeug

Der erste Flug unseres Modells soll ein kurzer Einstellungsflug sein. Wir gehen dabei von einem Segelflugmodell aus, das über drei Achsen gesteuert wird. Die Steuerachsen entsprechen genau den Stabilitätsachsen. Beim ersten Einstellungsflug soll überprüft werden, ob der Schwerpunkt mit der EWD zusammenpasst, und ob die Ruderausschläge ausreichen, um das Flugzeug auszusteuern und einen geraden flachen Gleitflug einzuleiten. Außerdem soll die Reichweite der RC-Anlage getestet werden. Das hört sich nicht spektakulär an, und Zaungäste kommen beim ersten Einstellungsflug wahrscheinlich nicht auf ihre Kosten. Auch wenn das Ego etwas anderes will: Der erste Flug ist *immer* ein Einstellungsflug, und ist immer für die Zuschauer langweilig. Auch „*Ready-to-Fly*"-Produkte brauchen einen solchen Einstellungsflug. Man wählt im Falle des antriebslosen Seglers eine leicht abschüssige Wiese, wenn möglich mit hohem saftigem Gras, bei annähernd Windstille. Hangaufwind ist bei diesem Flug zu meiden, da sich unter Umständen das Modell kräftig in die Höhe schwingt, ohne richtig eingestellt zu sein.

Einmal aus der Hand, zeigt das Modell sofort, ob das Verhältnis zwischen Schwerpunkt und EWD gut gewählt wurde. Neigt sich das Modell im Sinkflug bogenförmig erdwärts, mit einer unsanften Bodenberührung als Abschluss, sollte nicht gegengesteuert worden sein: EWD für die gewählte Schwerpunktlage zu gering oder Schwerpunktlage für die gewählte EWD zu weit vorn. Da wir die Schwerpunktlage mit Rücksicht auf eine gute Querstabilität gewählt haben, wäre es in dieser Phase verfrüht, diese zurück zu verlegen. Da wir die Flugeigenschaften über den gesamten Geschwindigkeitsbereich noch nicht kennen, könnte eine Schwerpunktrücklage zum Verlust der Längsstabilität führen. Bleibt nur noch: EWD geringfügig über die Trimmung der RC-Anlage erhöhen, zweiten Einstellungsflug durchführen und das Ergebnis überprüfen, bis der Gleitflug ohne Höhenruderkorrektur sanft im Gras endet. Sollte sich das Modell nach dem Wurf zunächst kurz in Richtung Zielpunkt bewegen, dann aber eine bogenförmige Aufwärtsbewegung durchführen, haben wir ein Energieproblem. Die kinetische Energie aus der Wurfgeschwindigkeit wird durch den Steigflug in potentielle Energie umgewandelt. Der kurzfristige Höhengewinn führt zum Verlust der Anströmgeschwindigkeit, ein Strömungsabriss ist die unausweichliche Folge. Nun kommt es auf das Abrissverhalten des Modells an. Ist es

Fotostudie Handstart.

Handstart eines Hangseglers durch einen Helfer. Der Pilot steht mit beiden Händen am Sender bereit. (Foto: Hannes Plöschberger)

„gutmütig“, dann senkt es ohne Zutun die Nase, tauscht die Höhe wieder in Geschwindigkeit zurück, bis die Strömung erneut anliegt, und setzt den Flug fort. Im Falle eines „giftigen“ Abrissverhaltens kippt das Modell unvermittelt nach einer Seite ab, und bevor die Anströmgeschwindigkeit aufgrund des Sturzfluges wieder anliegt, erreicht es schon die harte Unterlage. In den meisten Fällen nicht ohne strukturellen Schaden, denn auch ein Sturz aus zwei Metern Höhe ist ausreichend, um das Modell für ein paar Stunden in die Werft zu schicken.

Daher versucht man sofort, das Aufbäumen des Modells nach dem Wurf durch entsprechendes Drücken der Höhensteuerung zu verhindern. Deswegen die freie Hand beim Wurf am Steuerknüppel. Aus diesem Szenario können sich im Prinzip vier Abläufe entwickeln:

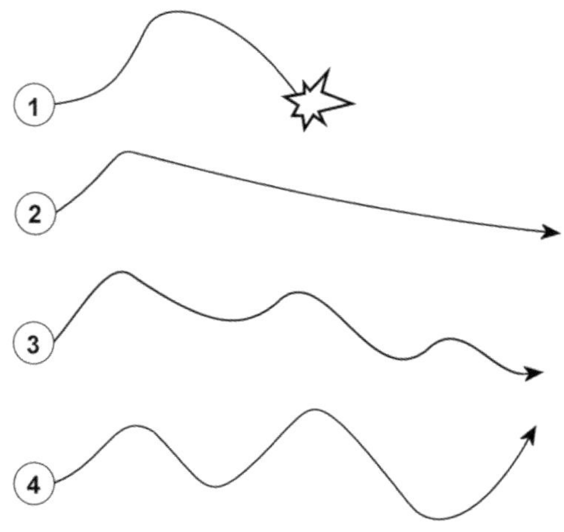

Erster Wurf, Fall 1-4.

1. Unmittelbarer Absturz mit Bruch. Ist am unangenehmsten, weil es neben Reparaturarbeit auch bedeutet, dass aus dem Ereignis kaum Schlüsse auf die Ursache des Unglücks zu ziehen sind.
2. Abfangen des Aufbäumens durch sanftes Drücken der Höhensteuerung. Nach dem Abfangen geht das Modell in einen perfekten Gleitflug und senkt sich ohne Widerstand ins Gras. Auswertung: Fehler beim Wurf, das Modell wurde nicht in Richtung Zielpunkt geworfen, sondern himmelwärts. Eine sanfte Steuerbewegung am Höhenruder konnte das Modell wieder auf Kurs bringen. Schwerpunkt und EWD passen, erster Einstellungsflug erfolgreich beendet.
3. Abfangen durch deutliches Drücken des Höhenruders. Nach der Abfangbewegung nimmt das Flugzeug schnell Fahrt auf, die bogenförmige Steigflugbewegung wiederholt sich, ein neuerliches Abfangen wird notwendig, bis der Flug beendet werden kann. Auswertung: Schwerpunkt und EWD passen nicht zusammen. Je nach Möglichkeit ist der Schwerpunkt etwas vorzuverlegen oder die EWD etwas zu verringern, oder beides, in entsprechend kleineren Schritten.
4. Abfangen nur durch starkes Drücken möglich, nach dem Manöver geht das Flugzeug in einen Sturzflug über, der wieder nur durch starkes Ziehen an der Höhenrudersteuerung abzufangen ist. Das Flugzeug führt regelrechte Bocksprünge aus, eine Stabilisierung ist ausgeschlossen, eine bruchlose Bodenberührung abhängig vom Glück. Auswertung: Die Ursache der Bocksprünge ist Schwerpunktrücklage, der Schwerpunkt liegt offenbar hinter dem Gesamtneutralpunkt. Der Schwerpunkt muss deutlich vorverlegt werden, denn das Flugverhalten beim Einstellungsflug zeigte sich instabil. Die EWD sollte vorerst nur dahingehend überprüft werden, ob sie im Bereich von 2° liegt, mehr nicht. Auch bei plangemäß korrekt eingestellter EWD kann eine *Schwerpunktrücklage* nicht zu einem stabilen Gleitflug ausgesteuert werden.

Nun wird deutlich, dass wir unter Umständen mehrere Einstellungsflüge mit anschließender Korrektur brauchen, um das Modell endgültig in seiner angedachten Flughöhe seiner

Bestimmung zu übergeben. Die Geduld und Zielstrebigkeit bei der Durchführung dieser Serie von Einstellungsflügen machen den Unterschied zwischen Erfolg und Misserfolg aus.

Motorflugzeug

Der grundlegende Unterschied zum ersten Einstellungsflug mit einem Segelflugzeug liegt in der *Startmethode*. Die Wurfenergie der Piloten und Pilotinnen wird entscheidend durch den Antrieb unterstützt.

Als vorbereitende Maßnahme sollte noch am Flugfeld ein Testlauf des Motors erfolgen, indem man die Leistung circa 10 Sekunden lang auf Volllast setzt und dadurch den Antrieb auf montagebedingte Vibrationen und andere Mängel prüft. Dieser Motortestlauf ist für den Piloten mitunter unangenehm, weil er das Gefühl hat, sein Modell im Ruhezustand einer zu großen Belastung auszusetzen. Man sollte sich aber vor Augen führen, dass in dieser Phase eine lockere Luftschraube oder eine lockere oder unbemerkt beschädigte Motoraufhängung noch nicht zum Totalverlust des Modells führt. Bei Verbrennungsmotoren kann es vorkommen, dass der Motor bei Leerlaufdrehzahl stabil läuft, bei Leistungserhöhung aber die Treibstoffzuleitung versagt. Bevor wir also das Modell zum ersten Mal in die Luft bringen, sollten wir uns ein Bild vom Zustand des Antriebes *unter Volllast* machen.

Jede Einstellungsarbeit an einem Motor mit Propellerantrieb erfordert ein gutes Maß an Vorsicht. Verletzungen an den Händen und auch im Gesicht infolge von Propellerkontakt sind leider keine Seltenheit. Solche Verletzungen können auch schwerwiegend sein, wenn der Antrieb stark genug ist. Daher gilt: Je stärker der Antrieb, desto größer der Respekt vor der Luftschraube. Kleine Modelle und Motorsegler mit Elektroantrieb, die aus der Hand gestartet werden, können auch Motortestläufe absolvieren, während sie in der Hand gehalten werden. Zu bevorzugen ist es jedenfalls, wenn ein Helfer das Modell sicher mit beiden Händen hält, während der Pilot hinter dem Modell stehend den Testlauf durchführt. Modelle mit Fahrwerk, insbesondere Modelle, die es erfordern, dass Personen vor dem Modell stehen, um den Motor anzuwerfen, müssen zuverlässig gesichert werden. Oft wird in diesem Moment auf Sicherungsmaßnahmen verzichtet, groß ist die Ungeduld, den Motor endlich einmal in Betrieb zu nehmen. Doch ebenso groß kann die Überraschung sein, wenn sich das Modell nach geglücktem Start unkontrolliert in Bewegung setzt. Es gilt also, nach dem Anlassen des Motors hinter das Modell zu gelangen, um nicht durch den Propeller gefährdet zu werden. Bei Modellen bis zu 1,5 m Spannweite eignet sich unter Umständen schon eine starke Holzlatte, die vor das Fahrwerk geschoben wird. Ist der Standschub nicht extrem groß, so kann das Fahrwerk aus dem Stand heraus die Hürde nicht überwinden. Bei starken Antrieben und großen Modellen ist eine Sicherung mit einem Gurt, der vor dem Leitwerk um das Heck geschlungen und fixiert wird, zu bevorzugen. Ein Gurt mit Karabinerverschluss beispielsweise, der mittels Zelthering im Boden verankert wird, leistest hier gute Dienste. So kann man, sicher hinter dem Modell stehend, den Motor testen und unter Umständen noch letzte Einstellungen an der Fernsteuerung durchführen, ohne dass das Modell eine Gefahr für sie oder andere darstellt. Ist die Arbeit beendet, kann der Karabiner einfach gelöst und das Modell mit Motorkraft zur Startbahn gerollt werden.

Bei Motormodellen kommen ganz unterschiedliche Startmethoden zum Einsatz. Leichte Flugzeuge können unabhängig von der Motorisierung wie ein Segelflugzeug aus der Hand gestartet werden. Die Motorleistung wird dabei auf Halbgas gesetzt und das Flugzeug in Richtung eines imaginären Punktes in etwa 20 Meter Entfernung geworfen. Zusätzlich zu den Beobachtungen, die wir beim Segelflugzeug in Hinsicht auf das Verhältnis zwischen EWD und Schwerpunkt machten, kommt hier die korrekte Einstellung von *Seitenzug* und *Motorsturz* ins Spiel. Unter Motorsturz versteht man eine im Verhältnis zur Flugrichtung nach unten geneigte („gestürzte“) Ausrichtung der Drehachse des Antriebs, während der Seitenzug eine seitlich versetzte Ausrichtung beschreibt. Die Betonung liegt hier im Ausdruck Flugrichtung, welche parallel zur Flugzeuglängsachse verläuft, die ihrerseits stets durch den Schwerpunkt führt. Es handelt sich keinesfalls um eine fixierte, konstruktiv festgelegte Linie, die in einem Bauplan eingezeichnet sein könnte: Die Flugrichtung ändert sich im Flug. Da wir aber Sturz und Seitenzug im Flug nicht ändern können, sollte ein Kompromiss gewählt werden, eine Einbaulage, die in allen Fluglagen ein gut beherrschbares Steuerverhalten gewährleistet.

Je nach Modelltyp und seinen aerodynamischen Eigenheiten können bei Lastwechsel eines propellergetriebenen Motorflugzeuges mit Frontmotor Drehmomente um drei Ebenen auftreten: Ein aufrichtendes Moment um die Querachse („Aufbäumen“), ein Drehmoment um die Hochachse (Gieren) und ein Rollmoment um die Längsachse in Gegenrichtung der Propellerdrehrichtung. Das Aufbäumen bei Lastwechsel (von Leerlauf auf Vollgas) hat zwei Gründe:

1. Die zum Propeller anströmende Luft wird durch den Propeller abgelenkt, durch diese Ablenkung kommt es, begründet durch Newtons „actio und reactio“ zu einer der Ablenkungrichtung entgegengesetzten Kraft: Je größer der Anstellwinkel, desto größer die in der Propellerebene angreifende entgegengesetzte Kraft.
2. Die Tragflächen werden bei Vollgas stärker vom Luftstrom getroffen und erzeugen dadurch mehr Auftrieb. Dies führt zu einem aufrichtenden Moment.

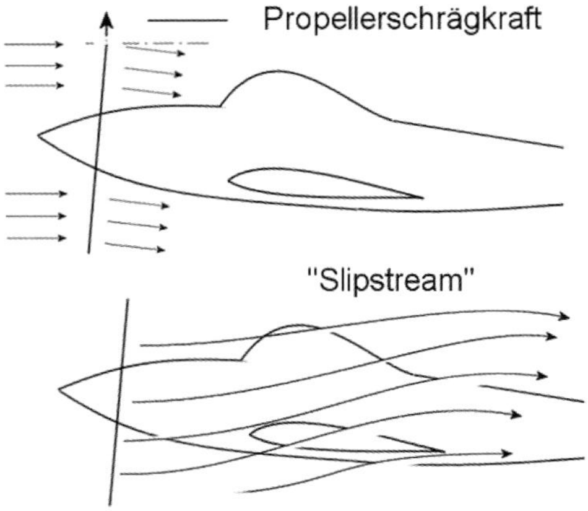

Aufrichtendes Moment durch Lastwechsel.

Das Gier-Moment ist durch die Propellergeometrie des auf- und ablaufenden Blattes im Verhältnis zum Anstellwinkel des Flugzeuges gegeben: Im Falle eines positiven Anstellwinkels (also in den meisten Fluglagen außer Sinkflug und Rückenflug) weist das ablaufende Blatt (bei rechtsdrehenden Motoren also in Flugrichtung gesehen das rechte) einen höheren Anstellwinkel zur anströmenden Luft auf als das auflaufende (linke) Blatt. Der Schub des Propellers rechts der Flugzeugmittellinie ist also größer als auf der linken Seite, was zu einem Gier-Moment um die Hochachse führt.

Das Rollmoment um die Längsachse entgegengesetzt zur Propellerdrehrichtung ergibt sich aus der Masseträgheit des Propellers im Verhältnis zur Masse des Flugzeuges: Nach „actio und reactio“ möchte der Propeller das Flugzeug im selben Maße drehen, wie er selbst gedreht wird. Das gelingt nur in sehr geringem Ausmaß, da es ihm an Masse fehlt. Ein fiktiver Riesenpropeller könnte ein Papierflugzeug natürlich spielend herumdrehen, ohne dass er sich selbst allzuviel bewegt. Im Normalfall bleibt aber nur ein kleiner Rest an Drehmoment, der auf den Rumpf zurückwirkt.

Durch das Setzen eines entsprechenden Sturzes und eines Seitenzuges mittels der Motorbefestigung unterlegten Beilagscheiben oder Keilen kann zumindest zwei von diesen drei durch Lastwechsel bedingten Momenten entgegengewirkt werden. Wie stark diese Abweichung von der Flugrichtung tatsächlich sein soll, muss für jedes Modell

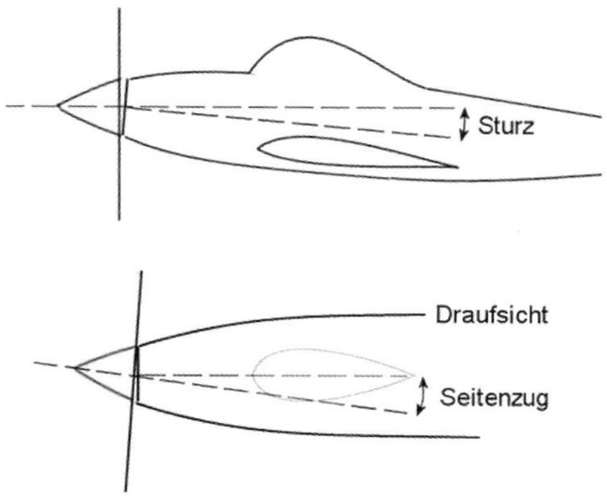

Motorsturz und Seitenzug.

und jeden Antrieb individuell erflogen werden. Als Ausgangswert wird, sofern angegeben, die Einstellung aus der Betriebsanleitung des Modells verwendet. Alternativ dazu ist die Profilsehne des Höhenleitwerkes eine gute Richtlinie für den Motorsturz: Durch das Höhenleitwerk wird die Flugzeuglängsachse ausgerichtet, als Ausgangseinstellung kann die Ausrichtung des Höhenleitwerks für einen ersten Einstellungsflug ohne signifikante Lastwechsel übernommen werden. Weitere Anpassungen sollten erst erfolgen, wenn das Verhältnis EWD/Schwerpunkt zufriedenstellend eingestellt ist

Als Grundeinstellung für den Seitenzug sollten als Ausgangsstellung ein Grad Abweichung von der Mittellinie gewählt werden. Dabei ist zu bedenken, dass das der Propellerdrehrichtung entgegenwirkende Rollmoment nicht durch den Seitenzug zu korrigieren ist, lediglich das durch die auf- und ablaufenden Blätter verursachte Gier-Moment durch asymmetrischen Schub. Das Ziel der Manipulation an Sturz und Seitenzug ist nicht die völlige Beseitigung aller bei Lastwechsel auftretender Momente (das wäre ein fiktiver Idealzustand), sondern, deren Beherrschbarkeit.

Weitere aufwärts oder abwärts gerichtete Momente können bei Motoranordnungen auftreten, bei denen ein horizontaler Hebelarm zwischen Motorwelle und Schwerpunkt entsteht. Diese durch Hebelwirkung entstehenden Momente können durch den Motorsturz nicht unterbunden werden, ein gut dimensioniertes Leitwerk und eine feinfühlige Leistungsregelung zusammen mit einer Gegensteuerung über das Höhenruder schaffen hier Abhilfe. Es ist durchaus zweckmäßig, über eine Mischfunktion des Senders dem Leistungsregler Höhenruder oder Tiefenruder zum Ausgleich der Hebelwirkung beizumischen. Davon betroffen sind Motorsegler mit einem Motoraufsatz oberhalb der Tragflächen und mehrmotorige Modelle mit tiefhängenden Triebwerksgondeln.

Um die Bereiche EWD/Schwerpunkt und Seitenzug/Motorsturz nicht miteinander zu überlagern, ist es nach Möglichkeit während der ersten Einstellungsphase zu vermeiden, die Motorleistung zu verändern. Wir wollen uns zuerst ein Bild über das Verhältnis EWD und Schwerpunktlage bilden. Lässt man dabei den Leistungshebel des Antriebes unberührt auf Teillast stehen, so beeinflusst der Antrieb in dieser Phase das Flugverhalten am wenigsten. Wir können genau gleich wie beim Segelflugzeug vom Flugverhalten auf die Schwerpunktlage schließen und nach einer Sicherheitslandung entsprechende Korrekturen anbringen.

Für den Fall, dass das Flugzeug gleich beim ersten Start nach geringen Trimmkorrekturen bereits längsstabil und gut steuerbar fliegt, können wir zum nächsten Schritt übergehen. Um zu überprüfen, ob Seitenzug und Motorsturz für unser Modell korrekt gesetzt wurden, müssen wir die Leistung verändern. Wir bringen das Modell in Halbgas in eine ausgetrimmte Fluglage und lassen es für uns gut sichtbar horizontal vorbeifliegen. Nun geben wir Vollgas und beobachten die Reaktion des Modells in Hinsicht auf seine Fluglage. Bei korrekter Motorlage behält das Modell seine Fluglage im Prinzip bei, eine leichtes Drehmoment um die Längsachse (rollen) ist durch das Drehmoment des Propellers akzeptabel. Zeigt sich ein starkes Drehmoment um die Querachse, landläufig als „Aufbäumen" (nach oben) oder „Unterschneiden" (nach unten) bezeichnet, so ist der Motorsturz zu stark oder zu wenig stark gewählt. Zeigt sich zudem ein Drehmoment um die Hochachse (gieren), ist der Seitenzug falsch gewählt.

Der Idealfall wäre ein Modell, das auf Leistungsänderungen in seiner Fluglage völlig neutral reagiert und lediglich die Geschwindigkeit ändert. Das heißt, dass kein wie auch immer gelagertes Drehmoment auftritt. In der Praxis wird man das kaum beobachten. Die Wucht der Antriebsenergie führt eben zu Momenten am Modell, und solange diese durch mäßige Steuereingriffe beherrschbar sind, kann der erste Einstellungsflug damit auch abgeschlossen werden. Ein leichtes Drehmoment nach oben wird von vielen akzeptiert, wenn man durch Volllast ohnehin einen Steigflug einzuleiten gedenkt. Entspricht das Flugverhalten nicht den Erwartungen, wird Seitenzug und/oder Motorsturz durch die Unterlegung von Beilagscheiben korrigiert und der Einstellungsflug wiederholt.

Ein besonders spannendes Unternehmen ist die Durchführung des ersten Einstellungsfluges durch Bodenstart. Ab einer bestimmten Größe des Modells ist ein Handstart nicht mehr ratsam, weil der Wurf nicht kontrolliert durchzuführen ist. Hier ist auch eine gewisse Verletzungsgefahr durch den Propeller gegeben. Für einen erfolgreichen Bodenstart ist selbstredend ein Fahrwerk und ein für dieses Fahrwerk geeignetes Startgelände erforderlich. Je kleiner die Fahrwerksräder und je filigraner der Fahrwerksaufbau, desto ebenmäßiger muss die Startbahn sein. Modellflugplätze verfügen zumeist über eine befestigte Startbahn, leerstehende Parkplätze oder Firmengelände kommen als Notlösung ebenfalls in Frage. Bei robusten Fahrwerken kann durchaus eine kurz gemähte Wiese genützt werden. Feldwege oder Schotterstraßen sind nur in den seltensten Fällen geeignet. Schotterkies ist eine echte Hürde für anrollende Modellflugzeuge, diese werden durch einzelne Kieselsteine aus der Bahn gebracht und überschlagen sich noch vor dem Abheben. Flugzeuge, die mit einem lenkbarem Bugfahrwerk („Dreibeinfahrwerk") ausgestattet sind, sind nun im Vorteil: Sie können effektiv wie ein Auto während des Beschleunigungsvorganges bis zum Erreichen der Abhebegeschwindigkeit auf Spur gehalten werden. Bodenstarts werden prinzipiell mit Volllast durchgeführt, damit die Startrollstrecke nicht unnötig verlängert wird. Dabei wird die Höhenrudersteuerung neutral belassen, und die Seitenruder/Bugfahrwerksteuerung zur Richtungskontrolle eingesetzt. Beim Erreichen der Abhebegeschwindigkeit hebt das Modell entweder von selbst ab, oder wird durch einen sanften Steuerimpuls „Höhe" abgehoben. Beobachtungen in Hinsicht auf EWD/Schwerpunkt und Seitenzug/Motorsturz werden nach dem Erreichen einer Sicherheitsflughöhe wie oben beschrieben durchgeführt.

Ist das Flugzeug mit einem „Zweibeinfahrwerk" ausgestattet, gestaltet sich die Richtungskontrolle beim Anrollen zum Start etwas schwieriger. Zumeist verfügen solche Flugzeuge zwar über ein angelenktes Spornrad, die Steuerwirkung ist aber dennoch sehr bescheiden. Der Rumpf neigt zum Übersteuern und Ausschwenken, wenn die Steuerkorrekturen nicht gut dosiert werden. Das Seitenleitwerk hilft erst ab einer gewissen Geschwindigkeit, die Richtung zu halten. Ein gemächliches Anrollen und eine gute Raumaufteilung mit der Vorahnung, dass das Modell beim Startlauf seine Richtung ändern wird, verhelfen zu einem erfolgreichen ersten Bodenstart mit „Zweibeinfahrwerk". Die Höhenrudersteuerung sollte zu Beginn der Startrollphase nach hinten gedrückt werden, um in der ersten Phase dem kleinen Spornrad zu mehr Anpressdruck zu verhelfen. Nimmt das Modell an Fahrt auf, wird das Höhenruder leicht nach vorne gedrückt, damit das Spornfahrwerk abheben kann, die Richtungsführung liegt nun alleine am Seitenleitwerk. Das Flugzeug bietet nun weniger Stirnwiderstand und erreicht schnell die Abhebegeschwindigkeit, es wird mit leichtem Höhenruderausschlag abgehoben. Bei stark motorisierten oder sehr leichten Modellen fällt das Abheben des Spornrades mit dem Abheben des ganzen Modells zusammen, da die Beschleunigung so stark ist, dass der Gesamtauftrieb schon für die Überwindung der Schwerkraft genügt. Sobald das Modell den Bodenkontakt verliert, reduziert sich der Widerstand weiter, das Modell nimmt stetig Fahrt auf. Nun hat das Zweibeinfahrwerk in der Regel einen Vorteil gegenüber dem Dreibeinfahrwerk: weniger Gewicht, weniger Widerstand, daher bessere Flugleistung bei gleicher Motorisierung. Die erste Serie von Einstellungsflügen brachte Sicherheit im Bezug auf die Längsstabilität. Sie ist zur Fortführung des Flugbetriebes notwendig. Neben der Längsstabilität werden nun, je nach Einsatzart, die restlichen Stabilitätsebenen erforscht.

Richtungsstabilität

An der Stabilität um die Hochachse, also der *Richtungsstabilität*, sind gleich mehrere Bauteile eines Flugzeuges beteiligt: der Rumpf, das Seitenleitwerk mit dem Seitenruder, bei gepfeilten Tragflächen auch diese, und wenn vorhanden, auch Motorgondeln und Winglets. Wir gehen in der Praxis davon aus, dass unser Modell richtungsstabil ist, und wir haben einstellungsseitig wenig Einfluss darauf, es sei denn wir nehmen konstruktive Veränderungen

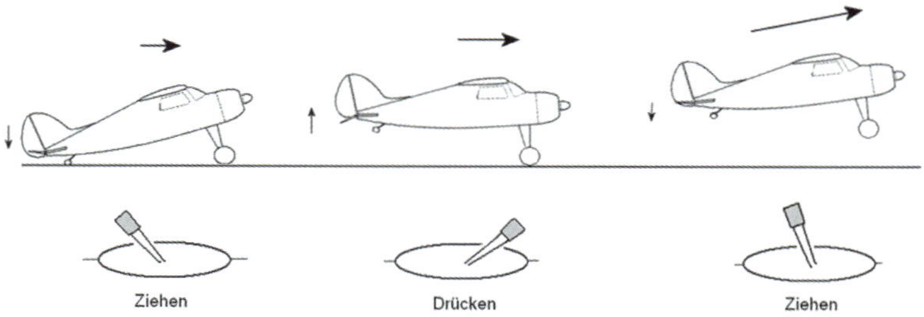

Startvorgang mit Spornrad-Flugzeug („Taildrager“).

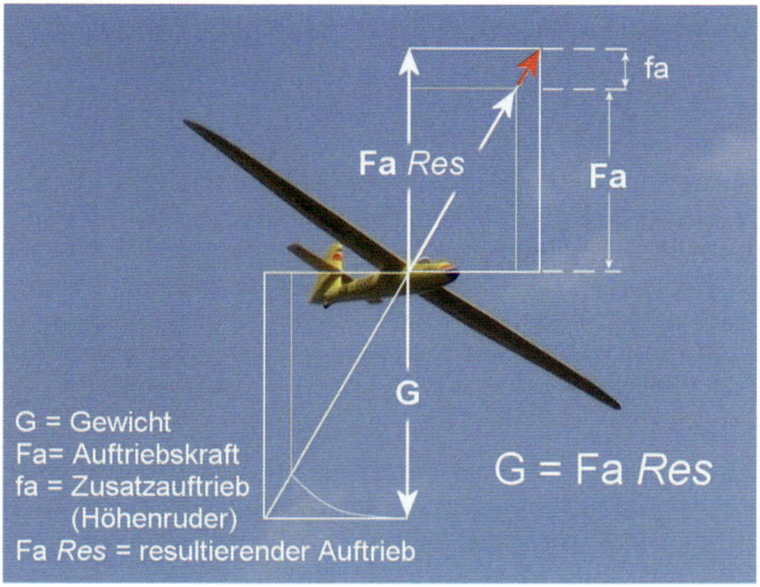

Kräfteparallelogramm im Kurvenflug, zum Ausgleich der Gewichtskraft muss ein Zusatzauftrieb durch Höhenrudereinsatz erzeugt werden.

vor. Unerwünschte Gier-Momente treten nur durch zu stark gesetzten Seitenzug des Motors auf, oder bei mehrmotorigen Flugzeugen nach Ausfall einer Seite des Antriebes. In diesem Fall zeigt sich, ob das Seitenleitwerk in seiner Dimension der Notsituation genügt, oder ob es nur zur Zierde mitfliegt: Einmotorenflug erfordert beherzten Einsatz des Seiteruders und eine angemessene Fluggeschwindigkeit, um den Flug kontrolliert zu Ende zu bringen.

Ganz anders liegt der Fall bei gewünschten, weil durch Seitenruderausschlag herbeigeführtem Gier-Moment. Wir brauchen dieses Moment um die Hochachse zur Steuerung von Modellen ohne Querruder. Während sich das Flugzeug durch den erhöhten Staudruck auf der Seite des ausgeschlagenen Seitenruders mit dem Heck in die entgegengesetzte Richtung um die Hochachse dreht (actio und reactio) passiert etwas mit den Tragflächen. Die außen liegende Tragfläche wird beschleunigt, und die innen liegende abgebremst. Dadurch erhöht sich der Auftrieb an der vorauseilenden Tragfläche, und das Flugzeug erfährt ein Drehmoment um die Längsachse: Es rollt, und zwar in dieselbe Richtung, die durch das Gieren vorgegeben wurde. Man könnte, analog zum negativen Rollwende-Moment, von einem *positiven* Wende-Rollmoment sprechen.

Das bedeutet aber auch, dass wir zum Steuern einer Kurve zwei fast gleichwertige Alternativen haben. Die bevorzugte Methode ist freilich die Steuerung über zwei differenzierte Querruder, oder zwei undifferenzierte Querruder mit Seitenruderunterstützung bei der Einleitung der Kurve. Diese Steuerungsmethode führt zu einer besseren Ausbeute der Flugenergie. Die resultierende Kraft aus Zentrifugalkraft und Gewichtskraft wirkt der Auftriebskraft der Tragflächen direkt entgegen, und der Widerstand des in Flugrichtung ausgerichteten Rumpfes ist geringer als der schräg zur Flugrichtung stehende Rumpf im Moment des Gierens. Doch sobald eine Querlage durch die vorauseilende Tragfläche eingenommen wurde, wird aus dem energetisch minderwertigem Gieren oder Schieben ein im Kräfteparallelogramm ausgeglichener Kurvenflug, der mit Höhenruder und Seitenruder stabilisiert wird. Jede Querlage, egal ob durch Querruder oder Seitenruder herbeigeführt, erfordert eine Abstützung durch das Höhenruder, wenn die Höhe gehalten werden soll. Auch dieses abtauchende Moment beim Kurvenflug durch Querlage ist einfach im Kräfteparallelogramm zu erkennen: Ein Teil der Auftriebskraft wird beim Kurvenflug gegen die Zentrifugalkraft gerichtet, fehlt also für den Ausgleich gegen die noch immer senkrecht nach unten gerichtete Schwerkraft. Die Flugbahn würde sich also erdwärts neigen, wenn man die Kurve nicht mittels Höhenruder abstützt.

Durch den Höhenrudereinsatz und den Zusatzauftrieb **FA** wird der resultierende, nach oben gerichtete Auftrieb **FA *Res*** wieder an die Gewichtskraft **G** angeglichen.

Der Schluss für die Konstruktion von Modellflugzeugen liegt auf der Hand: Unter Umständen kann auf Querruder oder auf Seitenruder verzichtet werden. Der Verzicht bleibt nicht ohne Folgen, doch können diese, der Einsatzart des Modells entsprechend, meist toleriert werden. So unterscheidet man zwischen zweiachs- und dreiachsgesteuerten Modellen. Zweiachsgesteuerte Modelle, die über keine Querruder verfügen, findet man häufig im Bereich von besonders eigenstabilen Einstiegsmodellen in Verbindung mit einer deutlichen V-Stellung der Tragflächen. Dies hat im Falle einer falschen, weil in die falsche Richtung wirkenden Seitenruderansteuerung den Effekt, dass die Ruderwirkung vom Boden aus zwar erkannt und korrigiert werden kann, die Auswirkung der Fehlsteuerung aber gering bleibt, da das Modell seine Lage nur mit leichter Verzögerung ändert. Wenn das Seitenruder wieder neutral gestellt wird, das Flugzeug sofort wieder in seine Normallage zurückpendelt. Wird von dem Modell eine gute Wendigkeit und eine direkte Reaktion auf die Kurvensteuerung erwartet, so sollte man bei der Konstruktion eher auf das Seitenruder verzichten. Wie man es bei kleinen schnellen Hangseglern oder Elektro-Hotlinern gelegentlich sieht. Durch den Verzicht auf Querruder oder Höhenruder wird das Steuerungssytem weniger aufwändig, leichter, kostengünstiger und störungsfester. Diese Vorteile kosten aber die Redundanz, also die Ersetzbarkeit im Falle eines Defektes bei einer der Komponenten. Eine defekte Querrudersteuerung wegen Servogetriebeschadens oder Bruch einer Steuerstange kann mit etwas Glück durch das Seitenruder noch gelandet werden. Ein defektes Seitenruder wird in der Regel erst nach der Landung beim Rudercheck bemerkt. Für bestimmte Aufgaben, wie zum Beispiel Kunstflug oder Mehrmotorenflug, braucht man jedenfalls drei Steuerachsen, also Querruder Höhenruder *und* Seitenruder.

Eine stark rückwärtige Schwerpunktlage wirkt sich zu ungunsten der Richtungsstabilität aus, doch ist die unmittelbare Wirkung auf die Steuerbarkeit in diesem Fall wesentlich stärker von der unzureichenden Längsstabilität geprägt. Bevor also bei einem Einstellungsflug ein Verlust der Richtungsstabilität bemerkt werden würde, steckt der Flieger schon im Acker.

Querstabilität

Was bisher geschah: Durch einen oder mehrere Einstellungsflüge, das heißt kurze Geradeausflüge von uns weg in Richtung eines geeigneten, weichen Landeplatzes, wurde die Längsstabilität des Modells geprüft. Gegebenenfalls wurde EWD und/oder Schwerpunkt versetzt, und eventuell wurden leichte Richtungskorrekturen über Querruder oder Seitenruder durchgeführt, um das Modell geradeaus von uns wegzufliegen. Haben wir ein Modell mit starker V-Stellung der Tragflächen, so haben wir bemerkt, dass es sich selbst in eine horizontale Lage zurückbringt, nachdem es von einer Bö oder einem Seitenruderausschlag aus dieser herausgebracht wurde: Sobald sich eine Tragflächenhälfte nach unten senkt, bekommt sie mehr effektive Auftriebswirkung in Gegenrichtung zur Schwerkraft. Solange sie schräg steht, wirkt ein Teil ihres Auftriebs seitwärts. Dadurch, dass die gegenüberliegende Tragflächenhälfte im Horizontalflug ebenfalls schräg steht, entsteht ein Gleichgewicht in Hinsicht auf die nach unten und seitwärts gerichteten Kräfte des Auftriebes.

Geht nun eine Seite nach unten, wird der nach oben gerichtete Anteil des Auftriebes stärker, der seitlich gerichtete weniger, oder

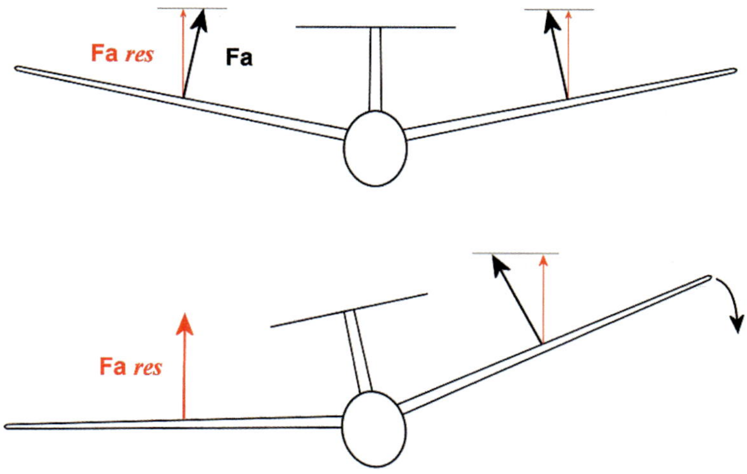

Querstabiltät durch V-Stellung.

Fa = Auftriebskraft
Fa *res* = Resultierende, horizontal wirkende Auftriebskraft

verschwindet ganz, wenn die Fläche genau horizontal liegt. Die gegenüberliegende Fläche verliert an nach oben gerichtetem Auftrieb, und senkt sich daher wieder, während sich ihr Gegenüber hebt. Je stärker die V-Stellung, desto besser die Querstabilität, möchte man meinen – falsch! Bei zu starker V-Stellung wirkt das aufrichtende Moment in die Gegenrichtung, es kommt zu einer Pendelbewegung um die Längsachse: Das Flugzeug wackelt ohne Pause mit den Tragflächen, weil die aufrichtenden Momente zu stark sind. Eine kontrollierte und prompte Kurvensteuerung wird dadurch unmöglich. Ein gesundes Maß ist hier in Bezug auf die V-Stellung geboten, besonders bei Seglern mit einem dreifach geknicktem Flügel besteht die Möglichkeit der Über-Stabilisierung. Bei unseren Einstellungsflügen hatten wir soweit steuertechnisch gesehen keine besonderen Gesichtspunkte bei der Kurvensteuerung zu beachten. Solange das Flugzeug von uns wegfliegt, legen wir den Querruder- oder Seitenruderknüppel nach links, wenn wir nach links wollen, und nach rechts vice versa. Nun kommt der Moment, in dem

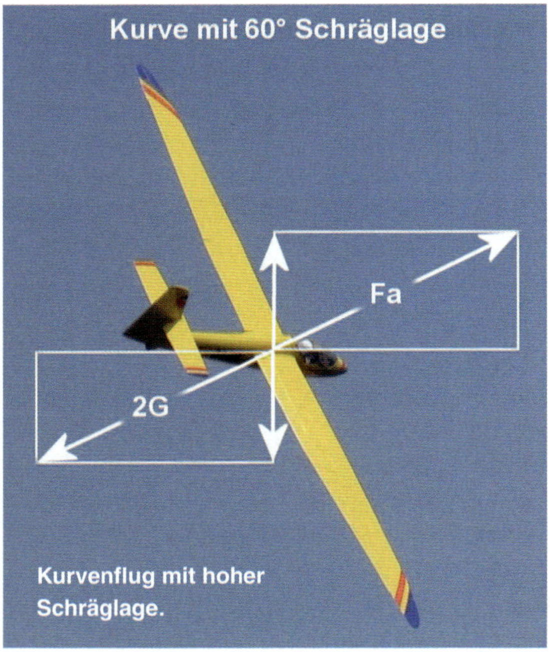

Kurvenflug mit hoher Schräglage.

wir das Flugzeug wenden müssen, damit es wieder zu uns zurückkommt. So wenden wir das Flugzeug also, mit einer flachen Kurve um 180°, das Flugzeug zeigt uns nun die Nase und wird wieder langsam größer. Bevor wir Kurven mit mehr als 30° Querneigung mit einem Flugzeug fliegen, sollten uns die aerodynamischen Folgen von Querlagen bekannt sein. Zunächst einmal erfordert eine Querlage im Kurvenflug den Einsatz des Höhenruders, falls die Höhe gehalten werden soll. Das bedeutet für die Belastung der Struktur, dass ein bestimmtes Vielfaches des Eigengewichtes auf das Flugzeug wirkt, und zwar ansteigend mit zunehmender Querlage. Während das Lastvielfache bei Kurven von unter 30° Querlage noch zu vernachlässigen ist, beträgt es bei 60° Querlage schon das Doppelte der Gewichtskraft G, also 2G. Die Überziehgeschwindigkeit erhöht sich ebenfalls, und zwar um die Wurzel aus dem Lastvielfachen, bei 2G um den Faktor 1,4. Hat ein Flugzeug also im Horizontalflug eine Abrissgeschwindigkeit von 30 km/h, kommt es während einer 60°-Steilkurve bereits bei 42 km/h zum Strömungsabriss. Ein gefährliches Szenario, denn die Geschwindigkeit nimmt durch den starken Widerstandszuwachs im Kurvenflug ab, wenn keine Energie nachgeliefert wird. Es ist daher anzuraten, Steilkurven zu vermeiden, es sei denn es liegt genügend Geschwindigkeitsüberschuss an. Zurück zu unserer Wende: Das Flugzeug kommt auf uns zu, nun senkt sich eine Tragfläche, das Flugzeug möchte sich nach links wegdrehen, wir steuern sogleich zur Korrektur der Fluglage nach – na? Das Flugzeug soll sich von uns aus gesehen wieder nach rechts drehen, daher steuern wir höchstwahrscheinlich nach rechts, wie es unserem Impuls entspricht. Und damit geht das Flugzeug von uns gesteuert in eine Steilspirale ein und stürzt ab. Noch während wir das Knacken von brechendem Holz und das Bersten von GFK hören, bemerken wir unseren Fehler – falsche Richtung! Wir hätten ja nach links steuern sollen, damit das Flugzeug nach rechts geht, wenn es in unsere Richtung fliegt. Würden wir im Flugzeug sitzen, gäbe es diese rechts-links-Problematik nicht. Aber wir sitzen nicht drin, und unser Gehirn ist in der Regel zu langsam, dieses Umdenken in der geforderten Zeit zu schaffen.

Die erste Wende

Wenn man mir zur Erläuterung der Maßnahmen für erfolgreichen Modellflug nur einen einzigen Satz zugestehen würde, dann wäre es dieser:

„Drücke gegen die hängende Fläche!“

Dieser kleine Merksatz, den wir uns gleich nach dem Gedanken „Ruder-Check!“ vor jedem Flug durch den Kopf gehen lassen, löst das Problem auf eine intuitive Weise. Es braucht zwar einige Wiederholungen, laut Gehirnforschung etwa 27, bis sich dieser Merksatz verinnerlicht, doch dann wird er zur erprobten Selbstverständlichkeit. Vor allem, wenn wir vor jedem Flug zwei Gedanken aufrufen:

1. „Ruder-Check!“, und ihn auch durchführen
2. „Drücke gegen die hängende Fläche!“

Untersuchen wir nun gründlich den Hintergrund dieses Merksatzes: Wir wenden ihn nur an, wenn der Flieger auf uns zukommt. Nur dann müssen wir uns überhaupt über die Steuerrichtung Gedanken machen, entfernt sich der Flieger von uns, ist alles wie beim Radfahren. Aber wenn er auf uns zukommt, und eine Tragfläche beginnt, sich zu senken, sich dem gefährlichen Boden zu nähern, dann drücken wir *in diese Richtung*. Angeblich stammt von Wilbur Wright der Ausspruch: „Das gefährliche am Fliegen ist die Erde“, und da dem so ist, bedeutet eine erdwärts geneigte Tragfläche Gefahr, und dagegen drücken wird den Steuerknüppel, egal ob Querruder oder Seitenruder. Dieses Entgegendrücken richtet die Tragfläche wieder auf, schafft Abstand zwischen Erde und Fluggerät, der Flieger bewegt sich in seine Horizontallage zurück und kommt weiterhin auf uns zu. Wer die Wirkung dieser Methode mehrmals erlebt hat, dem erscheint sie selbstverständlich. Sie ist eine Voraussetzung für einen gezielten Landeanflug, der nach Möglichkeit immer auf uns zu und nie von uns weg erfolgt. Wir wollen das Modell in unserer Nähe haben, wenn es aufsetzt, um die Lage und die Bewegungen kurz vor dem Bodenkontakt noch gut kontrollieren zu können. Lassen wir das Modell zur Landung von uns wegfliegen, kann es sich sehr schnell aus dem Bereich entfernen, in dem wir gute Sicht auf das Gelände haben.

Die erste Wende läuft also steuerungstechnisch wie folgt ab:

- Stabiler Horizontalflug von uns weg.
- Einleiten einer Kurve mit Querruder und-oder Seitenruder.
- Abstützen der Kurve durch leicht gezogenes Höhenruder.
- Beobachtung des Kurvenweges und der Querlage, 30° Querneigung (*engl: bank*) nicht überschreiten.
- Das Flugzeug zeigt sich nun erstmals im Flug von der Seite, wenn es einen Viertelkreis durchflogen hat, wir behalten Querlage und Höhenruderzug bei, bis sich die Nase des Flugzeuges fast direkt gegen uns richtet.
- Nun leiten wir die Kurve aus, indem wir *gegen die hängende Fläche drücken.*
- Das Flugzeug richtet sich aus seiner Querlage in die Horizontallage auf.
- Sobald wir eine Neigung einer Tragflächenhälfte wahrnehmen, drücken wir wieder *gegen die hängende Fläche* und heben diese auf.
- So lassen wir das Flugzeug nahe an uns vorbeifliegen, bis es uns wieder das Heck zuwendet.
- Übergang zu sorgloser Querrudersteuerung, bis zur nächsten Wende.

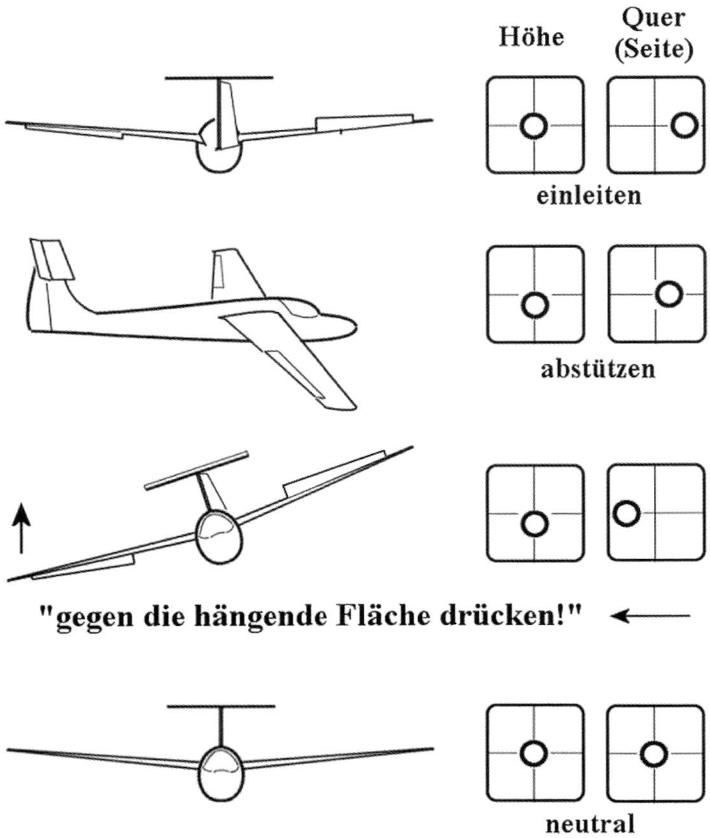

Steuerungstechnischer Ablauf einer Wende.

Die erste Wende mit einer anschließenden Sicherheitslandung vor unseren Füßen schließt den Abschnitt der Einstellungsflüge ab. Wir wenden uns nun den Flugphasen und ihren besonderen Charakteristika zu.

Flugphasen

Start

In der personentragenden Fliegerei gilt diese Flugphase als besonders gefährlich, weil in dieser Phase ein Triebwerksausfall sehr ungelegen käme: Das Flugzeug hat während des Startrollvorganges schon einige Energie aufgebaut, hat aber noch keine Sicherheitshöhe erreicht und gegen Ende des Startrollvorganges einen Großteil der Starbahn schon verbraucht. Im Modellflug treffen diese Faktoren ebenfalls zu, doch sind die Auswirkungen weniger folgenschwer. Die meisten Modelle werden für den Start aus der Hand geworfen, entweder von uns selbst oder von einer Hilfsperson, damit wir uns ganz auf einen kontrollierten Startvorgang konzentrieren können. Der Start beginnt dann, wenn die für den Start erforderliche Kraft freigesetzt wird, sei es in Form von Motorleistung oder von Wurfkraft, oder einer Kombination davon. In dieser Phase des Starts hat das Modell also noch direkt oder indirekt Kontakt zur Erde. Der Augenblick des Loslösens von diesem Kontakt ist stets kritisch. Die Geschwindigkeit muss in diesem Moment ausreichend sein, an den Tragflächen genügend Auftriebskraft zu erzeugen, um die Schwerkraft zu überwinden. Beim Handstart ist noch eine gewisse Energiereserve vorhanden, da das Modell von der Ausgangshöhe noch etwa einen Meter an Höhe verlieren darf, um Geschwindigkeit aufzubauen: potentielle Energie in Form von Höhe wird in kinetische Energie in Form von Geschwindigkeit umgewandelt.

Beim Bodenstart wird die Startrollstrecke genützt, um durch stetiges Beschleunigen die Abhebegeschwindigkeit zu erreichen. Je länger die Startrollstrecke ist, desto größer ist die Gefahr, die Richtungskontrolle teilweise oder ganz zu verlieren und mit einem Hindernis zu kollidieren. Um diese „Anlaufstrecke" so kurz wie möglich zu halten, werden Bodenstarts stets mit voller Leistung durchgeführt. Hat das Modell den Bodenkontakt verloren *und* ist in der Lage, einen kontrollierten Steigflug einzuleiten, ist der Startvorgang beendet.

Sofern wir mehrere Einstellungsflüge absolviert haben, wissen wir schon einiges über die speziellen Starteigenschaften des Modells. Ein Ausbrechen des Modells nach einer Seite ist bei stark motorisierten Modellen eine Folge des Drehmoments des Propellers. Es wird selbst durch Seitenzug beim Einbau des Motors nicht völlig beseitigt werden und muss durch Ansteuern des Seitenruders kontrolliert werden. Eine besondere Form des Handstarts ist der so genannte Hochstart. Er kommt für alle Segler, aber auch für Impellermodelle und Jets in Frage. Die grundlegende Problemstellung liegt darin, ein Flugzeug ohne Antrieb auf eine Ausgangshöhe zu bringen, von der aus das Flugprogramm absolviert werden kann. Impeller oder Jets können von dieser Starttechnik profitieren, da der Standschub dieser Antriebe verhältnismäßig gering ist und die Effizienz des Motors erst ab einer gewissen Fluggeschwindigkeit einsetzt.

Im Hobby-Bereich wird seit Jahrzehnten mit verschiedenen Hochstartseilen oder Seilwinden experimentiert, im Wettbewerbsbereich gibt es dafür wissenschaftlich dokumentierte Reglements. Das Grundmaterial für ein Hochstartseil, umgangssprachlich auch als „Flitsche" bezeichnet, ist Gummi in Form von Naturkautschuk. Die folgende Beschreibung soll als grober Anhaltspunkt für die Herstellung und den Gebrauch einer Eigenbauflitsche gesehen werden, ohne jeden Anspruch auf Vollständigkeit und unter Aufwendung größtmöglicher Vorsicht vor Verletzungsgefahr für Ausübende und Publikum.

Aus einem LKW-Schlauchreifen kann ein 3 bis 4 cm breites Band in einer Länge von 15 bis 30 Metern geschnitten werden. Daran wird ein Nylonseil gestückelt, wobei die Verbindung zwischen Nylonseil und Gummi durch Schlingen zu bewerkstelligen ist, die Verwendung von Metallösen ist wegen der Verletzungsgefahr bei Seilriss zu vermeiden. Das Verhältnis zwischen Gummiband und Nylonseil sollte für einen typischen Seg-

Bodenstart mit 2-Bein-Fahrwerk kurz vor dem Abheben.

lerhochstart etwa 1:3 betragen, an 30 Meter Gummiband kommen in diesem Fall 90 bis 100 Meter Nylonseil. Mit dieser Länge werden typischerweise Hochstarthöhen von 100 Metern erreicht, was im Hobbybereich schon als gute Ausgangsbasis für Thermiksuche gilt. Die Befestigung am Boden erfolgt in der Regel durch einen mindestens 30 cm langen Zelthering, der entgegen der Zugrichtung tief in die Erde geschlagen wird. Vor dem Einsatz muss jede Flitsche, insbesondere ein Eigenbau wie oben beschrieben, auf seinen Ausdehnungsgrad getestet werden. Dabei sollte das Seil maximal auf 50 % seiner Bruchstärke ausgezogen werden. Das bedeutet für die Praxis: Ein vergleichbares Stück Gummiband wird so lange ausgezogen, bis es reißt, dabei muss die Testperson Vorkehrungen zum Schutz gegen das rückpeitschende Band treffen. Wurde ein 1 Meter langes Gummiband beispielsweise bis zum Bruch auf 8 Meter ausgezogen (800 %), so liegt sein maximaler Dehnungsgrad im Einsatz bei 400 %. Das bedeutet beispielsweise für das oben beschriebene Eigenbauseil mit einem Gummianteil von 30 Metern, dass dieses von seiner Gesamtlänge von 120 Metern auf 210 Meter ausgedehnt werden kann (Dehnung des Gummianteils von 30 auf 120 Meter).

Die Zugkraft des Seiles sollte dem drei bis fünffachen Modellgewicht entsprechen, wobei nicht nur das Gewicht, sondern hauptsächlich die Spannweite für die Leistung des Hochstartseiles maßgeblich ist. Ein aufrecht stehender kräftiger Helfer kann eine horizontale Zugkraft von maximal 20 Kilopond halten, somit ist die Hochstartfähigkeit durch Handstart bis zu einem Modell-Eigengewicht von über 6 Kg nicht mehr gegeben. Für den Einsatz stärkerer Zugkräfte muss eine Handwinde zum Spannen des Seiles verwendet werden, wobei das Flugmodell am Boden durch eine per Fußpedal auslösbare Haltevorrichtung befestigt wird. Dem Schutz von Personen vor den Folgen eines Seilversagens ist hier größte Aufmerksamkeit zu widmen. Wer lieber auf Experimente mit Eigenbauflitschen verzichten möchte und stattdessen industriell

Fotostudie eines Windenstarts bis zur Steigphase.

Hochstartechnik vs., Bungee-Start.

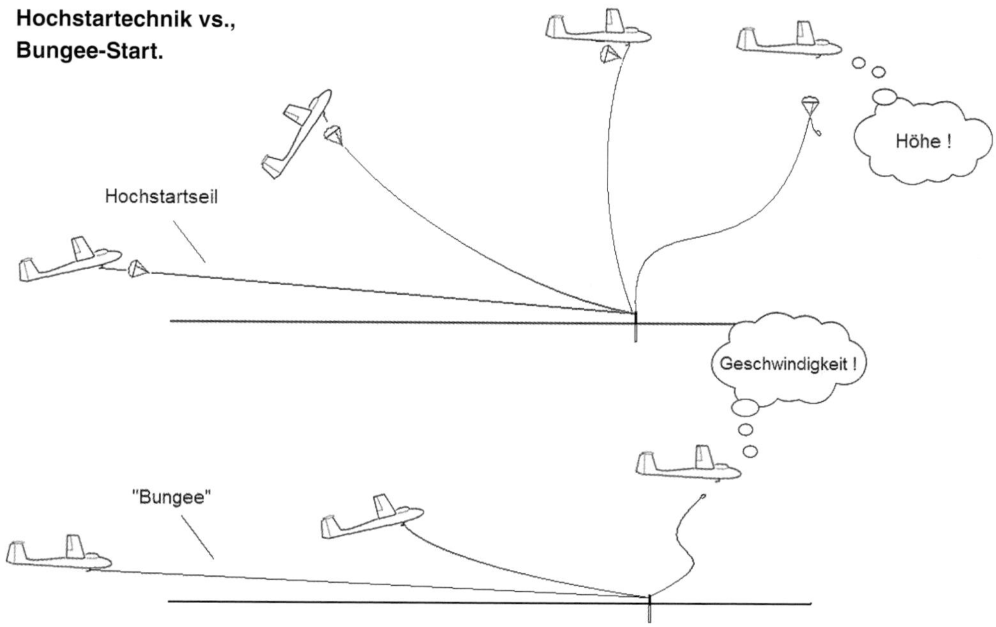

geprüfte Vierkantgummis oder Kautschukschläuche verwenden will, dem stehen über den Fachhandel diverse Produkte zur Verfügung. So bietet beispielsweise der Hersteller EMC-Vega eine Palette von Naturkautschuk-Schläuchen mit einem geprüften maximalen Ausdehnungsgrad von fast 1.000 % an, was 500 bis 600 % Ausdehnung bei relativ konstanter Zugkraft im Einsatz ermöglicht.

Für den Wettbewerbseinsatz kommen zusätzlich zu den Hochstartgummiseilen auch noch motorgetriebene Winden zum Einsatz. Diese Seilwinden, die mit einem Elektro- oder Dieselmotor angetrieben werden können, setzen geschultes Personal für die Bedienung voraus, das nur im Umfeld von Vereinen und Wettbewerben anzutreffen ist. Die Verletzungsgefahr durch die hohen Zugkräfte und die Peitschenwirkung losgelassener Seile ist derart groß, dass hier ausdrücklich von einer ungeschulten Benutzung abgeraten wird.

Um für einen Hochstart in Frage zu kommen, muss das Flugmodell über einen Hochstarthaken verfügen. Dieser muss an der Rumpfunterseite je nach Rumpflänge, zwischen einem Daumen und einer Handbreit vor dem Schwerpunkt angebracht sein. Liegt der Hochstarthaken zu weit vor dem Schwerpunkt, beispielsweise an der Rumpfspitze, besteht die Gefahr, dass das Modell am Scheitelpunkt des Steigfluges vom Hochstartseil nach unten gezogen wird und nicht ausklinken kann.

Die Festigkeit und Steifheit der Struktur des Modells muss ausreichen, um den momentan wirkenden Beschleunigungskräften zu widerstehen. Insbesondere die Tragflächen sind durch ihre Masse und ihre Stirnfläche während der Beschleunigung starken Momenten ausgesetzt. Eine typische Holzrippenfläche widersteht einer Zugkraft, die dem drei- bis vierfachen des Modellgewichts entspricht. Styro-Abachi-Tragflächen eignen sich. Bei optimalen Bedingungen für Zugkräfte bis zum 7-fachen des Modellgewichts, stärkere Zugkräfte erfordern ein Modell in Voll-GFK/CFK-Bausweise.

Ein typischer Hochstart erfolgt, wie jeder andere Start auch, gegen die Windrichtung. Wir, oder im Idealfall eine Person die uns assistiert, legen das Seil in Windrichtung aus und hängen den Hochstarthaken in die Öse am Seil ein. Während man den Rumpf mit beiden Händen festhält, marschiert die Assistenz nun die vorberechnete Distanz entgegen der Flugrichtung. Dabei achtet sie darauf, das sich spannende Seil nicht im Gestrüpp oder anderen Hindernissen zu verheddern. Die Sicht auf die Verankerung soll nicht durch Bodenunebenheiten behindert werden. Hat die Assistenz die gewünschte Ausdehnungslänge des Seils erreicht, bringt sie das Modell in eine circa 30° nach oben gerichtete Startposition. Bei sehr starker Spannkraft kann das Modell auch aus einer waagrechten Lage freigegeben werden. Die Modellpiloten, in dieser Phase direkt neben der Assistenz stehend, führen einen letzten Rudercheck durch und sprechen zu sich selbst: „Nach der ersten Wende – gegen die hängende Fläche drücken", wie vor jedem anderen Start auch.

Auf das Kommando gibt die Assistenz das Modell frei, ohne dabei durch übertriebene Wurfkraft zusätzliche Schleudermomente zu erzeugen. Es folgt ein gesteuerter, steiler Steigflug, in seiner Anfangsphase dem Steigenlassen eines Drachens ähnlich. Die Konzentration richtet sich dabei auf das Beibehalten der horizontalen Querlage, die durch Querruder- oder Seitenrudereinsatz korrigiert werden kann. Je mehr das Modell an Höhe gewinnt, desto mehr flacht der Steigflug bogenförmig ab, bis der Scheitelpunkt des Steigfluges erreicht ist. Die Position des Modells liegt dabei direkt über dem Ankerpunkt des Hochstartseiles, das Seil selber ist nicht mehr straff gespannt, sondern bogenförmig entgegen der Flugrichtung gekrümmt. In dieser Position sollte die Öse am Ende des Seiles selbstständig vom Hochstarthaken rutschen und zu Boden fallen. Um die Fallgeschwindigkeit des herabfallenden Seiles und der Öse zu bremsen, wird am Ende des Seiles ein kleiner Bremsfallschirm mitgeführt. Dies bedeutet zwar zusätzlichen Widerstand während des Starts, der etwa 20 % des Widerstandes des Modells entspricht, bei einem Gewicht-/Zugkraftverhältnis von 1:4 oder mehr jedoch nicht mehr ins Gewicht fällt. Sobald das Seil, gut sichtbar durch den Fallschirm, zur Erde gleitet, steht einer Suche nach Thermik oder Hangaufwind nichts mehr im Wege. Die Technik bei Motorwindenstart ist dem vergleichbar.

Eine Variation des oben beschriebenen Hochstarts, der vor Allem auf Höhengewinn abzielt, ist der so genannte „Bungee"-Start. Dazu kommen Seile zur Verwendung, die einen wesentlich höheren Anteil an elastischem Gummi (entspricht dem englischen Ausdruck *bungee*) aufweisen, typischerweise 50:50. Es gibt auch Bungee-Vorrichtungen, die nur aus Gummi bestehen. Die Absicht dieser Startmethode ist die Beschleunigung des Modells auf eine möglichst hohe Ausgangsgeschwindigkeit. Der Startweg des Modells ist folglich nicht steil nach oben gerichtet, sonder verläuft eher in einem flachen Winkel. Impellermodelle oder Jets können so die Anfangsbeschleunigung bewerkstelligen, bis der eigene Antrieb voll wirksam wird. Die Zugkräfte und Dehnungslängen der Bungee-Start-Seile sind typischerweise größer und länger als die eines Hochstartseiles.

Die aufwändigste Startmethode ist letztlich der Seglerschlepp, auch als F-Schlepp bezeichnet. Dafür wird als Schleppmaschine schließlich ein zweites Flugzeug benötigt. Dieses muss über ausreichend Leistungsüberschuss verfügen, um ein zweites Flugzeug an einem Schleppseil auf Höhe zu bringen. Das notwendige Ausmaß des Leistungsüberschusses liegt hauptsächlich an der zu Verfügung stehenden Startrollstrecke. Je mehr Weg, und dadurch mehr Zeit, zur Beschleunigung bereitstehen, desto langsamer darf die Beschleunigung ausfallen, um das geschleppte Modell auf seine Mindestfluggeschwindigkeit zu beschleunigen. Wenn das Segelflugzeug abhebt, darf auch das Schleppflugzeug abheben und einen flachen Steigflug einleiten. Bevor das Schleppflugzeug nicht abgehoben ist, darf das Segelflugzeug keinen Steigflug einleiten, da es sonst das Heck

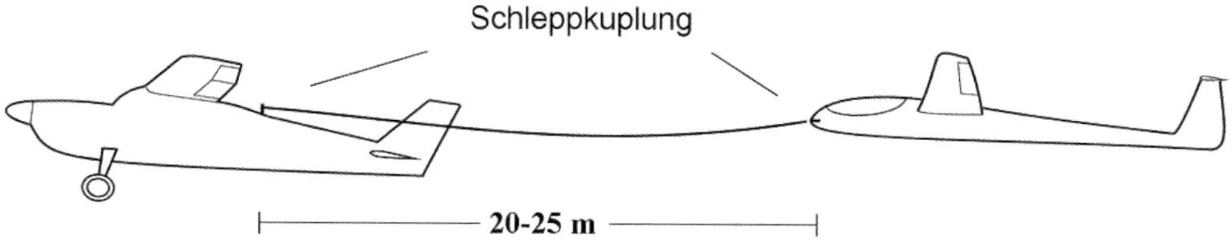

F-Schlepp.

des Schleppflugzeuges himmelwärts ziehen würde. Von den Piloten der Schleppmaschine wie des Seglers wird gleichermaßen Rücksicht und Disziplin verlangt. Im personentragenden F-Schlepp steht beiden Piloten die Möglichkeit offen, zu ihrem eigenen Schutz das Schleppseil zu lösen, sobald sich eine Unregelmäßigkeit einstellt. In der Modellflugpraxis ist oft nur das Segelflugmodell mit einer Schleppkupplung ausgestattet, die über einen Kanal der RC-Anlage getrennt werden kann. Diese Schleppkupplungen sind im Unterschied zu den Hochstarthaken nach Möglichkeit an der Rumpfspitze des Seglers angebracht. Es kommen verschiedene Bauweisen von Schleppkupplungen zum Einsatz, davon zahlreiche Eigenkonstruktionen, die lediglich eine Schlinge des Schleppseiles halten, welche durch Zurückziehen eines Metallstiftes freigegeben wird. Als Schleppmaschine eignet sich jede Motormaschine, die über einen gewissen Leistungsüberschuss verfügt und die Möglichkeit bietet, hinter dem eigenen Schwerpunkt eine Haltevorrichtung für das etwa 20 Meter lange Schleppseil sicher zu montieren.

Häufig kommen Hochdecker mit 1,60 Metern Spannweite oder mehr zum Einsatz, die über Wölbklappen als Auftriebshilfe verfügen, um sich der Abhebegeschwindigkeit auftriebsstarker Segler anzupassen. Als Motor ist in diesem Bereich ein Verbrenner häufiger anzutreffen als ein Elektroantrieb.

Rundflug

Nach einem erfolgreichem Start tritt das Modell in seine nächste Flugphase ein, oder anders formuliert: Der Beginn der Flugphase *Rundflug* ist der Beweis für einen erfolgreichen Start. Die Phase entspricht dem Reiseflug in der personentragenden Fliegerei. Da es im RC-Bereich erforderlich ist, das Modell in Sichtweite zu halten, ergibt sich als Fluggebiet theoretisch eine kreisrunde Fläche mit als Mittelpunkt. Dieses Gebiet kann durch Hindernisse weiter eingrenzt werden, oder durch Geländemarken, die nicht überflogen werden sollen, wie zum Beispiel ein Wohngebiet oder stark befahrene Straßen. Was also zunächst nach völlig freien Flugwegen innerhalb einer Kreisfläche aussieht, beginnt in der Praxis schnell die Form eines festgelegten, eingeschränkten Luftraumes einzunehmen. Um sich in diesem Luftraum unbehelligt zu bewegen, ist es zielführend, sich schon vor dem Start seine Ausdehnung zu vergegenwärtigen, und die Flugmanöver, die notwendig sein werden, um ihn nicht zu verlassen.

Dabei beschränken sich im Falle des Rundfluges diese Manöver auf gezielte Richtungsänderungen, wovon die die wichtigste, die „erste Wende“, bereits erläutert wurde. Wir möchten während des Rundfluges in der Regel keine besonderen Aufgaben erfüllen, oder wettbewerbsmäßige Leistungen erbringen: nach entbehrungsreichen Tagen und Nächten der Vorbereitung, und nach einigen Ausgaben, möchten wir es jetzt genießen, unser Modell fliegen zu sehen. Dabei begnügt man sich, das Modell in verschiedenen Fluglagen zu beobachten, die eine oder andere Flugeigenschaft auszuloten und seine eigene Steuertechnik zu verbessern. Einzelne Kunstflugmanöver wie beispielsweise eine Rolle oder ein Looping fallen durchaus noch in die Flugphase Rundflug, wenn sie keinem festgelegten Schema folgen. In dieser Phase fühlt man sich normalerweise sicher:

Das Modell zeigt seine Fähigkeit zu fliegen, die Gefahren des Starts sind überwunden, und die Gefahren der Landung liegen noch in weiter Zukunft.

Eine online durchgeführte Blitzumfrage mit fast 100 beschriebenen Abstürzen hat ergeben, dass etwa 30 % der Abstürze sich aus der Flugphase Rundflug ereignet haben. Das widerlegt die landläufige Annahme: „Jetzt kann nichts passieren". Welches sind nun die konkreten Gefahren, die im Rundflug auf uns und unser Modell lauern?

Die größte Gefahr liegt wie so oft in einem Versäumnis an vorausschauendem Handeln. Gerade in dieser Flugphase entwickelt das Modell seine höchste Geschwindigkeit und überwindet dadurch in kurzer Zeit beträchtliche Distanzen. Damit erreicht es schnell eine Entfernung, die es schwer bis unmöglich macht, seine Fluglage zu beurteilen. Man sieht das Modell zwar noch, aber kommt es auf uns zu oder fliegt es von uns weg? Fliegt es in Normallage oder in Rückenfluglage? Wenn diese Fragen auftauchen, ist schon etwas schief gelaufen, und oft muss das Glück ein wenig nachhelfen, um die Situation zu retten.

Fest steht: Lässt sich die Fluglage nicht eindeutig identifizieren, so verliert man in diesem Moment die Kontrolle über das Modell. Ist das Modell eigenstabil genug, so setzt es seinen Flug fort und ermöglicht uns dadurch, die Lage neu zu beurteilen und die Kontrolle zurück zu erlangen. Befindet sich das Modell in einer extremen Fluglage, oder fehlt es ihm an Eigenstabilität, so setzt sich die Schwerkraft schnell durch. Darauf folgt zumeist eine ausgedehnte Suchaktion.

Daher gilt: Je kleiner und schneller ein Modell ist, desto weiter müssen wir bei der Einteilung seines Fluges vorausdenken. Dabei wird klar, dass keineswegs nur Einsteiger mit dieser Problematik zu tun haben. Jeder Umstieg auf ein kleineres und schnelleres Modell erfordert eine Umstellung der Flugeinteilung in noch schnellere Wenden, noch engere Raumeinteilung.

Betreibt man sein Modell auf einem Vereinsgelände, einem Modellflugplatz oder in einem bekannten Hangfluggebiet, so tummeln sich weitere Modellflugzeuge in einem gemeinsam benützten Luftraum. Dadurch kommt es regelmäßig zu Kollisionen in der Luft, wobei es scheint, dass man ein anderes Flugzeug tagelang nicht treffen würde, wenn man es beabsichtigte. Wenn man sich den Luftraum mit anderen teilt, ergibt sich die Notwendigkeit, deren Position und Flugwege mit zu verfolgen. Je stärker man von der Steuerung seines eigenen Flugzeuges beansprucht wird, desto weniger kann man auf die Anderen achten. Daher gilt: Keine anspruchsvollen Manöver oder Flugaufgaben, wenn der Luftraum nicht frei ist. Obwohl es in der personentragenden Fliegerei Ausweichregeln zur Vermeidung von Kollisionen gibt, sind diese nicht nahtlos in die Modellfliegerei zu übertragen.

Als Anhaltspunkt sollte gelten: Das Flugzeug mit der besseren Manövrierfähigkeit und dem höheren Energieniveau hat Nachrang. In der Praxis bedeutet das, dass ein langsamer Zweiachssegler Vorrang vor einem schnelleren Querrudersegler hätte. Dieser hätte wiederum Vorrang vor einer Motormaschine, weil diese durch den Antrieb eine Energiereserve für ein Ausweichmanöver nach oben hat. Eine Festlegung auf die Bauart ist im Modellflug nicht zielführend, weil ein Segler durch seine spezielle Auslegung eine wesentlich höhere Geschwindigkeit erreichen kann als beispielsweise eine stark motorisierte F-Schlepp-Maschine. Diese hat kaum eine Möglichkeit zum Ausweichen, wenn sie vom Segler aus einer *dynamic soaring* Übung heraus mit über 300 km/h Eigengeschwindigkeit getroffen wird. Solche allgemeinen Anhaltspunkte sind im Falle einer Kollision nicht dazu geeignet, auch handfeste Haftungsansprüche durchzusetzen. Ist eine zähneknirschende Einigung auf das gegenseitige Verzichten auf Ersatz gleich an der Unfallstelle nicht möglich, können langwierige und kostenintensive gerichtliche Verfahren folgen, die den Wert des verlorenen Modells bei weitem überschreiten. Die Modellhaftpflichtversicherer zahlen bei Kollision mit einem anderen Modellflugzeug in aller Regel nicht.

So liegt es also wieder an uns, Kollisionen durch vorausschauende Handlungsweise zu vermeiden. Das bedeutet konkret, dass man bei starkem Flugverkehr lieber mal die Antenne wieder einfährt und ein Weilchen wartet, bis sich der Himmel wieder lichtet.

Im Rundflug können bedingt durch die Fluggeschwindigkeit und die Reichweitenausdehnung auch technische Mängel der Struktur oder der Fernsteuerungsanlage zu Tage treten. Wird solch ein Mangel bemerkt, sollte der Flug so schnell wie möglich zu Ende gebracht werden. Ist das Modell erst einmal am Boden, kann nach den Ursachen der Störung geforscht werden. Ein aus der Verankerung gelöster Akku kann eine Schwerpunktverschiebung bewirkt haben, ein Servokabel könnte eine Schubstange der Anlenkung behindern, eine ungünstig platzierte Antenne kann Funkstörungen verursachen. Keiner dieser Mängel behebt sich im Flug von selbst, also: Sicherheitslandung. In aller Regel und bei Beachtung aller gebotenen Vorsicht gegenüber den typischen Gefahren im Rundflug endet dieser mit dem Landeanflug.

Landeanflug

Ein Landeanflug muss vorrangig zwei Aufgaben erfüllen: Den Abbau der Flughöhe bis zur Ausgangshöhe für die Landung selbst, und die Ausrichtung des Flugweges zum Erreichen des vorgesehenen Landeplatzes. Ein erfolgreicher Landeanflug ist die Voraussetzung für eine gute Landung. Flüge, bei denen man das Flugzeug gerade so „heruntergenudelt" und dann noch gut aufsetzt, sind die krasse Ausnahme. Selbst eine verpatzte Landung führt nach einem geglückten Anflug zu weniger Beschädigung als nach einem missglücktem Anflug.

Für den Abbau der Flughöhe bis zur Ausgangshöhe für den Endanflug muss prinzipiell Energie vernichtet werden. Bei einem Motorflugzeug mit relativ großem Widerstand genügt in der Regel die Leerlaufstellung des Antriebes. Der im Fahrtwind drehende Propeller wirkt wie eine widerstandserzeugende Bremsscheibe, das Flugzeug sinkt, ohne dabei Geschwindigkeit aufzubauen. Ganz anders die Situation bei einem Impellermodell: Die Jetähnlichen Modelle weisen von Haus aus weniger Widerstand auf als Propellermaschinen, und der innen liegende Antrieb führt kaum zu Widerstandszuwachs im Leerlauf. Eine sorgfältige, das heißt *weiträumige* Einteilung des Landeanfluges ist notwendig, um die Höhe und die Geschwindigkeit abzubauen.

Auch widerstandsoptimierte Leistungssegler wollen oft nicht freiwillig sinken, teils weil noch Thermik oder Hangaufwind auf sie wirkt, teils wegen der auch bei ruhiger Luft extrem geringen Gleitzahlen. Nun ist wieder einmal mehr *Energie-Management* gefragt. Wir wollen potentielle Energie (Höhe) abbauen, aber keine kinetische Energie (Geschwindigkeit) gewinnen. Die Möglichkeiten, Höhe abzubauen, können prinzipiell in drei Methoden gegliedert werden: Manöver, „Landehilfen" und Gelände.

Zum vielfältigen Bereich der Manöver zum Abbau von Flughöhe zählen alle Manöver, die signifikant Energie verbrauchen. Allein ein steiler Bahnneigungsflug führt zu Energieverlust, weil der parasitäre Widerstand mit der Geschwindigkeit stark ansteigt. Die Höhe durch „Sturzflug" allein abzubauen, hat aber für den Modellflug den Nachteil, dass das Modell unter Umständen an seine strukturelle Grenze geführt wird und bricht. Dennoch wird ein Abstieg aus großer Höhe zum Zwecke der Landung oft durch einen steilen Sinkflug oder eine Steilspirale eingeleitet. Ein besonderes Manöver ist jedoch für den Höhenabbau wie geschaffen: Der so genannte „Sideslip", selten auch *Seitengleitflug* genannt. Es handelt sich dabei um ein Manöver, das den Widerstand des seitlich angeströmten Rumpfes als Bremse nutzt. Dazu werden Querruder und Seitenruder benötigt. Das Manöver wird wie folgt durchgeführt:

- Flacher Sinkflug wird eingeleitet, die Flugzeugnase neigt sich erdwärts.
- Mit den Querrudern wird die gewünschte Querlage eingestellt und gehalten.
- Mit dem Seitenruder wird durch Vollausschlag in die entgegengesetzte Richtung gesteuert.
- Die Fluglage wird durch mäßiges Höhen- oder Tiefenruder so gehalten, dass die Flugzeugnase stets horizontal bis leicht erdwärts weist.
- Das Manöver wird ausgeleitet, in dem alle Ruder gleichzeitig auf Normalstellung gebracht werden.

Die Feinheit des Manövers besteht darin, das Seitenruder in Vollausschlag zu fixieren und mit den Querrudern durch variieren der Querlage die Richtung zu bestimmen. Die Steuerknüppel des Querruders und des Seitenruders zeigen während des Manövers in entgegengesetze Richtungen, man spricht daher von „gekreuzten Rudern". Das Manöver bewirkt eine Querstellung des Rumpfes zur Flugrichtung, was den größten Teil der Bremswirkung ausmacht. Die Auftriebswirkung der Tragflächen wird durch dieses Manöver geschwächt, es ist also darauf zu achten, dass das Flugzeug nicht durch Unterschreiten der Mindestgeschwindigkeit zum Absturz gebracht wird. Das wird am besten durch die Beibehaltung einer flachen Sinkfluglage („Nase runter") bewerkstelligt. Bei Flugzeugen mit entsprechender Leitwerks-Rumpfauslegung (Höhenleitwerk wird vom Rumpf und vom Seitenleitwerk abgeschattet) kann sich die Effektivität des Höhenruders während des Manövers stark verringern, was zu einem abnickenden Moment („Nase runter") führt. Es kann daher notwendig sein, das Manöver durch mäßiges Ziehen am Höhenruder zu stabilisieren.

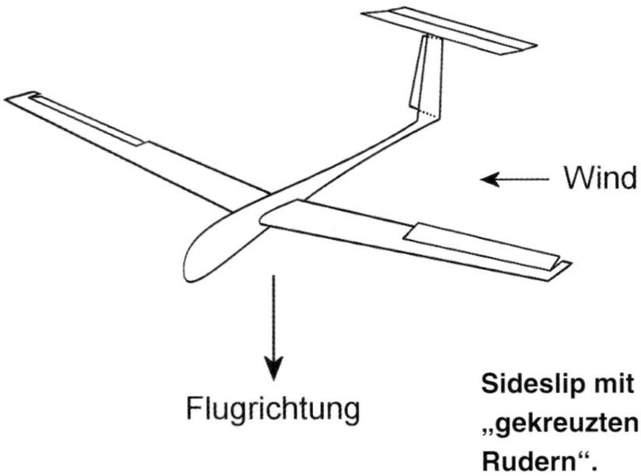

Sideslip mit „gekreuzten Rudern".

Wann das Manöver ausgeleitet wird, liegt in der Abschätzung der Piloten. Ist durch das Gelände eine bestimmte Landerichtung vorgeben, kann diese Fluglage bis zum Aufsetzen beibehalten werden. Die hängende Tragfläche muss dabei in Windrichtung weisen. Man steuert dabei also mit den Querrudern gegen den Wind, verhindert den Kurvenflug aber durch gegensinniges Seitenruder, wodurch ein geradliniger Flugweg möglich ist, ohne vom Seitenwind abgetrieben zu werden. Um die Sinkrate kurz vor dem Aufsetzen zu brechen, genügt ein sanfter Zug am Höhenruder. Die sichere Durchführung einer Seitenwind-Landung mit „gekreuzten Rudern" erfordert ein paar Übungsanflüge in Sicherheitshöhe, die Richtungsstabilität durch die in Windrichtung geneigte Tragfläche ist jedoch beeindruckend.

Im Bereich der sogenannten „Landehilfen" sind es vor allem in die Tragfläche versenkte Störklappen, die im ausgefahrenen Zustand Widerstand erzeugen und Auftrieb vernichten, und so direkt zum gewünschten Resultat führen. Die *Butterfly-Stellung* von Querrudern und Wölbklappen hat einen vergleichbaren Effekt, führt aber meist zu Momenten um die Querachse, die durch Höhenruder ausgeglichen werden müssen. Verfügt ein Flugzeug nicht über Wölbklappen, so kann durch gleichsinniges Hochfahren der Querruder ein ähnliches, wenn auch schwächeres Resultat erzielt werden. Die hochgestellten Querruder führen aber auch zu einer eingeschränkten Manövrierfähigkeit, was etwas Fingerspitzengefühl bei der Abstimmung erfordert.

Zuletzt kann auch der Einflug in ein bestimmtes Gelände zu erheblichem Abbau von

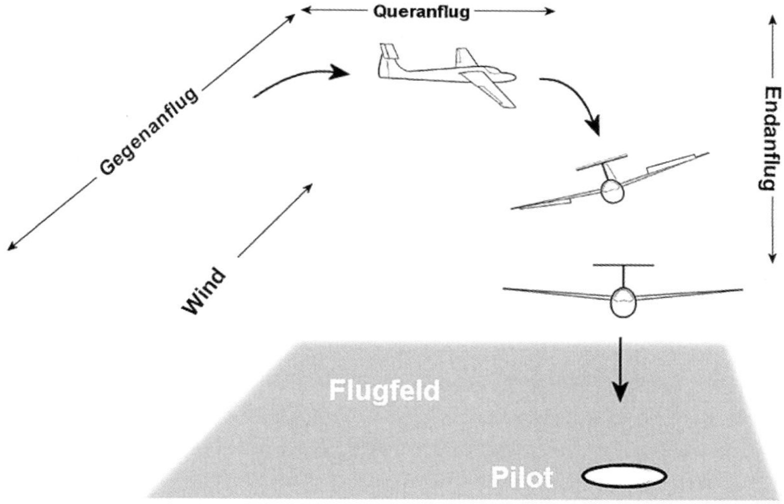

Höhe führen, nämlich Lee. Liegt das Fluggelände an einer Hangkuppe, so treffen wir im Lee auf windbedingten Abwind. Es ist allerdings schon vorgekommen, dass einige den Abwind im Lee unterschätzt und dadurch das Zielgelände nicht mehr erreicht haben. Ein paar Übungsanflüge „über Lee" verschaffen mehr Übersicht.

Das Wesen eines *stabilen Anfluges* ist es, das Flugzeug in Hinsicht auf seine Fluglage, seine Konfiguration, seine Geschwindigkeit und seine Flughöhe zu *stabilisieren.* Das sind große Worte für ein kleines Flugzeug, was bleibt in der Praxis davon übrig?

Dass als Fluglage nur ein flacher Sinkflug ohne Querlage in Frage kommt, versteht sich von selbst. Die oben beschriebene Landetechnik bei Seitenwind ist in Bezug auf die Querlage die Ausnahme. Unter Konfiguration versteht man in diesem Zusammenhang die Stellung von Landeklappen, Wölbklappen, Störklappen, *butterfly* und Fahrwerk. Die Konfiguration im Landeanflug gilt dann als stabil, wenn sie bis zur Landung nicht mehr *verändert* werden muss. Ein unkomplizierter Zweiachssegler ohne all diese Steuerungsmöglichkeiten fordert in Hinsicht auf die Konfiguration also am wenigsten Aufmerksamkeit, was den Landeanflug vereinfacht.

Ein Motorflugzeug mit Einziehfahrwerk und Landeklappen ändert in den meisten Fällen seine Trimmlage, wenn die Konfiguration geändert wird, sprich: Wenn das Fahrwerk ausgefahren und die Landeklappen abgesenkt werden. Um in einem flachen Sinkflug mit gleichmäßiger Sinkrate und Geschwindigkeit zu verharren, muss also über die Höhenrudertrimmung nachgetrimmt werden. Andernfalls sind wir zu sehr mit der Aussteuerung der Momente des Fahrwerks und der Klappen in Anspruch genommen, um uns auf die bevorstehende Landung zu konzentrieren.

Damit das Flugzeug rechtzeitig und in einem gewissen Sicherheitsabstand vom Boden ausgetrimmt werden kann, soll das Fahrwerk und die Klappen vor der letzten Landekurve ausgefahren werden. Danach wird das Flugzeug ausgetrimmt, während es nahe des Piloten in seine Gegenanflugrichtung, also von uns weg, gesteuert wird. Dieser Gegenanflug wird lange genug ausgedehnt, damit sich eine Distanz ergibt, die unserer Schätzung nach erforderlich ist, um den Aufsetzpunkt direkt vor unsere Füßen zu legen. Ist diese Distanz überwunden, Fahrwerk und Klappen gesetzt, das Flugzeug ausgetrimmt, so wird nun die Landekurve eingeleitet.

Die Landekurve ist im Prinzip ein Richtungswechsel um circa 180°, der dann gelungen ist, wenn das Flugzeug genau auf uns zufliegt. Nun kontrollieren wir die Querlage, indem wir auf die hängende Fläche drücken, und behalten einen flachen, ausgetrimmten Sinkflug mit konstanter Geschwindigkeit bei. Dieser letzte Sinkflug des Modells wird als *Endanflug* bezeichnet. Im Idealfall soll das Flugzeug nun ohne weiteren Richtungswechsel zur Landung kommen, ohne dass es an uns vorbeifliegt und wir es damit im schlechtesten Fall aus den Augen verlieren.

Ein Landeanflug droht zu scheitern, wenn es nicht gelingt, das Flugzeug in seiner Landekonfiguration auszutrimmen, wenn die Landekurve zu hoch oder zu tief eingeleitet wurde, oder wenn die vorgesehene Landerrichtung verlassen wird.

Es ist durchaus statthaft, den Landeanflug mehrfach abzubrechen und zu wiederholen, und erst dann zur Landung anzusetzen, wenn der Anflug auch geglückt ist. Das wird in der Praxis genau so gehandhabt. Insbesondere ein Besuch auf einem unbekannten Fluggelände oder einer bislang unerforschten Anflugrichtung erfordern mehrere Probeanflüge, damit wir uns auf die neuen Gegebenheiten einstellen können.

Der Abbruch eines Landeanfluges wird gemeinhin als *Durchstarten* bezeichnet. Dabei wird die Motorleistung soweit erhöht, dass ein deutlicher Steigflug erfolgen kann, bis das Modell wieder auf der Ausgangshöhe für den Gegenanflug ist. Für ein Segelflugzeug steht diese Option nicht zu Verfügung, daher werden Probeanflüge in einer Sicherheitshöhe durchgeführt. Dies ist nicht überall möglich, da in den meisten Geländen nach der Unterschreitung einer gewissen Höhe das Flugzeug zur Landung gebracht werden muss. Im Bereich Hangflug haben wir allerdings die Möglichkeit für mehrere „hohe“ Anflüge, um nach dem Abbruch des Anfluges die Hangkante zu überfliegen und wieder an Höhe zu gewinnen.

Der Umstand, dass mit Motorkraft die Möglichkeit besteht, mehrere Anflüge durchzuführen und dadurch die Wahrscheinlichkeit zu verbessern, das Modell glücklich zu landen, hat viele zur Ausrüstung ihrer Segelflugzeuge mit einem Elektro-Hilfsmotor bewegt. Neben dem Schutz vor „Absaufen“ und der Möglichkeit des Eigenstarts ist dies ein gewichtiges Argument für den hohen Verbreitungsgrad von Elektro-Seglern. Während 90 % der Flugzeit wird der Antrieb lediglich als „Trimmgewicht“ mitgeführt, um dann in entscheidenden Phasen den Komfort eines Motorflugzeuges zu bieten.

Bestimmte Landeflächen erfordern eine dramatische Anpassung des Anfluges auf die aktuelle Situation. So kann es beispielsweise eintreten, dass Hindernisse in Form von Strommasten oder Baumreihen den Anflug in eine bestimmte Landerichtung verhindern. Auch die Ausrichtung der meisten Hänge im Hügelland und im Gebirge erfordern eine Anpassung des gewohnten Anflugschemas Gegenanflug-Landekurve-Endanflug. Die naheliegende Vorgehensweise ist natürlich, ortskundige Modellfliegende nach der ortsüblichen Einteilung des Landeanfluges zu fragen und das zu beobachten, bevor man selbst den Flug antritt. Gibt es keine Möglichkeit der Beratung, so muss umso kritischer abgewogen werden, ob das Risiko eines Starts sich unter den gegebenen Umständen lohnt. Es kann sich ergeben, dass der eigene Standort während des Fluges zu verändern ist, um einen Anflug durchführen zu können, weil sonst die Sicht zum Anflugbereich oder zum Landeplatz eingeschränkt wäre. Eine Richtungsänderung kurz vor dem Aufsetzen könnte erforderlich sein, oder ein steiler Sinkflug im Endanflug zur Überwindung von Hindernissen zuvor. Im Bereich Hangflug kommt es vor, dass der Landeplatz nicht waagrecht verläuft, so dass hangaufwärts mit Rückenwind gelandet werden muss. Hier spielt die Vertrautheit mit den Flugeigenschaften des Modells eine entscheidende Rolle. Die Sorgfalt, mit der ein Landeanflug vorbereitet und durchgeführt wird, ist ein Kennzeichen für die Erfahrung der Piloten.

Landung

„Jede Landung ist ein missglückter Absturz“. In dieser Ironie steckt einiges an Wahrheit, da es im Modellflug Besonderheiten bei der Landetechnik gibt, die in der personentragenden Fliegerei so nicht existieren. Im Modellflug haben wir nämlich meistens keine zuverlässige Information über die Geschwindigkeit des Modells im Verhältnis zur anströmenden Luft. Er beobachtet das Flugzeug zwar von außen, und es erscheint ihm schnell oder weniger schnell zu fliegen, doch selbst bei Windstille ist es bestenfalls eine näherungsweise Abschätzung, wie schnell das Modell durch die Luft gleitet. Die Geschwindigkeit des Modells, genau genommen – das Verhältnis zwischen seiner aktuellen Anströmgeschwindigkeit und der Abrissgeschwindigkeit in Landekonfiguration – ist der ausschlaggebende Faktor für den Verlauf der Landung.

Der Zweck der Landung ist es, den energetischen Zustand des Modells umzuwandeln. Es soll vom *fliegenden* in den *ruhenden* Zustand versetzt werden. Je mehr ‚Flugenergie' umgewandelt werden muss, desto größer ist die zerstörerische Energie, die auf die Struktur des Modells wirkt. Auch ein Absturz ist eine gelungene Umwandlung, doch wird die Struktur in diesem Fall nicht mit der Aufprallenergie fertig: Das Modell wird dabei in einen Trümmerhaufen *umgewandelt.*

Um also die Struktur des Modells, seine Festigkeit, Elastizität und Steifheit nicht über seine Bruchfestigkeit zu strapazieren, trachtet man danach, die Flugenergie bei der Landung auf sein geringstes Niveau abzusenken. Und das ist die Abrissgeschwindigkeit, der Grenzstein zwischen den energetischen Zuständen „Flug“ und „Ruhe“. Es entsteht also ein bemerkenswerter Strategiewechsel in Bezug auf die Landung: Während wir während des ganzen Fluges danach trachten, eine Annäherung zur Abrissgeschwindigkeit zu vermeiden, suchen wir nun vor der Landung ihre Nähe.

Graslandung am Hang (Fotomontage).

Denn das zentrale Instrument der personentragenden Fliegerei, der Geschwindigkeitsmesser, steht in aller Regel nicht zur Verfügung. Die Ausnahme wäre die Verwendung eines Staudrucksensors am Modell, der mittels der Telemetriefunktion vieler 2,4 GHz-Anlagen den Staudruck in Geschwindigkeit umrechnet und am Display des Senders anzeigt.

Doch nun wird es Zeit, die Trümpfe zu zücken. Denn in vielen Fällen können wir es uns leisten, den Flug aus einer höheren Geschwindigkeit als der Abrissgeschwindigkeit heraus zu beenden. Stoßfeste Materialien wie GFK, CFK und viele Schaumstoffe nehmen, wenn sie ausreichend dimensioniert sind, eine gute Menge Energie auf, bevor sie brechen. Und diese Überdimensionierung ist im Modellbau durchaus üblich. Außerdem können wir dämpfende Oberflächen für den Landeplatz in Anspruch nehmen, wie beispielsweise dichtes Gras. Und letztlich können banale „Landestoßfolgen" zumeist durch den Einsatz von Fünf-Minuten-Epoxi oder Superkleber noch am Flugfeld ausgemerzt werden.

Es sollen nun spezielle, in der Praxis erfolgreich angewandte Landetechniken beleuchtet werden. Als Voraussetzung für alle Techniken gilt es aber, das Abrissverhalten seines Modells zu beobachten. Jeder Anflug erfolgt mit einer Geschwindigkeit, die nach der Einschätzung der Piloten ein komfortables Polster zur Abrissgeschwindigkeit darstellt. Diese Einschätzung bedarf einer genauen Beobachtung des Modells im Fluge. Ist man mit dem Abrissverhalten seines Modells nicht vertraut, dann ist es auch schwer zu beurteilen, wann sich das Modell dieser Geschwindigkeit nähert. Es ist daher empfehlenswert, sich während des Rundfluges aus einer sicheren Ausgangshöhe heraus an die Abrissgeschwindigkeit heranzusteuern, bis das Modell anzeigt, dass es nicht mehr fliegen will. Das tut es in aller Regel, in dem es beginnt, auf Steuereingaben verzögert oder gar nicht zu reagieren, und eine von außen kaum wahrnehmbare Vibration durch die Struktur geht. Im nächsten Moment senkt sich die Nase nach unten, oder das Modell kippt über eine Tragfläche ab. Das Abrissverhalten lässt sich stark durch das Design des Modells beeinflussen. Die Anwendung von Schränkung auf die Tragflächengeometrie, ein dickes Profil mit runder Vorderkante und eine Pfeilung der Tragflächen sind die Kennzeichen eines Modells mit „gutmütigem", also allmählich und symmetrisch einsetzendem Auftriebsverlustes durch Strömungsabriss. Auf hohe Geschwindigkeit ausgelegte Flugzeuge mit hoher Flächenbelastung, dünnen Profilen und hoher Flächenstreckung sind Kandidaten für ein „giftiges",

Mit Gefühl und etwas Glück: Handlandung, Pilot Philippe Lanes.

liche Komponente davon. Anders gesagt: Unten ist immer da, wo die Füße sind, oben ist immer in Richtung des Hauptes. Nun ist es an der Zeit, diese Betrachtungsweise in den dreidimensionalen Raum zu erweitern.

In der Physik wird die Erdbeschleunigung, also die Wirkung der Schwerkraft auf jede Masse, mit G (sprich „tschii") für Gravitation bezeichnet. Im Kunstflug unterscheidet man zwischen Figuren mit „positiv G" und „negativ G". Positiv G ist immer dann vorhanden, wenn die gesamte Auftriebskraft des Flugzeuges eine Komponente entlang der Hochachse in Richtung der Flugzeugunterseite aufweist. Diese Kraft muss keinesfalls durch die Schwerkraft alleine wirken, obwohl das durch den Buchstaben „G" angedeutet wird. Wesentlich höhere Kräfte entstehen durch die Fliehkraft. So können während einer Steilkurve ohne Höhenverlust durchaus Fliehkräfte auftreten, die ein Vielfaches der Erdbeschleunigung betragen.

Prinzipiell gilt: Je höher die Geschwindigkeit und je größer der Höhenruderausschlag, desto mehr Lastvielfaches wirkt auf das Flugzeug und seine Ausrüstung. Im personentragenden Flug sowie im Modellflug können durch dieses Lastvielfache die Festigkeitsgrenzen des Flugzeuges überschritten werden. Das Resultat ist Verformung, und in weiterer Folge Bruch des Materials. Dem wird entgegengewirkt, indem die Ruderausschläge so verkleinert werden, dass es unwahrscheinlich wird, die Bruchgrenze im normalen Geschwindigkeitsbereich zu erreichen. Außerdem wird die strukturelle Festigkeit durch den Einsatz von hochfesten Materialien an seinen Einsatzzweck angepasst. Für die Praxis bedeutet das, dass bei einem Thermiksegler Gewicht auf Kosten der Festigkeit gespart werden kann, da er in seinem typischen Einsatzbereich nicht mit Höchstgeschwindigkeit in abrupte Steilkurven gesteuert werden wird. Das bedeutet aber auch, dass man diesen Umstand kennt und in der Steuertechnik berücksichtigt.

In der personentragenden Fliegerei müssen für jedes Flugzeug genaue Werte ermittelt werden, welches Lastvielfaches es beschädigungsfrei aushalten muss. Im Modellflug gibt es diese Angaben in der Regel nicht. Es werden durch die Hersteller zwar Angaben wie „voll kunstflugtauglich" oder ähnliches publiziert, welchem Lastvielfachen das entspricht, ist jedoch unklar. Und selbst wenn wir genau wüssten, bei wie viel G unserem Modell die Flächen abbrechen, würden wir noch immer nicht wissen, welchem Ruderausschlag und welcher Geschwindigkeit das genau entspricht. Es ist also eine gewisse Einschätzung erforderlich, was man seinem Modell zumutet.

Die meisten Kunstflugfiguren erfordern keine höheren Lastvielfache als gerade einmal 2G, und wenn das Modell gefühlvoll gesteuert wird, kann das auch eine zarte Holzrippen-Tragfläche gut verkraften. Drückt man diese jedoch im Sturzflug auf Höchstgeschwindigkeit an und zieht dann das Höhenruder abrupt voll durch, wird die Tragfläche dieses Flugzeuges sehr wahrscheinlich brechen. Die extremste Einsatzart in Hinsicht auf G-Belastung ist zurzeit der dynamische Segelflug, meist englisch als *dynamic soaring* oder kurz DS bezeichnet. Hier werden mit Geschwindigkeiten bis zu 400 km/h äußerst kleine Kurvenradien geflogen. Der Aufbau dieser Segler erfordert den Einsatz von Kohlefaserkunststoff (CFK), und teilweise auch Aramidfaserkunststoff (Kevlar™).

Zwischen Thermiksegeln und DS gibt es eine große Bandbreite von einsatzbedingter G-Belastung, wobei für einfache Kunstflugfiguren auch Modelle aus Formschaum oder Holz genügen.

Nun treten bei vielen Kunstflugmanövern nicht nur höhere positive G-Belastungen auf: Auf den „Kopf gestellt" müssen die Auftriebskräfte nun nicht mehr in Richtung des imaginären Kopfes wirken, sondern in die Gegenrichtung. Im horizontalen Rückenflug muss die Auftriebskraft dem Gewicht des Modells entsprechen, die Erdbeschleunigung beträgt genau 1G, aber in Richtung Tragflächenoberseite, also setzt man zur Verdeutlichung dieses Umstandes das Minus als Vorzeichen ein: *-1G*. Negative G-Belastung tritt aber nicht nur im Rückenflug auf, auch wenn in Normalfluglage bei entsprechend hoher Geschwindigkeit abrupt das Tiefenruder aktiviert wird, hebt sich durch die Fliehkraft im Flugzeug die Erdbeschleunigung auf und verkehrt sich zu einem negativen Wert. Ausrüstungsgegenstände wie Akkus oder Empfänger werden dadurch von ihrer Schwerkraft befreit und bewegen sich durch den Rumpf, wenn sie nicht sicher fixiert wurden. Dadurch können sich Empfangsstörungen und Schwerpunktverschiebungen ergeben, was im ungünstigsten Fall zum Absturz führt.

Um im Rückenflug den notwendigen Auftrieb der Tragflächen zu erzeugen, müssen diese über das Tiefenruder positiv zur anströmenden Luft angestellt werden. Da ein Flugzeug, egal welcher Bauart, für den Horizontalflug in Normalfluglage ausgetrimmt ist, muss während des Rückenfluges das Tiefenruder gedrückt gehalten werden. Sprich: „Auf dem Rücken musst Du drücken oder Dich nach Trümmern bücken!“. Die Rollrichtung über die Querruder ist im Rückenflug gleich wie im Normalflug. Konstruktive Kennzeichen wie V-Stellung der Tragflächen oder tief liegender Schwerpunkt, welche die Querstabilität in Normalfluglage verbessern, wirken in Rückenfluglage destabilisierend. Außerdem soll das Tragflächenprofil symmetrisch sein, sofern man vergleichbare Flugleistungen in Normal-und in Rückenfluglage erwartet.

Das einleitende Manöver zum Rückenflug ist entweder ein halber Looping oder eine halbe Rolle. Der Looping ist wohl das bekannteste Kunstflugmanöver. Über das Höhenruder wird ein Drehmoment um die Querachse bewirkt und beibehalten, bis sich das Flugzeug vollständig um die Querachse gedreht hat. Da das Flugzeug vom Einleiten des Steigfluges bis zum Erreichen der Rückenfluglage Energie verbraucht, ist bereits bei der Einleitung des Manövers kinetische Energie in Form von Geschwindigkeit oder Antriebsenergie erforderlich. In der zweiten Hälfte des Loopings wird durch den Abbau von Flughöhe wieder Energie frei. Durch die Umwandlung von kinetischer Energie in potentielle Energie (Flughöhe) und deren Rückwandlung wäre die Energie-Balance ausgeglichen, wäre da nicht die Luftreibung. Diese bewirkt, dass das Flugzeug am Ende des Manövers weniger Energiereserven hat, als vor dessen Einleitung. Das bedeutet in der Praxis: Durch den Looping verliert das Flugzeug entweder an Höhe oder an Geschwindigkeit, oder an beidem, sofern durch einen Antrieb die verlorene Reibungsenergie nicht nachgeliefert wird. Auch Thermik oder Hangaufwind sind zuverlässige Energielieferanten.

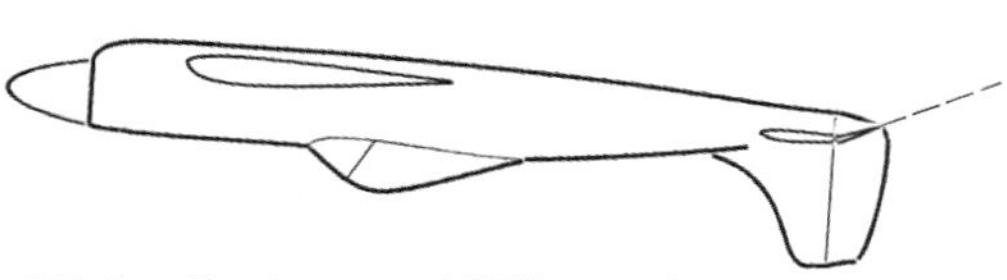
Rückenfluglage und Höhenruder.

Bei einem Looping werden in der Einleitungsphase bis zur Rückenfluglage selten mehr als 2G auf die Struktur wirksam. Am oberen Scheitelpunkt wird das Auftreten von negativ G durch den Druck am Höhenruder und der resultierenden Fliehkraft verhindert, und im Abfangbogen lässt man das Flugzeug wieder Fahrt aufnehmen, bis die Normalfluglage wieder hergestellt ist. Ein typischer Fehler beim Einleiten des Manövers ist eine zu abrupte Aktivierung des Höhenruders, was zu einem Strömungsabriss just am Scheitelpunkt des Manövers führt. Das Flugzeug fällt dann in Rückenfluglage aus dem Manöver heraus, indem es über eine Tragfläche abkippt, die Nase erdwärts senkt und schnell Fahrt aufnimmt. Die Strömung liegt bald wieder an und das Flugzeug ist damit steuerbar, hat aber unter Umständen mehr Höhe verloren, als eingeplant war.

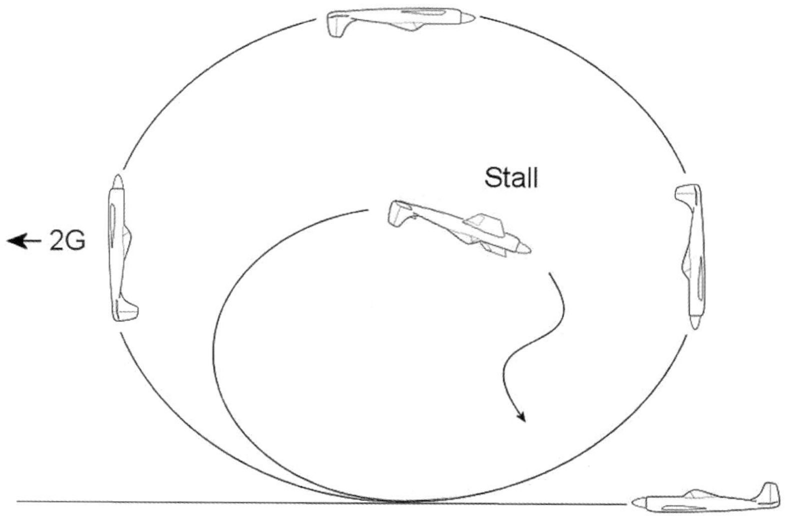

Looping 2G und überzogen.

Neben dem Looping gehört die Rolle zu den populärsten Manövern des Kunstfluges. Dabei wird das Flugzeug so lange um seine Längsachse gerollt, bis die Ausgangsfluglage wieder hergestellt ist. Für die Durchführung einer Rolle sind primär die Querruder zuständig. Da aber während der Rolle die Schwerkraft und eventuell auch Rollwende-Momente auf das Flugzeug von verschiedenen Seiten einwirken, benötigen wir für dieses Manöver mindestens noch die Unterstützung des Höhenruders, teilweise auch des Seitenruders. Man unterscheidet je nach Steuertechnik eine *gesteuerte Rolle*, eine *Fassrolle* und eine *gerissene Rolle*.

Die gesteuerte Rolle (engl.: *aileron roll*) erfordert, wenn sie langsam genug geflogen wird, in jeder Phase der Rolle einen der Schwerkraft entgegenwirkenden Steuereingriff. Um einen Höhenverlust bei der Einleitung zu verhindern, wird die Nase durch vorsichtiges, beinahe unbemerkbares Höhenruder angehoben. Während des ersten Viertels der Drehung wird der Drehrichtung entgegen gerichtet Seitenruder gesteuert, was verhindert, das Höhe verloren wird, während die Tagflächen senkrecht stehen: Auf der Seite liegend wirkt das Seitenruder wie ein Höhenruder, es kann den Anstellwinkel des Rumpfes beeinflussen, der in dieser Querlage fehlende Auftrieb der Tragflächen wird durch den Auftrieb des Rumpfes kurzfristig ausgeglichen. Daraus wird ersichtlich, dass eine gesteuerte Rolle eine hohe Ausgangsgeschwindigkeit braucht, da der seitlich angestellte Rumpf sonst zu wenig Auftrieb leistet. Im zweiten Viertel der gesteuerten Rolle dreht das Flugzeug von Seitenfluglage auf Rückenfluglage, und daher: „Auf dem Rücken musst Du drükken ...“. Dann im dritten Viertel von Rückenflug wieder in die Seitenfluglage, die auch als *Messerfluglage* bezeichnet wird: Die Tragflächen durchschneiden die Luft vertikal gleich einem Brotmesser. Nun kommt wieder das Seitenruder zum Einsatz, diesmal in der gleichen Drehrichtung wie die Querruder, und schon befindet sich das Modell wieder in seiner Ausgangslage. Dieses Manöver ist mindestens so energieraubend wie ein Looping, obwohl die Flughöhe bei präziser Durchführung nicht verändert wurde. Der Widerstand der Ruderflächen und des Rumpfes in Messerfluglage fordern ihren Tribut.

Je langsamer und eleganter diese gesteuerte Rolle geflogen wird, desto größer ist der Energiebedarf. Bei Modellen mit großen Quer-

Messerflug. Pilot Sascha Fliegener. (Foto: Walter Neyses)

ruderausschlägen und entsprechender Ausgangsgeschwindigkeit kann die gesteuerte Rolle mit einer hohen Rollgeschwindigkeit geflogen werden. Dabei wird lediglich die Nase bei der Einleitung etwas angehoben, und dann durch Vollausschlag der Querruder das Flugzeug in etwa einer Sekunde um die Längsachse gerollt. Seiten- und Höhenruder können bei dieser Rollrate nicht mehr eingesetzt werden, was sich aufgrund der Geschwindigkeit des Manövers auch erübrigt.

Die *Fassrolle* (engl.: *barrel roll*) ist optisch weniger elegant als die gesteuerte Rolle, aber wesentlich einfacher zu steuern. Das Flugzeug wird zu diesem Zweck vom Horizontalflug in einen flachen Steigflug gebracht und unter ständigem leichtem Zug am Höhenruder mit den Querrudern einmal rundherum gerollt. Es wirkt dabei so, als ob es ein in der Luft liegendes Fass umkreisen würde, daher die Bezeichnung. Ausgangshöhe und Abschlusshöhe sind gleich, sofern der einleitende Steigflug richtig gewählt wurde. Die G-Belastung ist während dieses Manövers stets positiv, im Gegensatz zu der gesteuerten Rolle, die in ihrer Rückenfluglage negativ G aufweist. Bei der Fassrolle bewirkt der stete Zug am Höhenruder auch in der kurzen Rückenflugphase durch die Fliehkraft einen Ausgleich der Schwerkraft.

Die Durchführung einer *gerissene Rolle* (engl.: *snap roll*) entspricht einem Strömungsabriss mit darauf folgender Trudelbewegung mit horizontaler Drehachse. Rufen wir uns ins Gedächtnis, was bei einem typischen, giftigen Strömungsabriss passiert: Die Strömung reißt an einer Tragfläche eher ab als an der anderen, diese Tragflächenhälfte neigt sich abrupt erdwärts, das Drehmoment ist so stark, dass das Flugzeug im überzogenem Zustand diese Drehbewegung um die Hochachse wiederholt durchführt: es „trudelt“. Wird dieses Trudeln nicht durch gezielten Seitenruderausschlag beendet, kommt das Flugzeug nicht mehr unter Kontrolle. Diese „reine“ Form des Trudelns ist im Modellflug äußert selten zu beobachten, es muss praktisch herbeigeführt werden, sonst geht das Modell von selbst in eine Steilspirale, in der die Strömung wieder anliegt. Manche Kunstflugprogramme beinhalten Trudeln als vorgeschriebene Figur.

Nun stelle man sich vor, dass die Drehbewegung um die Hochachse in eine annähernd vertikale Lage versetzt wird. Man zieht also das Flugzeug in einen 30 bis 45° steilen Steigflug, führt genau in dieser Lage einen

Shockflyer.

Detail „Propsaver".

bis 30er-Jahren waren befestigte Pisten noch eine Seltenheit, so nützte man ruhige Binnengewässer und geschützte Meeresbuchten als hindernisfreie Start- und Landefläche. Die ersten regelmäßigen Transatlantikflüge wurden mit Wasserflugzeugen durchgeführt.

Der Wasserflug in der Modellfliegerei ist eine kleine, aber feine Nische, da es zur Ausübung einer geeigneten Wasserfläche bedarf. Dafür kommen im Modellflug prinzipiell Binnengewässer in Frage, da Meerwasser die Ausrüstung und Struktur von Modellflugzeugen stark angreift. Ausrüstungsteile wie Empfänger und Stromversorgung werden zum Schutz gegen Spritzwasser in Plastikbeutel gesteckt, Anlenkungen werden so ausgeführt, dass sie entweder innen liegen, oder außen liegend durch den Kontakt mit Wasser nicht beeinträchtigt werden.

Als Antrieb werden seit der Verfügbarkeit von brushless-Motoren fast ausschließlich Elektroantriebe verwendet, der Umwelt zuliebe: Verbrennermotoren hinterlassen auf Gewässern in der Regel sichtbare Treibstoffrückstände. Als Anhaltspunkt für die Leistung gilt: 120 bis150 Watt pro Kilogramm Modellgewicht.

Grundsätzlich kann ein Wasserflugzeug entweder als Flugboot oder als Flugzeug mit angebauten Schwimmern ausgeführt sein. Flugboote verfügen über einen schwimmfähigen Rumpf, dessen Unterseite einem Boot ähnelt.

Die Tragflächen werden darüber aufgebaut, der oder die Motoren sind entweder an den Tragflächen oder an hohen Motorträgern angebracht. Daraus ergibt sich eine Schwerpunktlage, die unter der Motorwellenebene liegt. Bei Lastwechsel hat der Pilot daher mit starken Nickmomenten zu rechnen, je nach Einbaulage wird versucht, diesen Momenten mit mehr oder weniger Motorsturz zu begegnen. Hilfreich sind jedenfalls große Höhenleitwerke- und Ruder, um die Trimmung effizient auf die Nickmomente bei Lastwechsel anzupassen. Bei Flugbooten liegt der Schwerpunkt nahe an der Wasseroberfläche, was zu günstigen Eigenschaften bei Start und Landung führt, ein Überschlagen des Flugzeuges durch Pilotenfehler ist dadurch unwahrscheinlich.

Alternativ dazu kann praktisch jedes Landflugzeug mit Schwimmern anstelle eines Radfahrwerkes ausgerüstet werden. Hier liegt der Schwerpunkt näher an der Motorwellenebene, dennoch treten bei Lastwechsel, insbesondere im Schnellflug deutliche Momente auf, die durch Anpassen der Trimmung bewältigt werden müssen. Die massigen Schwimmer erzeugen nämlich viel Luftwiderstand unterhalb des Schwerpunktes.

Gut ausgeführte Schwimmer und Flugboote weisen eine scharf abgesetzte Abrisskante bei etwa 55 % der Gesamtlänge auf. Diese Kante erleichtert die Ablösung von der widerstandsreichen Haftung im Wasser beim Abheben. Der Startvorgang wird insgesamt als *'Abwassern'* bezeichnet und vollzieht sich in drei Schritten: dem *Verdrängen* und dem *Gleiten* bis zum Abheben. In der Phase der Verdrängung sinkt das Flugzeug noch bis zu etwa 50 % seiner gesamten Wasserverdrängung ein, was enormen Widerstand bedeutet. Durch die Form der Schwimmer oder des Rumpfes hebt sich ab einer gewissen Geschwindigkeit die Masse des Flugzeuges aus dem Wasser heraus und gleitet widerstandsarm an der Wasseroberfläche. So wird schnell die Abhebegeschwindigkeit erreicht, damit ist das Abwassern abgeschlossen, das Flugzeug muss nun sorgsam ausgetrimmt werden, da während des Abwasserns gezogen bleibt. Die Landung wird wie sonst auch prinzipiell gegen den Wind geplant. Eine Absenkung des Hecks durch Verringerung der Geschwindigkeit vor dem Aufsetzen hilft gegen Überschläge durch die stark abbremsende Wirkung des Wassers beim ersten Kontakt. Die Steuerung am Wasser erfolgt durch ausreichend dimensionierte Seitenruder. Manche Konstruktionen verfügen über eigens angesteuerte Wasserruder am Heck eines oder beider Schwimmer, was die Steuerwirksamkeit im Wasser erhöht, und in der Luft kaum stört.

Flugboot mit Stützschwimmern an den Tragflächen. (Foto: Franz Erlacher)

Übergang vom Verdrängen zum Gleiten. (Foto: Gabriele Pachtinger)

Nicht zuletzt durch den Einsatz von Depron und anderen Schaumstoffen erlebt der Wasserflug im Modellflug einen unübersehbaren Aufschwung. Die eingeschworene Gemeinschaft des Wasserfluges stellt bereitwillig Baupläne und Know-how zu Verfügung, eine Linksammlung dazu befindet sich im Anhang.

Hubschrauberfliegen

Hubschrauber mit CCPM-Mechanik

In Bezug auf die Stabilität in den Steuerebenen wird mit einem Hubschrauber im Vergleich zum Flächenflugzeug eine neue Welt betreten. Während beim Flächenflugzeug bei stabiler Auslegung und ausgetrimmten Steuerflächen die Hände bis zur nächsten Wende vom Sender genommen werden können, erfordert die Steuerung eines Hubschraubers ein ständiges Aussteuern der Fluglage. Der einzig stabilisierende Faktor beim Hubschrauber ist sein Gewicht. Ist dazu die Mechanik annähernd spielfrei, so wirkt sich dieser Umstand zwar nicht stabilisierend, aber immerhin *weniger destabilisierend* aus. Sogar der Einsatz eines leistungsstarken elektronischen Kreisels zum Ausgleich des Drehmoments des Hauptrotors wirkt allenfalls *indifferent*, muss also durch Steuereingaben der Fluglage angepasst werden. Um überhaupt in den Genuss der stabilisierenden Wirkung des Gewichts zu kommen, muss der Schwerpunkt deutlich unter dem Rotorkopf als Angriffspunkt der Auftriebskräfte liegen. Wegen der enormen Steuerwirkung der Rotoren verändert der Hubschrauber seine Lage ständig, auch wenn ein tief liegender Schwerpunkt eine gewisse Pendelwirkung ausübt. Damit ist die Erläuterung der statischen Stabilität des Hubschraubers abgeschlossen. Die Mechanik des CCPM-Hubschraubers muss bereits vor seinem Erstflug sorgfältig eingestellt werden. Dazu werden als Hilfsmittel Pitchlehre, Drehzahlmesser und Sender benötigt. Die Vorgangsweise zur Einstellung von Pitch- und Gaskurve wurde bereits erläutert. Diese Einstellungen werden mit stillstehendem Motor vorgenommen. Nun gibt es eine Einstellung, die nur nach der Beobachtung der auf Solldrehzahl laufenden Rotoren getroffen werden kann:

Der Blattspurlauf. Da beide Rotoren einzeln gelagert und angesteuert werden, haben minimale Unterschiede im Anstellwinkel bei

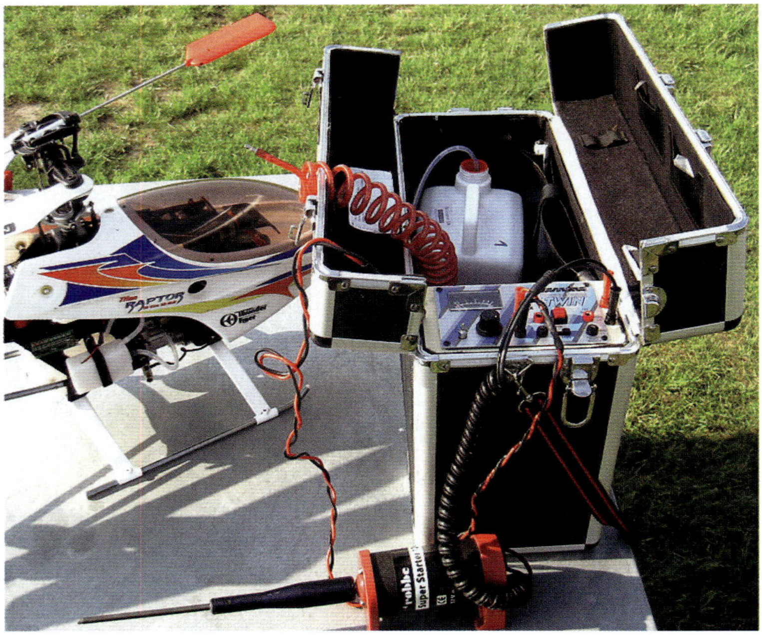

Ausrüstung für die Inbetriebnahme eines Verbrennerhubschraubers: die „Starbox".

einer Drehzahl von etwa 2.000 U/min und einer Blattspitzengeschwindigkeit von über 300 km/h immer noch sichtbare Auswirkungen. Das Blatt mit dem geringfügig steilerem Anstellwinkel läuft höher als das andere, wenn man die Rotorebene von der Seite betrachtet. Da sich Winkelunterschiede von einem Zehntelgrad bereits deutlich auswirken, ist es verständlich, dass wir diese Winkel nicht mehr von einer herkömmlichen Pitchlehre ablesen können. Es muss also die Drehzahl des Hubschraubers in voller Ausrüstung mit Anstellwinkel 0° Pitch hochgefahren werden. Der Hubschrauber hebt so nicht ab, lässt aber durch Augenmaß erkennen, ob ein Blatt höher läuft als das andere. Laufen beide Blätter genau in der gleichen Spur, so nehmen wir das dankend als einen unwahrscheinlichen Glücksfall an. In der Regel wird sich eine Blatt höher laufen als das andere, nun gilt es zu beurteilen: Welches? Dazu werden die Blattspitzen in Laufrichtung mit unterschiedlich gefärbten, dünnen Klebestreifen markiert. Gelb und Blau bilden einen schönen Kontrast, somit kann bei ausreichender Beleuchtung, insbesondere bei Tageslicht, das Blatt mit dem gelben Streifen identifiziert werden, der Motor kann nun wieder abgestellt werden.

Zur Einstellung des Spurlaufes kommen pro Blatt zwei Steuergestänge in Frage, und

SICHERHEITSHINWEIS:
Ein Hubschrauber braucht während des Beschleunigens auf seine Solldrehzahl Bewegungsfreiheit. Führen sie **NIE** Testläufe durch, indem Sie den Hubschrauber auf einem Werktisch fixieren. Die Vibrationen sind während des Hochfahrens so stark, dass sich der Hubschrauber aus der Verankerung reißt und beschädigt wird, mit hohem Verletzungsrisiko für alle Anwesenden. Weisen Sie vor **JEDEM** Hubschraubertestlauf und Hubschrauberflug die Anwesenden auf die Verletzungsgefahr durch die rotierenden Blätter hin.

Kunstflughelikopter wird mit einem halben Looping in den Rückenflug gebracht. (Foto: Walter Neyses, Pilot)

ner Schwebefluglage heraus um seine Querachse nach vorne oder nach hinten „überschlagen“. Dazu muss einleitend PITCH gegeben werden, und synchron dazu voller NICK-Ausschlag (Höhenruder) nach vorne. Sobald sich der Hubschrauber der Rückenfluglage nähert, wird negativer PITCH gesteuert, um der Schwerkraft entgegenzuwirken. Der volle NICK Ausschlag wird bis zur Beendigung der Figur beibehalten, der negative PITCH-Ausschlag muss in positiv PITCH gewechselt werden, bevor der Hubschrauber seine Normalfluglage einnimmt. Es ist zu beachten, dass der Hubschrauber keinerlei Auftriebskraft entwickeln kann, während er sich in einer vertikalen Fluglage befindet. In dieser Phase der Drehung, die er während des Manövers zweimal durchläuft, verliert er an Höhe. Dies ist durch beherzt positiven PITCH bei der Einleitung und durch eine hohe Drehrate auszugleichen.

Ein weiterer Schritt zum 3D-Flug ist die kontrollierte Beibehaltung der Rückenfluglage. Als einleitendes Manöver wird gerne ein halber Überschlag nach vorne durchgeführt. Es liegt nun an der räumlichen Vorstellungskraft, die Steuereingaben auf die Fluglage des Hubschraubers abzustimmen.

Ein häufig gesehener Programmpunkt bei 3D-Vorführungen ist der TIC-TOC, was der lautschriftliche Beschreibung der Pendelbewegung einer Pendeluhr entspricht („Tick-Tack“). Dabei wird der Hubschrauber aus einer steilen Längslage kurz hintereinander von positiv auf negativ PITCH gesteuert. Der Pilot durchquert dabei jedes Mal die vertikale Fluglage für einen kurzen Moment. Der nach oben gerichtete Anteil während der Schräglagen genügt zum Ausgleich der Schwerkraft.

Ursprünglich als Notverfahren im Falle eine Motorausfalles gedacht, wird die *Autorotation* heute praktisch nur mehr als abschließender Bestandteil eines Kunstflugprogrammes gesehen. Um eine Landung im Autorotationsverfahren durchzuführen, muss der Hubschrauber so gebaut sein, dass der Antriebsmotor vom Hauptzahnrad entkoppelt werden kann. Das wird baulich durch eine so genannte *Freilaufhülse* erreicht, die zwischen Hauptzahnrad und Rotorwelle sitzt. Ist eine Freilaufhülse verbaut, so kann der Rotor

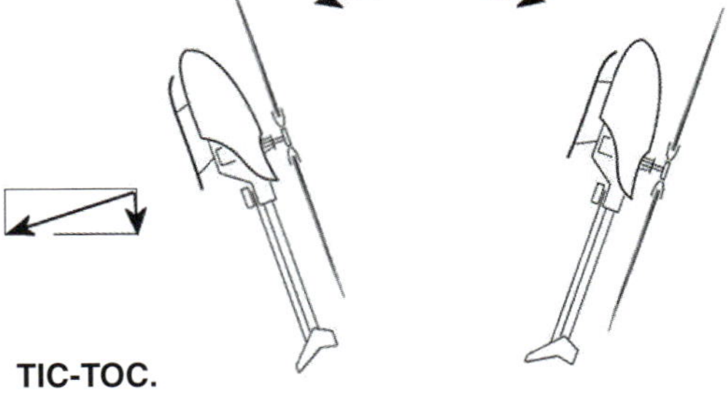

TIC-TOC.

frei drehen, wenn der Antrieb stillsteht. Der Heckrotor wird durch den Zahnriemen über das Hauptzahnrad weiter mitgeführt.

Wird nun der Motor in einer gewissen Sicherheitshöhe durch Aktivieren der Flugphase „AUTOROTATION“ zum Stillstand gebracht, so verliert der Hubschrauber sofort an Höhe, er bewegt sich vertikal nach unten. Nun werden die Rotorblätter mittels PITCH-Knüppel negativ angestellt, so dass sie durch den von unten kommenden Luftstrom angetrieben werden. Es wird dadurch je nach Fallgeschwindigkeit eine mehr oder weniger hohe Rotordrehzahl erreicht. Diese Drehzahl und die damit verbundene Energie kann einmalig zum Abfangen der Fallgeschwindigkeit genützt werden, indem man im richtigen Moment den PITCH-Hebel nach vorne bewegt. Die Rotation wird dadurch abgebremst, der Hubschrauber wird in seinem Fall verzögert und setzt im Idealfall genau dann am Boden auf. Die Gaskurve für die Flugphase AUTOROTATION muss also für alle Knüppelpositionen NULL sein, die Pitch-Kurve wie in der Flugphase RUNDFLUG (Knüppel bauchwärts: negativ Pitch, Knüppel vor: positiv Pitch)

Simulatortraining

Zum Erlernen der gleichzeitigen Steuerung über vier Steuerfunktionen (NICK, ROLL, PITCH, YAW) ist das Training mit einem geeignetem Modellhubschrauber-Simulator am PC eine wertvolle Unterstützung. Als Vorbereitung für die Durchführung von Kunstflugmanövern ist es nach Meinung des Autors unerlässlich.

Als Steuergerät kann dafür der eigene Sender verwendet werden, sofern dieser für den Anschluss an eine Schnittstelle des Computers geeignet ist. Bei älteren Fernsteuersystemen ist diese Verbindung durch eine optional nachrüstbare Schüler-Buchse herzustellen. Lehrer-Schüler-Systeme dienen zwar in erster Linie zur Verbindung zweier Sender, wobei dem Lehrer-Sender Priorität bei der Verarbeitung der beiden unterschiedlichen Steuereingaben eingeräumt wird. Die Steuersignale vom Schüler-Sender werden also nur dann an den Empfänger im fliegenden Modell weitergegeben, wenn vom Lehrersender keine Eingaben erfolgen. Sobald der Lehrer Eingaben tätigt, setzen sich diese Signale mit Vorrang an den Empfänger durch. Viele aktuelle Fernsteueranlagen sind bereits serienmäßig mit einer Lehrer-Schüler-Buchse oder einer PC-Schnittstelle zum Datenaustausch ausgerüstet. Über diese Schnittstellen können beispielsweise auch Modellspeicher am PC verwaltet werden. Die funktionsfähige Umsetzung eines Lehrer-Schüler Systems ist in der Praxis zumeist auf gewerbliche Modellflugschulen und Vereine mit starker Schulungstätigkeit beschränkt. Die Möglichkeit, über diese Schnittstellen den eigenen PC effizient als Trainingsgerät einzusetzen, steht jedem frei, einfache Simulatorprogramme sind über das Internet kostenlos zu beziehen. Die Möglichkeit zum Simulator-Training sollten angehenden Piloten und Pilotinnen nützen, wenn die Gelegenheit dazu besteht, das heißt – wenn ein PC zur Verfügung steht und die RC-Anlage eine PC-Schnittstelle aufweist. Das Vorhandensein einer solchen Schnittstelle kann durchaus ein Kriterium für die Anschaffung einer solchen Anlage sein.

Natürlich gibt es große Unterschiede in der Ausführung der verschiedenen Simulatorprogramme. Der Trainingseffekt ist daher auch unterschiedlich, doch zumindest die grundsätzliche Wirkung von Steuereingaben auf ein Modell, egal ob Flächenflugzeug oder Hubschrauber, kann auch am einfachsten Gratisprogramm erforscht werden. Je aufwändiger die Simulation wird, desto umfangreicher wird die Palette zur Verfügung stehender Modelle und Szenarien. Die Grafik wird wirklichkeitsnah bis fotorealistisch, das virtuelle Modell kann über verschiedene Einstellungsmöglichkeiten an das Flugverhalten seines Gegenstückes in der realen Welt angepasst werden.

Nun muss bei aller Wertschätzung für Si-

Screenshot Aerofly Professional Deluxe von Ikarus.

mulatortraining auch die damit verbundene Problematik erwähnt werden. Dazu ein kleiner Ausflug in die Gehirnforschung und den hochaktuellen Bereich *e-learning*. Das Wesen jedes computerunterstützten Lernens ist die Ermöglichung von *Inter-Aktion*. Ein inzwischen eingedeutschtes Schlagwort dafür wäre „learning by doing“: Kein passives Zuhören und Zusehen, sondern selbst Hand anlegen. Dazu bräuchten wir nun keinen Computer, eine gewisse Anzahl von baugleichen Modellen, die wir eines nach dem anderen zu Schrott fliegen, tut es auch. Und so war es auch, bis durch die von Rechnern geschaffenen virtuellen Welten eine weit kostengünstigere Methode zu Verfügung stand: Wir verschrotten auch am Computer ein Modell nach dem anderen, doch steht per Mausklick und sekundenschnell sein Nachfolger auf dem Platz. So haben wir die Möglichkeit, aus dem vorangegangenen Absturz zu lernen und es das nächste Mal besser zu machen.

Je älter ein Mensch wird, desto mehr Wiederholungen braucht er, um von einem gewohntem Verhalten auf ein neues Verhalten umzustellen. Ein Erwachsener braucht für eine simple Tätigkeit oft mehr als 30 Wiederholungen, um aus einer überlegten, großhirngesteuerten Handlung eine intuitive, kleinhirngesteuerte Handlung werden zu lassen.

Den Vorgang des Eintauchens in eine virtuelle Welt nennt man *Immersion*. Je stärker die Immersion ist, also je „echter“ uns die virtuelle Welt erscheint und wir uns darauf einlassen, desto stärker ist der „learning-by-doing“-Effekt.

Haben wir aber einmal am Computer die Steuercharakteristik eines Modells erforscht und erlernt, so wandert diese Erkenntnis nach vielen Wiederholungen in eine Region des Gehirnes, die unseren erprobten Erfahrungsschatz speichert: das Kleinhirn.

Das ist gut für die Entwicklung von sinnvollen Reflexen („gegen die hängende Fläche drücken ...“), aber schlecht, wenn es in der realen Welt zu Abweichungen von der virtuellen Trainingssituation kommt. In der Praxis kann es daher zu folgendem Szenario kommen:

Man trainiert mit einem Modell am PC, bis man es in allen erdenklichen Lagen kontrollieren kann, man startet wie auf Schienen und landet auf der sprichwörtlichen Briefmar-

Aufgabe Nasenschweben am Sim.

ke. Mit genau diesem Modell, nur diesmal aus Holz, Leim und Folie, begibt man sich nun zum realen Fluggelände. Schon vor dem Start bemerkt man jedoch, dass etwas nicht stimmt: Wind im Gesicht, Umweltgeräusche, optische Eindrücke, die man am PC nicht hatte und die einem nun „falsch" vorkommen. Man fühlt sich nicht ganz wohl dabei, aber was soll's, das Modell wird seinem Element übergeben, der Start gelingt. Doch nun läuft alles aus dem Ruder! Das Modell reagiert nicht so wie am PC! Bei jeder Berührung der Höhenrudersteuerung bäumt es sich auf, außerdem will es ständig nach links ausbrechen, eine Katastrophe. Das Modell droht im nahen Wäldchen zu verschwinden, man will eine Ausweichkurve fliegen, die Kurve fällt sehr eng und steil aus, am Ende fehlt die Geschwindigkeit: Strömungsabriss und Absturz. Und das nach wochenlangem Simulatortraining, wie konnte das passieren? Am Simulator sind die Modelle immer perfekt ausgewogen. Die Ruderausschläge haben einen bestimmten Wert, der bei den komplexeren Simulatorprogrammen zwar frei wählbar ist, und eben so gewählt wird, dass das Modell so fliegt wie man es möchte. Umwelteinflüsse wie Wind und Wetter sind zwar programmierbar, treten aber meist in einer vorhersehbaren Weise auf. Umweltgeräusche, Gerüche und andere ablenkende Faktoren wie zum Beispiel Zuschauer fehlen. Das war das Trainingsfeld, unseres Piloten, darauf war man vorbereitet. Und da durch viele Wiederholungen auch das eigene Kleinhirn aktiviert wurde, weil die Immersion gut gelungen war, wurde dieses Szenario zum „Normalzustand".

Das reale Modell hatte andere Ruderausschläge, in unserem Beispiel etwas größere. Und der Seitenzug des Motors war etwas zu gering gewählt. Ansonsten ein perfekt gebautes und ausgestattes Flugzeug. Doch allein diese Abweichungen von der Trainingssituation, gemeinsam mit den ablenkenden Umweltfaktoren auf dem Fluggelände, haben in einer Weise irritiert, dass das reale Flugverhalten des eigenen Modell als „falsch" empfand. Und anstelle das Steuerverhalten auf die größeren Ruderausschläge einzustellen und nach einer Sicherheitslandung die Einstellungen zu verändern, ließ man sich durch die Abweichung von seiner Trainingsituation derart aus der Bahn werfen, dass man die Kontrolle über das gut fliegende Modell verlor. Die gesamte reale Situation wurde von der Intuition als „Fehler“ gewertet, das Verhalten als „richtig“. Darin besteht die Gefahr des an sich sinnvollen Simulatortrainings.

Um den oben beschriebenen Problemen entgegenzuwirken, empfiehlt es sich, die Umstände der realen Welt immer im Blickfeld zu behalten, indem wir bald und wiederholt mit dem realen Modell auf das Fluggelände gehen. Es ist wichtig, sich ins Bewusstsein zu rufen, dass die Steuerung des Modells am Flugfeld teilweise neu erlernt werden muss, die eingeprägten Verhaltensmuster aus dem Simulatortraining müssen unter Umständen durch andere abgelöst werden. Es ist wesentlich, die Abweichungen zwischen realer Welt und Simulator nicht als „Fehler“ zu verstehen, sondern als neue Situation, auf die wir uns einstellen können. Natürlich kann über die Einstellungsmöglichkeiten des Simulators das Trainingsmodell dem realen Modell gut angepasst werden, doch dann wäre da noch das Wäldchen, das in der Szenerie des Simulators eben wo anders steht. Simulatortraining ersetzt die Erfahrung mit der realen Welt nicht, es ist als Vorbereitung für diese zu sehen. Wenn uns diese Umstände bewusst sind, dann besteht Aussicht auf ein effizientes Simulatortraining. Für manche Simulatorprogramme genügt es, wenn der Sender über die USB-Schnittstelle des Computers vom Betriebssystem als Spielesteuerung erkannt wird. Treibersoftware ist in diesem Fall nicht notwendig. Manche Programme erfordern ein bestimmtes, vom Hersteller mit Elektronikbausteinen bestücktes Kabel, um den Sender zu akzeptieren. Im Fachjargon wird dieses Kabel als „Dongle“ bezeichnet (engl. für „herabbaumeln“).

Sobald der Sender im Menü des Simulators erscheint, kann er über den PC konfiguriert werden. Es können also unabhängig vom Steuerknüppelmodus des Senders die Steuerkanäle zugewiesen werden. REVERS, EXPO und RUDERWEG können gesetzt und eingestellt werden. Motorleistung, Rotor- und Luftschraubendurchmesser, PITCH und alle wesentlichen Modellparameter können bei den meisten Simulatorprogrammen beeinflusst werden. Umwelteinflüsse wie Wind und Wolken können ebenfalls eingestellt werden. Sobald der Sender kalibriert und die Steuerfunktionen zugewiesen sind, kann der erste Trainingsflug stattfinden. Dabei ist es verständlich, dass die ersten Flüge zumeist in ein wildes Herumtoben ausufern, da man ja genießen möchte, dass nichts zu Bruch geht. In weiterer Folge sollte man sich aber konkrete, unter Umständen unspektakuläre Aufgaben stellen, die man in der realen Welt auch gebrauchen kann. Beispiel: Start geradeaus bis über die virtuelle Baumreihe, 180°-Kurve, Rücklandung. Gelingt die Übung so, dass das Modell zum wiederholten Male genau vor den eigenen Beinen zum Stillstand kommt, ist die Übung abgeschlossen. In weiterer Folge können alle Manöver, die man in der realen Welt durchführen möchte oder durchführen muss, am Simulator einmal demonstriert werden, immer mit dem Vorbehalt und dem Bewusstsein der Abweichung von der realen Welt.

Reparatur und Optimierung

Modellflug ist kein „Materialerhaltungs-Hobby“. Es liegt in der Natur der Sache, dass einzelne Bauteile durch normale Verwendung, „sub-optimale“ Landungen oder regelrechte Fehlbehandlungen ihre Funktion einstellen oder zu Bruch gehen. Betrifft dieser Schaden elektronische Bauteile, so sind die Möglichkeiten zur Reparatur für den Normalverbraucher sehr eingeschränkt. Liegt der Schaden an der Struktur oder in der Mechanik, so kann man seine handwerklichen Fähigkeiten daran messen. Zwar gibt man bei der Anschaffung des Modells schon zu verstehen, ob man viel, wenig oder gar nicht basteln möchte, doch nach dem ersten Crash ändert sich diese Anschauung häufig: „Da muss doch noch was zu *machen* sein!?“

Und *machen* heißt Tüfteln, Basteln, Sägen, Bohren, Schleifen, Schrauben, Grundieren und Lackieren. Und nun die gute Nachricht: In neun von zehn Fällen fliegt das Modell nach der Reparatur besser als zuvor. Und das ist kein Zufall: Wir nützen Reparatureingriffe in der Regel zur Anwendung von Optimierungsmaßnahmen. In vielen Fällen kann durch die Reparatur ein Mangel des Modells ausgebessert werden. Denn Flugmodelle sind keine perfekten Wesen. Der Preisdruck erfordert Abstriche in der Qualität, manchmal ist die Forderung nach niedrigem Gewicht ein schwächender Faktor, in einem anderen Fall wurden neben hochwertigen strukturellen Bauteilen minderwertige Ausrüstungsteile verwendet. All dies stellt man fest, nachdem man sich einige Zeit mit dem Modell herumgeschlagen hat und so seine Mängel kennen lernt. Und liegt es nun mal in Trümmern, so geht es gleich ans Verbessern. Wobei hier Maß und Ziel geboten ist. Viele Piloten verbessern prinzipiell alles, was ihnen in die Hände fällt, der traditionelle Modellbau ist eben ein Tüfteln ohne Ende. Da wird noch vor dem Erstflug die V-Stellung der Tragflächen verringert oder vergrößert, das Höhenleitwerk durch Anbohren leichter gemacht und die Befestigung der Kabinenhaube modifiziert. Gut und schön, jedoch: *Das Bessere ist manchmal auch der Feind des Guten*. Piloten und Pilotinnen mit viel Erfahrung wissen zwar, was sie möchten, doch sollte man im Regelfall dem Modell die Chance geben, seine Flugeigenschaften zu demonstrieren, bevor man es komplett umkonstruiert.

Doch wenn ein Werftbesuch nun mal notwendig wird, ist die Gelegenheit für eine Optimierung günstig. Zunächst einmal muss der Schaden behoben werden. Nach dem ersten Schock und dem Impuls, das Wrack entsorgen zu wollen, wird sorgfältig untersucht, was gebrochen ist und repariert werden kann, und welche Bestandteile besser gegen neue ausgetauscht werden. Tückisch sind angebrochene Anlenkungen, beschädigte Servogetriebe und angebrochene oder gelockerte Motorträger. Solche Schäden bleiben manchmal unbemerkt, haben aber fatale Folgen beim nächsten Flug.

Fehlersuche und Analyse

Das wichtigste an einem Absturz ist die Tatsache, dass wir für die Zukunft daraus lernen können. Zu diesem Zweck muss aber der Absturz ohne Rücksicht auf die eigene Eitelkeit analysiert werden. Es wurde schon beobachtet, dass einige ihr Modell überziehen, und kurz vor dem Einschlag laut „Funkstörung!" rufen. Das hilft dem Ego, bringt uns aber in Richtung Lerneffekt keinen Schritt weiter. Ein typischer Fall aus der Praxis könnte wie folgt aussehen:

Modell: Ein Segler mit GFK-Rumpf, Tragfläche in Holzrippen-Bauweise folienbespannt, ausgerüstet mit Akku, Empfänger, zwei Servos im Rumpf, zwei Servos in den Tragflächen.

Fluggelände: Ebene Wiese, Startmethode: Hochseil, Wetter: leichter Wind, schwache Thermik.

Verlauf: Die Person, der mit diesem Modell in den Modellflug eingestiegen ist, hat an diesem Tag mehrere Starts und Landungen hinter sich. Die gesamte Flugzeit betrug bisher 1 Stunde 30 Minuten. Die Flüge verliefen bislang unspektakulär, die Landungen erfolgten auf der Wiese stets in der Nähe und verliefen beschädigungsfrei. Da man jedoch nicht so oft zum Fliegen kommt, entscheidet man sich für einen abschließenden Flug vor Einbruch der Dämmerung. Start und Flug verlaufen ereignislos. Das Modell findet keine Thermikund man leitet den Anflug ein, schätzt aber die Höhe des Modells bei der letzten Kurve falsch ein – das Modell kommt diesmal tiefer herein als die vorherigen Male. Man setzt also zum Abfangbogen an, als sich das Modell in einer ungewohnt großen Entfernung von einem befindet. Da man auch die Geschwindigkeit des Modells schlecht beurteilen kann (diese ist höher als gedacht), steigt das Modell durch den Abfangbogen mit der überschüssigen Energie von Grasnarbenhöhe noch einmal auf etwa zwei Meter. Nun reißt die Strömung ab, das Modell neigt sich vorne über und schlägt mit der Nase voran auf dem Boden auf. Die Begutachtung der Unfallstelle ergibt folgendes Bild: Rumpf im Bereich der Kabinenhaube gebrochen und gerissen, Akku liegt losgerissen neben dem Rumpf. Servobrett im Rumpf ist angebrochen. Tragflächenhälften vom Rumpf abgelöst, eine Tragflächenhälfte ist in der Nähe der Flächenwurzel angebrochen, die Folie ist beschädigt. Die Nylonschrauben zur Befestigung der Tragflächen haben sich aus dem Gewinde gelöst und die Tragflächen freigegeben, somit weitere Beschädigung am Rumpf verhindert. Eine Nylonschraube ist unauffindbar. Das Höhenleitwerk hat sich verschoben, das hölzerne Ruderhorn des Höhenleitwerks ist durch die Wucht des Aufpralls gebrochen.

Welche Faktoren führten zu diesem Unfall? War es ein technischer Mangel des Modells, war es eine Funkstörung? Hat eine unbemerkt gebliebene Beschädigung dazu beigetragen? Bei diesem Fallbeispiel, das zwar erfunden ist, in dem sich aber bestimmt einige wieder erkennen, ist die Ursache eindeutig nicht im Modell und auch nicht in der Funkübertragung zu suchen. Ohne die einzelnen Faktoren zu bewerten, könnte man mit der Konzentrationsfähigkeit beginnen. Man war zwar noch nicht müde in einem Ausmaß, das einen einschlafen ließ, doch die Konzentrationsfähigkeit war durch die vorangegangenen Flüge aufgebraucht. Die beste Methode diesen Absturz zu verhindern wäre gewesen, den Flug nicht durchzuführen. Nach einer Stunde ohne Pause ist Pause! Auch wenn's gerade noch so gut geht: Die Unfallanfälligkeit steigt nach einer Stunde ununterbrochener Flugzeit steil an. Doch man entschied sich für einen letzten Flug, und viele andere hätten das auch getan. Aber nicht alle wären abgestürzt, denn nun kommen weitere Faktoren ins Spiel: Insgesamt wenig Erfahrung mit dem Flugverhalten des Modells. Solange das Modell sich in der Nähe befindet, hat man keine Schwierigkeiten, den Abfangbogen vor der Landung richtig zu bemessen. Für eine

Landung in einiger Entfernung ffehlten hier Erfahrungswerte. Es kommt zu einer Überkorrektur am Höhenruder, was zu einem unerwünschten Steigflug mit anschließendem Strömungsabriss führt. Mit etwas Erfahrung hätte man in dieser Flugphase das Modell in einem flachen Sinkflug ohne Abfangbogen den Flug beenden lassen. Man hätte sich darauf konzentriert, die Tragflächen waagrecht zu halten und Hindernissen auszuweichen. In dem Moment, wo das Flugzeug das Gras berührt, wird die überflüssige Energie durch die Bremswirkung der Grashalme vernichtet und der Flug ist beschädigungsfrei beendet. Erkennt man diese Faktoren als Unfallursache an, so wird der nächste Flug sicherer sein. Der oben genannte Fall ist nur ein Beispiel für viele verschiedene Möglichkeiten eines Unfallherganges. Es ist durchaus statthaft, Personen, die den Absturz beobachtet haben, nach ihrer Meinung zu fragen, diese jedoch auch kritisch zu bewerten. Konzentrationsfehler bei der Steuerung und Unsicherheiten in der Handhabung des Modells sind praktisch bei jedem Absturz beteiligt. Nun sammelt man erhobenen Hauptes die Trümmer ein und tritt den Weg zur Werft an.

Reparatur planen

Beim Modellhubschrauber ist die Strategie für eine Reparatur nach einem Bruch einfach: Alle auch noch so geringfügig beschädigten Teile müssen durch neuwertige Ersatzteile ausgetauscht werden. Dabei ist der Austausch der Hauptrotorwelle eine Pflichtübung, selbst wenn mit freiem Auge keine Unwuchtheit feststellbar ist. Nach dem Auswechseln aller betroffenen Teile ist der Hubschrauber wie neu, und wenn die Ursachen für den Absturz richtig analysiert wurden, ist der nächste Flug sicherer als der voran gegangene.

Diese Strategie könnte natürlich auch für jedes Flächenmodell angewendet werden, wenn die Einzelpreise der Ersatzteile nicht den Wert des Flugzeuges übersteigen. Doch in aller Regel werden hier Sekundenkleber, Epoxid-Harz und Spachtel bemüht, um den Schaden zu beheben.

Nun entdecken wir eine bislang kaum beachtete Eigenschaft des Grundstoffes Holz – es ist leicht zu reparieren. Das bedeutet nicht, dass die Arbeitszeit für die Reparatur, oder der Aufwand an sich gering wäre. Es bedeutet schlichtweg: Wenn genügend Sorgfalt in die Reparatur von aus Holz aufgebauten Teilen verwendet wird, kann dieses Bauteil in neuwertiger Qualität wiederhergestellt werden. Anhand einer gebrochenen Tragfläche in Holzrippenbauweise soll exemplarisch der Ablauf erläutert werden: Schäden an einer Holzstruktur sind hörbar, sichtbar und fühlbar. Bewegen wir das Teil, so knistert es unter Umständen, Unebenheiten und Bruchkanten können ertastet werden, Folie wird durch scharfe Bruchkanten geritzt. Zunächst müssen wir das betroffene Gebiet freilegen, also von Folie oder anderem Deckmaterial befreien.

Holz bricht selten ganz ab, zumeist hängen die beiden Bruchhälften noch mit ein paar Fasern zusammen. Gelingt es, die Bruchstücke wieder nahtlos und bündig zusammenfügen, so genügt oft ein Tropfen Weißleim, um die Bruchstelle tragfähig zu kitten. Ist die Beschädigung so groß, dass kleine Stücke aus dem Holz herausgerissen wurden, oder ist die Klebestelle nicht breit genug, um Belastung aufzunehmen, kann geschient und geschäftet werden. Als Kleber kann dabei je nach Größe und Beschaffenheit der Klebefläche Sekundenkleber (bei glatter, großer Klebe-

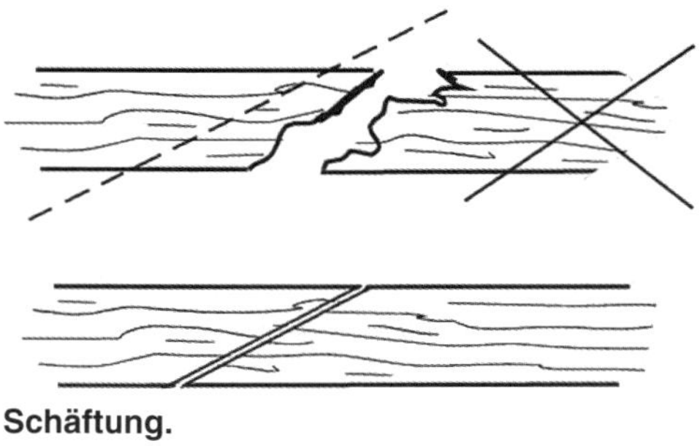

Schäftung.

fläche), Weißleim oder Fünf-Minuten-Epoxi eingesetzt werden. Ist aus Platzgründen eine Schienung mit Holz nicht möglich, kann zurechtgeschnittenes Glasfasergewebe verwendet werden. Dadurch erhöht sich die Festigkeit und Steifheit der Struktur in diesem Bereich, was allerdings zu Lasten der Elastizität geht. Die Verwendung von Glasfasergewebe für die Reparatur von Holz hat sich in der Praxis jedoch sehr gut bewährt, solange man sparsam mit dem Gewebe und dem Harz umgeht. Nach dem Wiederaufbau der Grundstruktur wird der Bereich mit Sandpapier Körnung 80-10 glatt verschliffen und mit einem Flicken aus identischer Folie bespannt. Holzoberflächen mit Lackfinish werden genau wie bei ihrer Entstehung armiert, grundiert und in mehreren Schichten lackiert.

Reparaturen an GFK oder CFK–Bauteilen sind unbeliebt, weil es oft unvorstellbar ist, die Festigkeit und die Optik des Neuzustandes wiederherzustellen. Die Bruchstellen sind manchmal schlecht zugänglich, weil sie sich im Bereich von Rundungen oder konkav gewölbten, engen Rumpfstellen befinden. Doch mit Hilfe der Flicken oder „Plätzli"-Methode können hier mit etwas Geduld sehr gute Ergebnisse erzielt werden.

GFK und CFK bricht normalerweise nicht wie Holz entlang einer mehr oder weniger scharfen Bruchkante ab. Es reißt und knickt, bei Abstürzen mit großer Energie können auch Materialfetzen verloren gehen. Wenn man von innen an den Riss herankommt, kann man bei kleinen Rissen im Rumpf einfach zwei Lagen Glasfasergewebe mit Fünf-Minuten-Epoxi hinterlegen. Zuvor sollte man unbedingt die glatte GFK-Oberfläche mit Sandpapier sorgfältig aufrauen, sonst verbindet sich die neue Lage nicht mit dem beschädigten Teil. Ist von innen einmal die Festigkeit wiederhergestellt, bedarf es an der Außenseite ein wenig Spachtel und Lack, damit die Optik wieder passt. Bei ganz genauem Hinsehen sieht man solche Reparaturstellen, sie mindern aber nicht die Qualität des Modells. Besteht ein Schaden aus

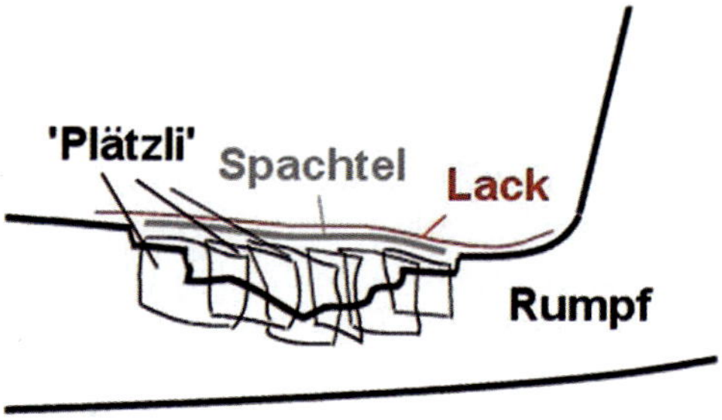

Plätzli-Methode.

mehreren Rissen, oder fehlt gar ein Teil des Gewebes, so kommt nun die oben erwähnte „Plätzli"-Methode zum Einsatz. Die Bruchstelle muss gut gesäubert werden, Messer, Rundfeile und Dremel sind als Werkzeug willkommen. Dabei versucht man, soviel Material wie möglich zu erhalten. Nun muss das Bauteil gut auf einer Arbeitsunterlage ausgerichtet und fixiert werden. Nun werden mehre Flicken aus Glasfasergewebe im Maß von etwa zwei mal zwei Zentimetern vorbereitet. Damit die folgende Arbeit nicht zu sehr unter Zeitdruck leidet, sollte nun ein Epoxidharz mit einem Härter verwendet werden, der 20 Minuten offene Zeit gewährt. Die Flicken werden einer nach dem anderen sparsam in Harz getränkt und überlappend auf die Bruchstelle aufgelegt. Dabei können auch kleine Löcher überdeckt und geschlossen werden. Wölbungen im Bauteil können nachgebaut werden, das sich die Flicken auch in einer konkav gewölbten Lage anordnen lassen. Jede belastete Stelle sollte letztlich aus drei Lagen Gewebe bestehen. Die endgültige Form wird am nächsten Tag durch Spachtel, Grundierung, Nassschliff und drei Lackschichten hergestellt. Die Herausforderung besteht unter anderem darin, dem Material nach jedem Arbeitsgang genügend Zeit zur Aushärtung zu geben. Setzt man die Arbeit zu früh fort, kommt es zum Verzug und zu Unebenheiten in der Oberfläche. Kleine Löcher können ohne weiteres mit dieser Methode überdeckt werden. Ist der Materialschwund durch den Bruch größer als zwei mal zwei Zentimeter, so muss ein Stützmaterial als Auflage für die Reparaturflicken eingebracht werden. Hierfür eignet sich wieder einmal weiches Balsaholz. Es kann schnell in jede beliebige Form geschliffen und in eine Bruchstelle eingepasst werden. Das Holz wird nur provisorisch mit Sekundenkleber in seiner ausgerichteten Position fixiert. Die Verbindung mit dem Grundmaterial erfolgt über die harzgetränkten Glasfaserflicken. Alternativ zu eingepasstem Balsaholz kann auch PU-Montageschaum als Stützmaterial verwendet werden. Dieser wird nach der Aushärtung in Form geschnitten und geschliffen, bis er der ursprünglichen Form des Bauteiles entspricht. Darüber können mehrere Lagen von Glasfasergewebe laminiert werden. Auf diese Weise können auch dramatische Beschädigungen an eine GFK-Tragfläche repariert werden.

Je vertrauter man mit dem eigenen Modell wird, desto mehr fallen auch konstruktions- oder fertigungsbedingte Mängel auf. Gelegentlich ist der Rumpf im Bereich der Flächenauflage oder der Kabinenhaube zu dünn laminiert, oder eine als Sollbruchstelle ausgelegte Nylonschraube bricht zu schnell. Jede durch einen Absturz bedingte Reparatur stellt eine gute Gelegenheit dar, diese Mängel zu beheben. Nicht ohne Grund wird in Modellfliegerkreisen augenzwinkernd behauptet, dass ein Modell nach jedem Absturz etwas besser fliegt.

Tragflächenbruch nach „Springbaumbefall".

Bruchstelle freigelegt und mit Schaum aufgefüllt.

Mit Haftgrund für Lackierung vorbereitet.

Spachtel (weiß) und Laminat nass verschliffen.

Reparatur mit Drei-Schicht-Lackierung abgeschlossen.

Wettbewerbe

Es beginnt meist mit einem gelungenen Flug alleine „auf der grünen Wiese". Sobald sich eine zweite Person hinzugesellt, möchte man schon wissen: wer fliegt eigentlich höher, länger, schneller, genauer? Schon haben wir einen sportlichen Wettkampf. Um anerkannte Regeln für Wettkämpfe auch staatenübergreifend aufzustellen, hat eine internationale Organisation sportliche Kriterien im Modellflug entwickelt. Es handelt sich bei dieser Organisation um eine Kommission des 1905 gegründeten *Internationalen Luftsportverbandes* FAI (*federation aeronautique international*) mit Sitz in Lausanne. Dort sind die nationalen Luftsportverbände von etwa 100 Staaten vertreten, darunter auch die Vertreter Deutschlands, Österreichs und der Schweiz. Die FAI unterscheidet zehn Hauptkategorien im Luftsport, wobei dem Modellflug die Kategorie ‚F' zugeordnet wird. Diese Kategorie ist der bei weitem umfangreichste Bereich innerhalb aller Aktivitäten der FAI. Es finden sich zwar Modelle und Aufgaben nach Vorbildern der personentragenden Fliegerei, doch viele Klassen konnten nur mit einem handlichen Flugmodell entstehen, wie zum Beispiel der Fesselflug. Die FAI, genauer gesagt deren für Modellsport zuständige und 1936 ins Leben gerufene Fachgruppe CIAM (ursprüngl. *Commission Internationale Aéronautique Modellisme*), wählt ausgewiesene Experten als Vorsitzende von Unterausschüssen, die die verschiedenen Klassen betreuen. Alle internationalen Wettbewerbe müssen eine dreiköpfige Jury haben, die bei Streitfragen zu Rate gezogen werden kann; bei internationalen Meisterschaften muss mindestens ein Jury-Mitglied aus dem Vorstand, dem sog. *Bureau* stammen. Das Regelwerk, das den Klassen und sportlichen Wettbewerben zugrunde liegt, heißt *sporting code.* Auf insgesamt 600 Seiten sind über 60 Modellflugklassen definiert und der genaue Ablauf der Wettbewerbe beschrieben; dazu gehören auch die Bewertungskriterien für die Punktrichter. Verbindlich ist die englische Fassung des Sporting Code.

Neben internationalen Wettbewerben, zu denen Weltmeisterschaften und Groß-Events wie die „World Air Games 2009" in Turin gehören, gibt es auf nationaler Ebene unzählige Veranstaltungen, mit manchmal eigenen Regeln und Teilnahmebedingungen. In Deutschland laden unter anderem die Landesverbände des Deutschen Aeroclubs DAeC und der Deutsche Modellflieger Verband DMFV dazu ein. In Österreich ist der Österreichische Aeroclub OeAC, Sektion Modellflug zuständig, in der Schweiz organisiert und überwacht der Schweizer Modellflugverband SMV als Organ des Schweizer Aeroclubs AeCS nationale Modellflugveranstaltungen. Auch unabhängige private oder kommerzielle Organisationen können Wettbewerbe ausrichten und verwenden für die Bewertung ihre eigenen Richtlinien.

Kurzportrait der Wettbewerbskategorien

F1: Freiflug

Außer für das Stoppen des Motors oder das Auslösen der Thermikbremse darf bei Freiflugmodellen keine Fernsteuerung eingesetzt werden. Es ist die älteste Form des Modellfluges, und stellt die direkte Nachfolge des von einem Gummimotor angetriebenen Modells „Planophore" von Alphonse Pènaud anno 1871 dar.

Seit dieser Zeit freuen sich die Anhänger dieser Klasse über das erfolgreiche Dahingleiten ihrer Modelle entlang eines vorbestimmten Flugweges ohne einen Eingriff vom Boden.

Das Kriterium von Freiflugwettbewerben ist einzig und allein die erreichte Flugdauer. Die Teilnehmenden streben stets nach Verbesserungen am Design ihrer Modelle und der besten Austrimmung, um noch längere Flugzeiten zu erreichen.

Die CIAM unterteilt die Freiflugwettbewerbe in die *indoor* (Saalflug) und *outdoor*-Wettbewerbe. Die meisten indoor-Modelle werden von einem Gummimotor angetrieben, wobei das Reglement der verschiedenen Klassen. Das Gewicht des Gummis, die Abmessungen des Flugzeuges und dessen Mindestgewicht regeln. Die Wettbewerbe werden in großen Gebäuden, Luftschiff-Hangars, Messehallen, und sogar Salzminen ausgetragen. In der verbreitetsten indoor-Klasse F1D werden Weltmeisterschaften abgehalten, die ebenfalls per Gummimotor betriebenen Modelle der Klassen F1L und F1M beziehen sich auf kleinere Modelle, und unter F1N sind Segelmodelle zu verstehen, die von Hand gestartet werden. Der outdoor-Bereich gliedert sich in drei Klassen, die sich durch ihren Antrieb unterscheiden: Segler, Gummimotor oder Verbrennungs -, beziehungsweise Elektromotor. Bei motorgetriebenen Modellen wird im Wettkampf eine kurze Motorlaufzeit erlaubt, anschließend beendet das Modell gleitend den Flug. Es wird eine mindestens drei Minuten dauernde Flugzeit in sieben Durchgängen angestrebt, kleinere Modelle werden mit maximal zwei Minuten Flugzeit geflogen. Nach einer vorbe-

F1-Verbrenner Start. (Foto: Gerhard Wöbbeking)

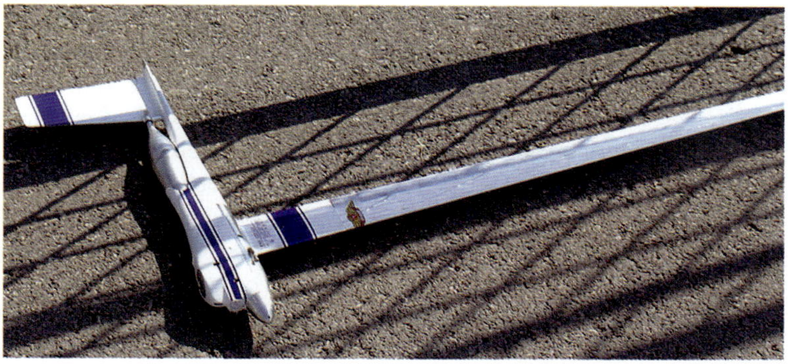

F2A-Modell in der typisch asymmetrischen Auslegung. (Foto: www.fesselflug.eu)

F2B-Modell in Ruhe und in Aktion. ▶ (Fotos: www.fesselflug.eu)

stimmten Zeit kann durch eine mechanische oder elektronische Zeitschaltuhr durch eine Manipulation am Höhenruder der Gleitflug abgebrochen und so der Flug beendet werden. Bei frühen Modellen wurde durch das Abbrennen einer Lunte ein Gummizug freigegeben, der das Höhenruder in eine Hochstellung brachte. Die Herausforderung besteht unter anderem darin, das Flugzeug so auszutrimmen, dass es durch die Hochstellung des Höhenruders in eine stabile Sackfluglage übergeht und landet.

Die Weltmeisterschaften für Freiflugmodelle mit Gummiantrieb sind die ältesten internationalen Wettbewerbe im Modellflug. Die F1B-Weltmeisterschaft wird seit 1928 um den legendären *Wakefield-Pokal* ausgetragen.

F2: Fesselflug

Mit den Klassen F2A-F2D stellt der Fesselflug die zweitälteste Wettkampfklasse für Modellflugzeuge dar, Weltmeisterschaften werden seit 1951 ausgetragen.

Fesselflugmodelle werden ohne elektronische Hilfsmittel durch zwei Seile gesteuert, die beide über einen Umlenkmechanismus das Höhenruder ansteuern. Man hält beide Seile mit einem speziellen Griff in der Hand und führt das Modell um sich herum in einer kreisförmigen Flugbahn. Man kann so neben dem Horizontalflug auch verschieden Formen und Variationen von Loopings fliegen. Bei der Klasse F2A zählt nur die Geschwindigkeit, der Hubraum des Motors ist durch das Reglement auf 2,5 cm^3 beschränkt. Ein typischer Fesselflugmotor hat einen festen Venturi-Vergaser, die Drehzahl wird nach dem Motorstart über die Düsennadel eingestellt. Durch Optimierung der Antriebe, unter anderem mittels genau abgestimmter Schalldämpfer, werden Geschwindigkeiten über 300 km/h auf einem Flug von neun Runden über eine Distanz von einem Kilometer erreicht.

In der Kunstflugklasse F2B müssen alle Teilnehmenden ein Pflichtprogramm absolvieren, wobei fünf Juroren die Figuren bewerten. Bei Europa- und Weltmeisterschaften besteht die Vorrunde aus zwei Durchgängen auf zwei Kreisen, insgesamt also vier Flügen. Bei allen anderen Wettbewerben werden drei Durchgänge geflogen, von denen die beiden besten zählen. Bei einem großen Teilnehmerfeld kann es zu einem Finale der besten 15 kommen. Die Punktrichter können jedoch auch die Anzahl der Finalisten variieren. Der Finalist mit der höchsten Punktezahl von zwei aus drei Finaldurchgängen gewinnt.

In der Klasse F2C treten drei Modelle gleichzeitig in einem Rundkurs gegeneinander an. Jedes Modell braucht ein Team aus einem Piloten in der Mitte des Kreises, und einem Mechaniker zum Auftanken und Einstellen des Modells. Ein Durchgang besteht aus 100 Runden, während des Rennens muss jedes Modell mindestens zweimal aufgetankt werden, da die Tankkapazität auf 7 cm^3 limitiert ist. Mit Geschwindigkeiten über 200 km/h erfordert es großes Geschick, Mitstreitende zu überholen und Starts und Landungen während des Rennens zwecks Betankung durchzuführen. Die Entscheidung fällt oft innerhalb von Zehntelsekunden, die Geschwindigkeit der Tankstopps ist zudem ein entscheidender Faktor. Geübte Mechaniker benötigen für das Abfangen des Modells, die Betankung, den Neustart des Motors und die Freigabe für den Start unter vier Sekunden.

Die Klasse F2D ist eine turbulente Art der „Fuchsjagd“: Es befinden sich zwei Personen zur gleichen Zeit im Flugkreis, jedes Modell schleppt ein bis zu drei Meter langes Band Krepppapier oder gleichwertiges anderes Material, befestigt an einer 2,5 m langen Sisalschnur, an seinem Heck hinter sich her. Die Teilnehmenden trachten durch schnelle und taktische Manöver, mit dem eigenen Propeller oder den Tragflächen ein Stück vom Krepppapier des gegnerischen Modells abzutrennen. Pro abgetrenntes Stück Papier werden 100 Punkte gewertet, jede geflogene Sekunde zählt einen weiteren Punkt, der „Kampf“ dauert insgesamt vier Minuten. Die Manöver werden derart ungestüm geflogen, dass es regelmäßig zu Beschädigungen und Abstürzen durch Kollision kommt. Für diesen Fall darf man zwei Mechaniker einsetzen, die das beschädigte Modell gegen ein Ersatzmodell austauschen

Wettkampfszene aus F2C. (Foto: www.fesselflug.eu)

F3A-Maschinen warten auf den Einsatz.

und den „Fuchsschwanz“ an diesem zu befestigen. Kommt es während der Jagd zum Absturz, holt einer der Mechaniker das Modell aus dem Kreis, montiert den Fuchsschwanz ab und läuft zum zweiten Mechaniker, der unterdessen das andere Modell gestartet und eingestellt hat. Dann wird an diesem Modell der Fuchsschwanz eingehängt. Zwei Modelle dürfen pro Durchgang eingesetzt werden, es gewinnt die höchste Punktezahl oder das letzte noch fliegende Modell.

F3A: Motorkunstflug

Die Klasse F3A beinhaltet Wettbewerbe zur Durchführung komplexer Kunstflugmanöver mit ferngesteuerten, motorgetriebenen Modellflugzeugen. Da diese Wettbewerbe immer auf freiem Gelände ausgetragen werden, sind die Flugmodelle stets dem Wind ausgesetzt, es muss daher die Abdrift durch den Wind in das Manöver mit einbeziehen. Das Reglement schreibt eine maximale Rumpflänge von zwei Metern, eine maximale Spannweite von zwei Metern und ein maximales Gewicht von fünf Kilogramm vor. Die Leistung des Motors ist bei Verbrennungsmotoren nach oben hin nicht begrenzt, solange der Schallpegel innerhalb vorbestimmter Grenzen bleibt. Die Stromquelle für einen Elektromotor darf nicht mehr als 42,56 Volt Spannung aufweisen, gemessen ohne Last vor dem Flug.[12]

An den Wettbewerben kann individuell oder als Team von höchstens drei Mitgliedern teilgenommen werden. Die Vorführung muss in einem vorbestimmten Luftraum, der so genannten „Box“, direkt vor den Augen der Juroren stattfinden. Die Ausdehnung dieser Box erstreckt sich in einem Winkel von 60° links und rechts einer Mittellinie. Nach oben hin wird die Box durch einen Abschnittwinkel von ebenfalls 60° begrenzt. Die hintere Begrenzung stellt eine Sicherheitslinie dar, die im Abstand zwischen sieben und 10 Metern hinter dem Standpunkt der Piloten gezogen wird, und an der sich die Juroren und deren Hilfskräfte aufhalten. Wird diese Sicher-

[12] vergl. FAI Sporting Code Section 4, Volume F3 Edition 2009

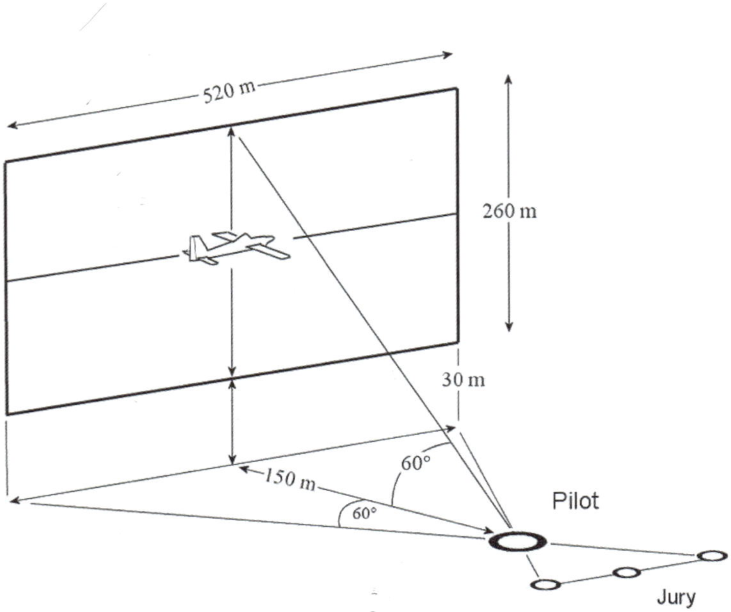

F3A-Kunstfkugbox.

Effektvolle Demonstration von Sascha Fliegener. (Foto: Walter Neyses)

heitslinie während eines Manövers überflogen, führt dies zur Aberkennung der Punkte für dieses Manöver. Die Begrenzung am entfernten Ende der Box stellt die Grundlinie dar, die an ihrem Schnittpunkt zur Mittellinie 150 Meter von den Piloten entfernt ist. Entlang dieser Grundlinie soll man die Manöver durchführen, sie hat eine Länge von 520 Metern. Innerhalb dieser hochgestellten Ebene befinden sich drei horizontale Ebenen, die unterste liegt bei 30 Metern, die oberste bei 290 Metern Flughöhe. Man muss während des Programms jedes Mal beim Überfliegen der Mittellinie eine zuvor festgelegte Figur fliegen. Vor dem Überfliegen der äußeren Begrenzung der Kunstflugbox muss man ein Wendemanöver durchführen, um anschließend in der Gegenrichtung den nächsten Programmpunkt zu absolvieren. Ein klassisches Kunstflugprogramm beinhaltet 23 Manöver inklusive Start und Landung. Überfliegt man während einer Figur die Begrenzungen der Box, kommt es zum Punkteabzug. Ein Wettbewerb umfasst vier Durchgänge, der Durchgang mit der höchsten Punktewertung wird für die Reihung herangezogen. Bei Europa- und Weltmeisterschaften werden nach einer Vorrunde aus vier Durchgängen ein Semifinale und ein Finale durchgeführt, deren Flugprogramme auch schwierigere, nicht vorher bekannt gegebene Figuren enthalten. Allen Piloten darf während des Fluges eine Assistenz als „Ausrufer" zur Seite stehen, der das Flugprogramm Figur für Figur *ausruft* und somit das Programm den Piloten in Erinnerung ruft. Beim Anlassen des Motors dürfen zwei Hilfspersonen assistieren. Die Leistung jedes Bewerbers wird durch eine mehrköpfige Fachjury bewertet, die unabhängig voneinander jedes Manöver mit 0 bis 10 Punkten bewerten. Die Punkte für die einzelnen Manöver werden für ihren Schwierigkeitsgrad mit dem „K"-Faktor aus dem Arresti-Katalog multipliziert. Ein schlampig geflogenes, aber schwieriges Manöver kann dadurch die gleiche oder gar eine höhere Punkteanzahl bringen, als ein perfekt geflogenes, leichtes Manöver. In Deutschland bietet die Klasse F3A-X ein von der internationalen F3A-Klasse abgeleitetes Reglement für Motormodelle ohne Gewichtsbeschränkung. Die Faktoren für den Erfolg sind, wie bei allen anderen Wettbewerben auch, Geschicklichkeit undErfahrung, die Leistung und präzise Einstellung des Modells und natürlich ein Quäntchen Glück.

Ferngesteuerter Segelflug

Interessanterweise gibt es für die breite Palette von Segelflugmodellen und deren zugehörige populäre Wettbewerbe keine exklusive Hauptklasse, da unter F3 auch Motorkunstflug und Pylonrennen fallen. Seit 2009 gibt es für Handstartsegler auch die Klasse F6D, die unter anderem bei den ‚World Air Games' in Turin ausgetragen wird. Die Zuordnung erfolgt durch den letzten Buchstaben der Klassenbezeichnung. Für den im deutschsprachigen Raum populären Segelkunstflug mit vorbil-

F3B-Maschine „Crossfire".

dähnlichen Seglern gibt es noch keine Einordnung in das Schema der FAI, dennoch werden nationale und multinationale Wettbewerbe abgehalten.

F3B

Diese Klasse ist die älteste FAI-RC-Segelflugdisziplin und wurde bis 1974 als reiner Dauerflug-Wettbewerb mit Ziellandung durchgeführt Seitdem werden die Allround-Eigenschaften von Mensch und Maschine geprüft, indem man drei getrennt bewertete Aufgaben bewältigen muss. Der erste Teil der Prüfung ist eine Dauerflugaufgabe, angelehnt an die historischen Wurzeln des F3B. Dabei muss eine Gruppe von Bewerbern versuchen, nach dem Start mit einer eigens dafür ausgelegten Motorwinde einen Flug von zehn Minuten mit abschließender Ziellandung zu absolvieren. Wird diese Flugzeit unter- oder überschritten, oder wird das Landefeld verfehlt, kommt es zu Punkteabzügen.

Der zweite Teil des Wettbewerbes ist ein Streckenflug-Wettbewerb, es muss versucht werden, innerhalb von genau vier Minuten eine festgelegte Strecke von 150 Metern so oft wie möglich abzufliegen. Der dritte und letzte Bestandteil des Wettbewerbes ist eine Geschwindigkeitsprüfung, dabei muss die Strecke von 150 Meter vier mal so schnell wie möglich durchflogen werden. Die Wertungen der drei Teilwettbewerbe werden zu einer Gesamtwertung verarbeitet, es gibt eine Einzelwertung und eine Teamwertung. Die Anforderungen an die Geschicklichkeit und an das Modell sind vielfältig, allein der Windenstart erfordert eine sehr gute strukturelle Festigkeit des Modells, da während der Beschleunigung das 30-fache der Erdbeschleunigung auf die Modelle wirkt.[13] Die Modelle müssen aerodynamisch widerstandsarm und auftriebsstark ausgelegt sein, zwischen den Teilwettbewerben darf der Schwerpunkt der Modelle für die anstehende Prüfung optimiert werden. In dieser Klasse finden seit 1977 alle zwei Jahre Weltmeisterschaften statt, dabei dominierten bisher die Teilnehmenden aus Deutschland (5), der Schweiz (3) und Österreich (2) mit insgesamt zehn von 16 verliehenen Weltmeistertiteln.

F3J

Zwar alphabetisch voreilig, doch thematisch verwandt zur oben beschriebenen Disziplin, wird doch in der Klasse F3J der „Geist" des historischen F3B bewahrt. Es handelt sich um

F3J Start in der Gruppe. (Foto: Gerhard Wöbbeking)

[13] vergl.: http://www.f3b.de

einen Dauerflug-Wettbewerb, die Anforderungen orientieren sich an den Erfordernissen für ausgedehntes Thermiksegeln. Die Attraktivität des Wettbewerbes liegt unter anderem in der schlichten Gestaltung des Regelwerks. Den Spitzenmodellen fehlt es dabei keineswegs an Innovation und Hightech, viele Konstruktionen sind den F3B-Maschinen in der Erscheinung ähnlich, bei optimierter Gleitleistung und reduziertem Gewicht. Die Prüfung besteht darin, das Modell für exakt zehn Minuten zu fliegen und den Flug durch eine Punktlandung abzuschließen. Der Start erfolgt durch eine Hochstartmethode, die ohne Technik auskommt: Zwei Hilfspersonen ziehen das Modell an einer 150 Meter langen Kunststoffleine auf Höhe. Starts erfolgen in Gruppen von Bewerbern, so ist ein direkter Vergleich zwischen vielen Mitbewerbern möglich. Bis zum Finale werden mehrere Durchgänge absolviert. Seit 1998 werden für diese Klasse zweijährlich Weltmeisterschaften ausgetragen.

F3F

Die Hangflug-Wettbewerbsklasse der FAI verlangt Geschwindigkeit und schnelle Wendemanöver entlang eines 100 Meter breiten Abschnittes einer Hangkante. Die Modelle werden von Hand gestartet, nach einer Vorbereitungszeit von 20 Sekunden für Höhengewinn und Ausrichtung des Modells muss die Wettbewerbsstrecke zehnmal durchflogen werden. Die Wettkampfrichter an den Eckpunkten der Wettkampfstrecke lösen akustische Signale aus, um das Passieren der Wendemarke anzuzeigen. Fünf Sekunden nach dem Passieren der letzten Markierung muss eine festgelegte Flughöhe erreicht werden. Die erfolgreichen Wettbewerbsmodelle sind zwar in der Regel etwas kleiner und schwerer als die im F3B und F3J eingesetzten Maschinen, Spannweiten zwischen 2,6 und 3,3 Meter sind, abhängig von der Windstärke, üblich. Der Erfolg hängt neben der optimalen Abstimmung des Modells unter anderem von der Präzision der geflogenen Wenden ab, da durch zu weite oder zu enge Wendemanöver Zeit, beziehungsweise Energie verloren wird. Diese Klasse hat zurzeit einen provisorischen Status im Schema der FAI, es werden zwar kontinentale Meisterschaften wie zum Beispiel die F3F-Eurotour organisiert, aber keine Weltmeisterschaften.

Start bei einem Wettbewerb der F3F-Eurotour 2009, Werfer: Kurt Planitzer.

F3H

Die ebenfalls provisorische Klasse F3H verlangt von den Bewerbern einen Überland-Streckenflug mit einem ferngesteuerten Segelflugzeug. Die Wettbewerbsleitung legt vor dem Wettkampf die Strecke und die zu überfliegenden Geländemarken fest, die Piloten folgen ihrem Modell in einem Fahrzeug, von dem aus sie das Flugzeug steuern.

F3Q

In dieser Klasse kommen Segler zum Einsatz, die von einem Schleppflugzeug auf Höhe gebracht werden, welches vom Veranstalter zur Verfügung gestellt wird. Die Aufgabe besteht in einer Streckenflug- und einer Geschwindigkeitsprüfung. Auch diese Klasse hat zum Zeitpunkt der Drucklegung provisorischen Status in der FAI.

F3K

Diese relativ junge und sehr populäre Klasse erfordert vom Bewerber einen Schleuderstart seines Modells. Die Modelle werden oft als HLGs für *„hand launch glider"* (Handstart Segler) bezeichnet, die Startmethode wird in der Fachsprache SAL für *„side arm launch"* genannt. Die bedeutungsgleiche Bezeichnung DLG für *„disc launch glider"* weist auf die Ähnlichkeit der Starttechnik zum Diskuswurf in der Leichtathletik hin. Das Modell wird an einer Tragflügelspitze genommen und in einer unverwechselbaren Art aus einer oder mehrerer Körperdrehungen heraus mit dem Schwung des ausgestreckten Armes senkrecht in die Luft geschleudert. Zu diesem Zweck ist ein Haltebolzen in eine Tragflächenspitze eingearbeitet. Es handelt sich bei diesen Seglern um eine Kombination aus hochwertigen Materialien wie CFK, Holz und Nylonfolie. Die Spannweite der F3K-Wettbewerbsmodelle liegt bei maximal 1,5 Metern, was die Anschaffungskosten im Vergleich zu Drei-Meter-Modellen im Bereich F3B/F/J deutlich senkt. Die Flugleistungen sind trotz der geringen Größe und der daraus resultierenden kleinen Re-Zahl dank der Profilforschung-und Entwicklung von Mark Drela hervorragend.(14) Das Regelwerk ist aufgrund der starken Bewegung in dieser Klasse noch nicht endgültig

Fotostudie ‚side arm launch'.

(14) Mark Drela ist Professor am Massachussetts Institute of Technology und hat im Zuge der Entwicklungen am Daedalus-Projekt 1988 die Computersoftware XFOIL zur Berechnung von Profilen entwickelt. Er gilt mit als Wegbereiter für den erfolgreichen Einsatz kleiner Hochleistungssegler.

F3K-Wettkampfmodell „Fireworks 4". (Foto: www.pcm.at)

festgelegt, die Prüfungen bestehen im Prinzip aus einer Folge von mehreren kurzen Flügen mit unmittelbar darauf folgendem Neustart, wobei man auch den Einfluss bodennaher Thermik nutzt. Klasse F6D entspricht größtenteils den Regeln der Klasse F3K, die in absehbarer Zeit von der FAI vom provisorischen in den offiziellen Status gehoben wird, und sich damit zur Austragung von Weltmeisterschaften qualifiziert.

F3C, F5C: Modellhubschrauber

Diese Klasse erfordert die Vorführung bestimmter Schwebefiguren und Kunstflugmanöver mit einem ferngesteuerten Modellhubschrauber. Die Klasse F3C erlaubt die Motorisierung durch einen 2-Takt-Glühzündermotor mit maximal 15 cm^3 Hubraum, einen 4-Takt-Glühzündermotor mit maximal 20 cm^3, einen Benzinmotor mit maximal 25 cm^3 oder einem Elektroantrieb mit einer maximalen Akkuspannung von 42 Volt. Das Gewicht ist mit 6 kg limitiert, die Rotorfläche mit maximal 250 dm^2. Vergleichbar zur Klasse F3A (Motorkunstflug) müssen zehn Kunstflugmanöver innerhalb einer Kunstflugbox in 100 Metern Abstand zur Jury durchgeführt werden. Außerdem müssen zehn Schwebemanöver in einem bestimmten Fluggelände gezeigt werden, welches die Beobachtung der Figuren durch die Jury aus einer Distanz von 15 Metern ermöglicht. Die Schwebemanöver müssen alle im so genannten „Helipad", einer kreisförmigen Landefläche von einem Meter Durchmesser, beendet werden.

Die Klasse F5C ist Hubschraubern mit Elektroantrieb vorbehalten, der Rotordurchmesser ist hier auf 1,15 Meter (outdoor), beziehungsweise 0,75 Meter limitiert. Die Prüfung in der Klasse F5C besteht in der Vorführung von jeweils drei Schwebe- und Kunstflugmanövern. Davon kann sich der Teilnehmende jeweils zwei Manöver aus einer Liste auswählen, jedes Manöver ist mit einem

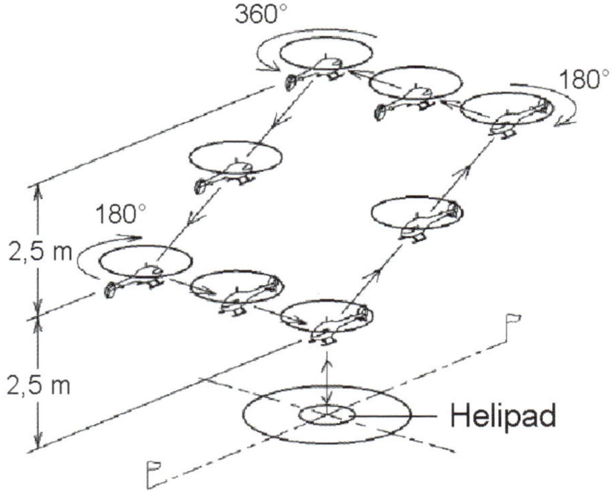

Skizzierung der Schwebefigur „Diamant" .

K-Faktor zur Bewertung seines Schwierigkeitsgrades versehen. Die Geländebedingungen sind an die Klasse F3C angelehnt.

Zur Beschreibung der Figurenprogramme wird im Hubschrauberflug nicht die gewohnte Aresti-Symbolik, sondern eine eigene, auf Hubschrauberflug angepasste Skizzierung veröffentlicht.

Ein internationaler Wettbewerb besteht typischerweise aus vier Vorrunden-Durchgängen, die drei besten Durchgänge werden für die Bewertung herangezogen. In der Endrunde treten die 15 bestgewerteten Teilnehmende aus den Vorrunden gegeneinander an. Bei nationalen Wettbewerben kann das Vorrunden-Endrunden-System abgewandelt werden. Es werden kontinentale- und Weltmeisterschaften für Einzelpersonen und Teams veranstaltet.

F3D/F5D: Pylonrennflug

Kaum eine Modellflug-Wettbewerbsdisziplin bietet derart spektakuläre und adrenalingeladene Wettkämpfe wie die Pylonrennen F3D (Verbrennungsmotor bis 6,6 cm^3) und F5D (Elektroantrieb mit bis zu fünf LiPo-Zellen). Sind doch die Vorbilder aus der personentragenden Fliegerei unter anderem die legendäre *Schneider Trophy*, die bis heute ausgetragenen Wettbewerbe im Rahmen des *Reno Air Race* und die relativ junge Disziplin des *Red Bull Air Race*. Alle diese Veranstaltungen haben eine Gemeinsamkeit: Die Rennmaschinen umfliegen entlang ihres Kurses zweifarbig gekennzeichnete Wegmarken, so genannte Pylone. Im Falle der Modellflug-Pylonrennen F3D/F5D stellt die Anordnung der vier bis fünf Meter hohen Pylone ein gleichschenkeliges Dreieck dar, mit Schenkellängen von 2x180 Metern und einer Basis von 40 Metern. Dieses Dreieck muss in jeder Runde vollständig umflogen werden, was einer Rundenlänge von mindestens 400 Metern entspricht. Ein Durchgang erstreckt sich über zehn Runden, pro Durchgang befinden sich drei Teilnehmende im Rennen. Drei Pylonrichter überwachen den ordnungsgemäßen Überflug der Pylone.

Alle am Wettbewerb teilnehmenden Personen müssen Schutzhelme tragen, die Piloten und Hilfspersonen befinden sich während des Rennens innerhalb des Dreiecks, die Wettkampfrichter außerhalb. Nach der Vollendung der zehnten Runde muss man unverzüglich landen und den Motor abstellen. Die Wertung setzt sich aus den Rundenzeiten und eventuellen Zeitaufschlägen wegen Regelwidrigkeit zusammen. Die Person mit den wenigsten Punkten gewinnt. Es werden je nach Teilnehmerzahl bis zu zehn Durchgänge geflogen. In beiden Pylonrennklassen finden zweijährlich Weltmeisterschaften statt.

F4: Vorbildgetreuer Modellflug („Scale“)

Viele flugbegeisterte Menschen finden zum Modellflug, weil sie die fabelhafte Gestaltung und der unverwechselbare Charakter gewisser vorbildgetreuer Modelle fasziniert. In

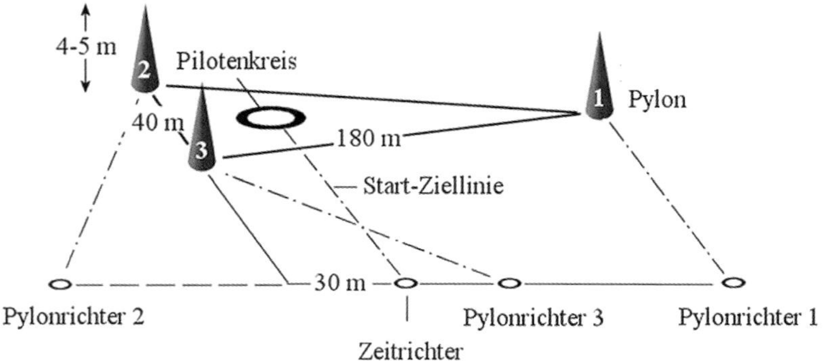

Pylonkurs.

Details an einer Curtis Jenny. (Modell und Foto: Manfred Stocker)

erster Linie sind es historische Modelle, die es in ihrer originalen Erscheinungsform nur mehr selten oder gar nicht mehr als fliegende Vorbilder gibt. Im *Scale*-Modellflug (engl. für *maßstabsgetreu*), werden Flugbilder längst vergangener fliegerischer Epochen in die Gegenwart zurückgeholt. Da taucht die vogelähnliche Silhouette einer Rumpler-Etrich-Taube am Horizont auf, dort donnert eine North American P-51 „Mustang" im Tiefflug vorbei. Douglas DC-3s und Supermarine Spitfires, Fokker Dreidecker und der aktuelle Passagierjet Airbus A-380 tummeln sich am Himmel, um nur wenige der Höhepunkte der regelmäßig veranstalteten ‚Scale'-Flugtage oder Wettbewerbe anzudeuten.

Die meisten Flugmodell-Bausätze haben eine *vorbildähnliche* Erscheinung, doch im Wettkampf in dieser Disziplin wird *Vorbildtreue* verlangt. Das bezieht sich sowohl auf die Ausgestaltung des Modells, seine Abmessungen, die Farbgebung, das Finish, als auch auf seine Flugeigenschaften. Dazu muss unter anderem eine akzeptable Dokumentation des Originals in Form von technischen Zeichnungen und Originalfotos vorgelegt werden. Drei Juroren beurteilen die Übereinstimmung des Modells mit dem Original, und bewerten seine handwerkliche Ausführung. Zudem muss das Modell geflogen werden und dabei eine Reihe vorgeschriebener Manöver zeigen. Das Ziel ist es, auch bei der Durchführung der Flugmanöver so nahe als möglich an das Original heranzukommen.

Die FAI unterscheidet vier Unterteilungen in dieser Disziplin: Die Klasse F4A beschreibt kolbenmotorgetriebene Modelle mit höchstens 10 cm^3 Hubraum oder Elektroantrieb ohne Leistungsbeschränkung. Die Gesamtoberfläche des Modells darf höchstens 150 dm^2 betragen, das Gewicht ohne Treibstoff 5 kg. Jede teilnehmende Person soll die Möglichkeit für vier Wertungsflüge mit je fünf Minuten Flugzeit haben. Beurteilt werden Start, Steigflug, Realität im Flug, Übergang zum Abstieg und Abstieg mit Landeanflug. Bonuspunkte bringt eine Auslegung als mehrmotoriger Antrieb und ein einziehbares Fahrwerk.

Die Klasse F4B beschreibt den Fesselflug mit vorbildgetreuen Modellen. Das Gewicht ist für einmotorige Flugzeuge mit 6 kg ohne Treibstoff limitiert, mehrmotorige Flugzeuge dürfen 7 kg wiegen. Der Antrieb ist frei wählbar, verboten sind lediglich Raketen- oder Pulsoantriebe. Die Geräuschentwicklung darf höchstens 96 Dezibel betragen. Turbinen-

Großer E-Segler vor dem Start.

strahltriebwerke sind außerdem auf 10 KN maximalen Schub beschränkt. Der Flugbereich hat einen Durchmesser von 26 Metern, in drei Durchgängen sind verschiedene vorbildähnliche Figuren zu zeigen. Bewertet werden unter anderem das Anrollen zum Start, waagrechter Flug, Wahlflugprogramm, Eleganz im Flug, sowie die Geschwindigkeit und Abstimmung des Motors in Hinblick auf sein Geräusch.

Die Klasse F4C erweitert die höchstzulässige Startmasse ohne Treibstoff auf 15 kg, die Klasse F4G auf 25 kg. Die Vorschriften für den Antrieb sind vergleichbar mit der Klasse F4B. Die Flugzeiten der geflogenen Programme dürfen bis zu 17 Minuten dauern, und die Auswahl an zu fliegenden Figuren ist größer als bei den oben beschriebenen Klassen.

Nun können auch freifliegende Saal-Flugmodelle nach ihrer vorbildgetreuen Ausführung bewertet werden, und zwar in der Klasse F4D. In dieser Klasse dürfen nur Gummimotoren eingesetzt werden, das maximale Fluggewicht beträgt 150 Gramm. Die Bewertungskriterien sind mit den anderen ‚Scale'-Wettbewerben vergleichbar: Ausführung und vorbildgetreues Flugverhalten. Die Klasse F4E findet ebenfalls in der Halle statt und erlaubt den Einsatz von verschiedenen Antrieben. Die kleinsten Modelle finden sich in der provisorischen Saal-Flugklasse F4F, der so genannten „Erdnussklasse". Die Modelle dürfen nicht mehr als 33 cm Spannweite aufweisen bei einer maximalen Länge von 23 cm. Ein Gummimotor ist als Antrieb erlaubt, es gelten die üblichen Kriterien für einen Scale-Wettbewerb.

Für die Klasse F4H wurden die Kriterien für die Herstellung und die Dokumentation des Modells insofern gelockert, als auch uneingeschränkt industriell vorgefertigte Bauteile oder Bausätze verwendet werden dürfen. Allein die Gestaltung der Oberfläche bleibt exklusiv als Beitrag zur Optik des Modells. Die Flugprüfung entspricht dem F4C-Programm.

F5: Elektrisch motorisierte Flugmodelle

Die Verbreitung moderner Elektroantriebe für den Modellflug ging mit der Verfügbarkeit von brushless-Motoren und LiPo-Akkus sehr schnell voran. Dem entspricht die dafür vorgesehene Hauptklasse F5, wobei Elektroantriebe ohnehin auch in der Motorkunstflugklasse F3A, in der Hubschrauberklasse

F3C und in der ‚Scale'-Klasse F4 eingesetzt werden dürfen. Anstelle die Kunstflugklasse F3A für den Elektroantrieb neu zu erfinden, entstand mit der Klasse F5A eine ganz neue Art des Wettbewerbs: Kunstflug mit musikalischer Untermalung! Dieser für das Publikum und Aktive gleichermaßen attraktive Wettbewerb weist einige signifikante Änderungen zum Klassiker F3A auf: Die Kunstflugbox ist nun ein quaderförmiger Luftraum mit einer Abmessung von 75x75x110 Metern. Drei Vorrunden mit je sechs Minuten Flugzeit für die Absolvierung eines vorgegebenen Figurenprogramms werden durch eine Finalrunde gekrönt, die dem Piloten bei der Auswahl der untermalenden Musik und der Kunstflugmanöver weitgehend freie Hand lässt. Wendefiguren werden nicht einzeln, sondern als Bestandteil des Gesamteindrucks gewertet. Man darf zu Recht erwarten, durch die Vorstelllungen von Spitzenteams dieser Klasse immer wieder verzaubert zu werden.

Die Klasse F3B für Elektrosegler stellt weniger lyrische Ansprüche an die Bewerber, es handelt sich um eine Streckenflug- und Dauerflugprüfung mit abschließender Präzisionslandung. Die Einschaltzeiten des Motors werden durch die Wettkampfrichter genau dokumentiert. Für die Streckenflugaufgabe muss eine Distanz von 150 Metern in der Zeit von 200 Sekunden so oft wie möglich durchflogen werden. Direkt im Anschluss daran stehen 600 Sekunden für die Bewältigung der Dauerflugprüfung zur Verfügung. Eine Punktlandung in einem Landefeld aus konzentrischen Kreisen von 10, 20 und 30 Metern Durchmesser gibt weitere Punkte. Für diesen Wettbewerb dürfen Elektrosegler bis zu 1.000 Gramm Gewicht ohne Akku eingesetzt werden, es dürfen maximal sechs Zellen LiPo mit maximal 600 Gramm Gewicht als Stromquelle verwendet werden. Die provisorische Klasse F5F entspricht der Klasse F5B mit der Ausnahme, dass lediglich vierzellige LiPo-Akkus eingesetzt werden dürfen, bei einem maximalen Abfluggewicht von 1.500 Gramm.

Die provisorische Klasse F5G stellt einen Dauerflug und Landewettbewerb für große, vorbildähnliche Elektrosegler dar. Die Spannweite darf maximal 3,75 Meter bei einem Höchstgewicht von 7,5 kg betragen.

Neue Klassen

F7

Die Klasse F7 ist Luftfahrzeugen leichter als Luft vorbehalten wie beispielsweise Heißluftballons und Luftschiffe).

F9A: Drone-Soccer

Die neueste der provisorischen Wettbewerbsklassen ist das Drone-Soccer. Übersetzt bedeutet das so viel wie Drohnen-Ball – abgeleitet vom englischen Wort „Soccer", welches direkt als „Fußball" zu übersetzen wäre, hier jedoch nicht gemeint ist. Zwei Teams aus höchstens fünf Personen treten mit Drohnen, die von ballförmigen Schutzkäfige umgeben sind, gegeneinander an. Eine der Drohnen ist als „Striker" gekennzeichnet, diese soll durch ein ringförmiges, etwa einem Meter im Durchmesser großes Tor geflogen werden. Die anderen des Teams dürfen durch Berührung im Flug ihre „Striker"-Drohne unterstützen. Die Beschaffenheit des Spielfeldes, des Tor-Ringes und die Details der Durchführung sind durch den Sporting-Code geregelt.

F9U: RC-Multicopter-Drone-Racing

Drohenrennen (englisch: drone-racing) wurden erst vor kurzer Zeit durch die FAI als offizielle provisorische Wettbewerbskategorie bestätigt. Die ersten Rennen fanden 2014 in Australien statt. Es gibt starkes Interesse, nicht zuletzt wegen der Überschneidung zum e-Sport. Bis zu sechs Personen rasen mit elektrisch betriebenen Renndrohnen um einen speziell beschaffenen Kurs. Gesteuert werden die Drohnen mittel FPV (first person view) und assistiert durch eine Hilfsperson zur Wahrung des direkten Sichtkontaktes zur Drohne. Videobilder von der Kamera an der Drohne werden in Echtzeit an die Videobrille geliefert. Die Rennen dauern zwei bis drei Minuten, die schnellste Drohne gewinnt. Für die Durchführung sind im Sporting-Code der FAI genaue Regeln niedergeschrieben, die sich stetig erweitern und an die verfügbare Technik anpassen. Darüber hinaus gibt es private oder kommerzielle Organisatoren wie zum Beispiel die Drone-Racing-League DRL, die ihre eigenen Regeln schreiben und auch Weltmeisterschaften durchführen. Die nicht gewinnorientierte European-Rotor-Sports-Association (ERSA) fördert die Verbreitung des FPV-Sports in Europa. Wegen der hohen Popularität speziell bei der Jugend lässt dieser Bereich noch einiges an Bewegung erwarten.

Das Bild zeigt eine Racing-Drone, die für Drohnenrennen der Klasse F9U verwendet werden kann.

Anhang

Formeln

I. Newtonsches Gesetz
Das Trägheitsprinzip
„Ein Körper verharrt im Zustand der Ruhe- oder der gleichförmigen Bewegung (Translation), soferne er nicht durch einwirkende Kräfte zur Änderung des Zustandes gezwungen wird“

Eine Änderung des Bewegungszustandes kann also nur durch eine Kraft von außen bewirkt werden, beispielsweise durch die Erdanziehung (Gravitation)

II. Newtonsches Gesetz
Das Aktionsprinzip
„Die Änderung der Bewegung einer Masse ist der Einwirkung der bewegenden Kraft proportional und geschieht nach der Richtung derjenigen geraden Linie, nach welcher jene Kraft wirkt“.

In zeitgemäßen Begriffen entspricht die Kraft F der Änderung des Impulses

F = m · v

III. Newtonsches Gesetz
Das Wechselwirkungsprinzip
„Actio und Reactio“

„Kräfte treten immer paarweise auf. Übt ein Körper A auf einen Körper B eine Kraft aus (actio), so wirkt eine gleich große, entgegen gerichtete Kraft von B auf A (reactio).“

Strömungslehre
Auftriebsformel

$$F_{Auftrieb} = \frac{\rho}{2} \cdot v^2 \cdot A \cdot Ca$$

F = Auftriebskraft
ρ = Luftdichte
V = Strömungsgeschwindigkeit
A = Tragflächeninhalt
Ca = Auftriebsbeiwert

Widerstandsformel

$$F_{Widerstand} = \frac{\rho}{2} \cdot v^2 \cdot A \cdot Cw$$

F = Widerstandskraft
ρ = Luftdichte
V = Strömungsgeschwindigkeit
A = Stirnfläche (Angriffsfläche)
Cw = Widerstandsbeiwert

Literatur

Alles über Finish;
Ralph Müller, Neckar Verlag 1990

Baupraxis für RC-Flugmodelle,
Helmut Drexler, Neckar Verlag 1986

Das Thermikbuch für Modellflieger
Thermik finden und optimal nutzen;
Markus Lisken, Ulf Gerber;
Verlag für Technik und Handwerk, 2004

Echt abgehoben! Faszination Modellhelikopter, Stefan Pichel,
Books on Demand Verlag, 2007

Elektro-Motorflug, Hinrik Schulte,
Verlag für Technik und Handwerk, 2008

Grundlagen des Modellfliegens,
Alasdair Sutherland,
Verlag für Technik und Handwerk, 2006

Holzbauweise im Flugmodellbau,
Rüdiger Götz, Necker Verlag, 2004

Model Aircraft Aerodynamics,
Martin Simons, Special Interest Model Books (Verlag), 1999

Moderne Fernsteuerungen
für RC- Flugmodelle,
Manfred-Dieter Kotting,
Verlag für Technik und Handwerk, 2008

Modellmotorentechnik,
Bernhard Krause, Neckar Verlag 2001

Model Aircraft Aerodynamics;
Martin Simons; Nexus Special Interests (Verlag), 1999

Modellflug, Aufstiegserlaubnis und Umweltrecht; Walter Felling; Neckar Verlag 2000

Motorkunstflug mit RC-Modellen;
Lothar Beyer;
Verlag für Technik und Handwerk, 2006

Privatflugzeugführer: Grundlagen der Flugwetterkunde; Wolfgang Kühr, Karsten Rieh; Friedrich Schiffmann (Hrsg.) 1989

Das Segelflugmodell, Teil I-III; Franz Perseke, Neckar Verlag, 1983

Statische Längsstabilität bei kleinen Flugzeugen: Leitfaden zur Flugerprobung,
Dr. Dieter Resinger, Verlag: Institut für Flugsicherheit Austrian Flight Test Assoc.,
ISBN-13: 978-3950270907

2,4-GHz-Technik im Modellbau,
Modell-Sonderheft; Wolfram Gebhardt,
Karl-Heinz Keufner; Neckar Verlag 2008

Screenshots aus dem Programm Profili2 (hilfreiches Programm zur Darstellung von Profilpolaren und zur Erstellung von Flächenrippen) mit freundlicher Genehmigung von Dr. Stefano Duranti, http://www. profili2.com

Screenshots aus dem Simulatorprogramm Aero-Fly Professional Deluxe mit freundlicher Genehmigung von Ikarus Modellbau, http://www. Ikarus-modellbau.de

Bilder von
http://www.rc-elektro-tragschrauber.de
mit freundlicher Genehmigung
von Doris und Manfred Röckerdorfer

Bilder von
http://www.modellflug-freakshow.at
mit freundlicher Genehmigung
von Manfred Stocker

Bilder von http://www.rcline.de mit freundlicher Genehmigung von Walter Neyses

Bilder von http://www.woebbeking.de
mit freundlicher Genehmigung von Manfred Wöbbeking, der mich im Bereich „Wettbewerbe" beratend unterstützt hat.

Bilder von http://www.woebbeking.de
mit freundlicher Genehmigung von Manfred Wöbbeking, der mich im Bereich „Wettbewerbe" beratend unterstützt hat.

Bilder von http://www.rc-wasserflug.at
mit freundlicher Genehmigung von Johann Prachinger

Bilder von http://www.pcm.at
mit freundlicher Genehmigung
von *Podivin Composit Modellbau*

Bilder von http://www.fesselflug.eu
mit freundlicher Genehmigung von Claudia Kehnen, die ebenfalls das Korrektorat für den Bereich Fesselflug übernommen hat.

Hilfsprogramme (freeware) zur Berechnung von Antriebsleistung
und Propellerdimension (propcalc):
http://www.drivecalc.de

Deutschsprachige Internet-Foren:
http://www.rcline.de
http://www.rc-network.de

VTH-SHOP

Diese und viele weitere tolle Produkte finden Sie in unserem VTH-Shop: wie z.B. Zeitschriften, Bücher, DVDs, Baupläne, Zubehör

shop.vth.de
07221 - 5087-22
service@vth.d

KENNEN SIE SCHON UNSERE PRINT ON DEMAND-BÜCHER?

Flug

ArtNr: 3102146
Preis: 29,90 €

ArtNr: 3100002
Preis: 34,90 €

ArtNr: 3102001
Preis: 39,90 €

ArtNr: 3102021
Preis: 34,90 €

ArtNr: 3102002
Preis: 29,90 €

ArtNr: 3100005
Preis: 49,90 €

ArtNr: 3130009
Preis: 29,90 €

ArtNr: 3102067
Preis: 34,90 €

ArtNr: 3102003
Preis: 39,90 €

ArtNr: 3102010
Preis: 49,90 €

ArtNr: 3100009
Preis: 49,90 €

ArtNr: 3102132
Preis: 29,90 €

ArtNr: 3102155
Preis: 29,90 €

ArtNr: 3102013
Preis: 49,90 €

ArtNr: 3102014
Preis: 49,90 €

ArtNr: 3102140
Preis: 49,90 €

ArtNr: 3102005
Preis: 49,90 €

ArtNr: 3102020
Preis: 39,90 €

ArtNr: 3102103
Preis: 34,90 €

ArtNr: 3100001
Preis: 29,90 €

Hier eine Auswahl unseres Sortiments

PRINT ON DEMAND

Sie wünschen, wir drucken.

Längst vergriffene Fachliteratur wird auf Wunsch für Sie produziert.

Dieser Button kennzeichnet unsere „Print on Demand - Produkte"

ArtNr: 3102015
Preis: 34,90 €

ArtNr: 3102122
Preis: 29,90 €

ArtNr: 3102141
Preis: 29,90 €

ArtNr: 3102164
Preis: 49,90 €

ArtNr: 3102186
Preis: 49,90 €

ArtNr: 3102084
Preis: 49,90 €

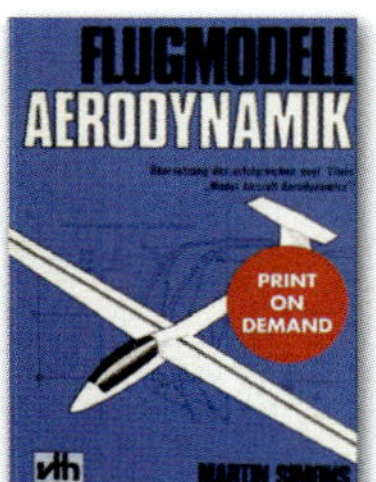

ArtNr: 3102012
Preis: 49,90 €

ArtNr: 3102016
Preis: 29,90 €

ArtNr: 3102031
Preis: 34,90 €

ArtNr: 3102047
Preis: 29,90 €

ArtNr: 3102029
Preis: 29,90 €

ArtNr: 3102017
Preis: 39,90 €

ArtNr: 3102026
Preis: 34,90 €

ArtNr: 3102027
Preis: 34,90 €

ArtNr: 3102028
Preis: 34,90 €

ArtNr: 3102035
Preis: 34,90 €

ArtNr: 3102022
Preis: 34,90 €

ArtNr: 3102039
Preis: 39,90 €

ArtNr: 3102252
Preis: 49,90 €

ArtNr: 3102048
Preis: 34,90 €

Print-on-Demand-Artikel sind vom Widerruf ausgeschlossen.

ArtNr: 3102049
Preis: 39,90 €

ArtNr: 3102052
Preis: 29,90 €

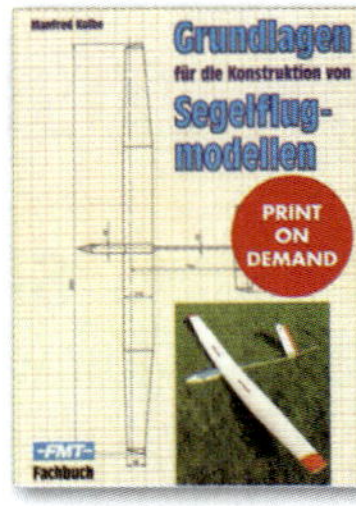

ArtNr: 3102054
Preis: 29,90 €

ArtNr: 3102055
Preis: 34,90 €

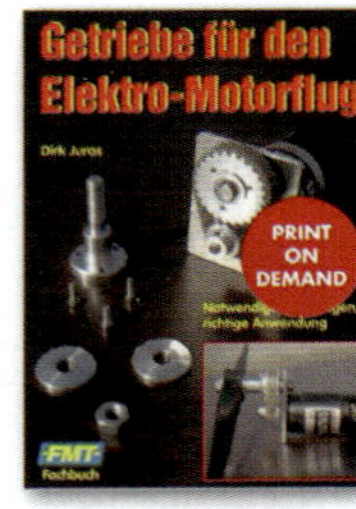

ArtNr: 3102061
Preis: 29,90 €

ArtNr: 3102071
Preis: 34,90 €

ArtNr: 3102058
Preis: 39,90 €

ArtNr: 3102066
Preis: 34,90 €

ArtNr: 3102073
Preis: 49,90 €

ArtNr: 3102068
Preis: 34,90 €

ArtNr: 3102079
Preis: 29,90 €

ArtNr: 3102064
Preis: 39,90 €

ArtNr: 3102076
Preis: 29,90 €

ArtNr: 3102081
Preis: 34,90 €

ArtNr: 3102083
Preis: 29,90 €

ArtNr: 3102102
Preis: 29,90 €

ArtNr: 3102146
Preis: 29,90 €

ArtNr: 3102105
Preis: 34,90 €

ArtNr: 3102106
Preis: 29,90 €

ArtNr: 3102107
Preis: 34,90 €

ArtNr: 3102108
Preis: 34,90 €

ArtNr: 3102109
Preis: 29,90 €

ArtNr: 3102112
Preis: 34,90 €

ArtNr: 3102095
Preis: 39,90 €

ArtNr: 3102116
Preis: 34,90 €

ArtNr: 3102126
Preis: 29,90 €

ArtNr: 3102091
Preis: 39,90 €

ArtNr: 3102092
Preis: 29,90 €

ArtNr: 3102097
Preis: 29,90 €

ArtNr: 3102101
Preis: 29,90 €

ArtNr: 3102129
Preis: 29,90 €

ArtNr: 3102134
Preis: 34,90 €

ArtNr: 3102029
Preis: 29,90 €

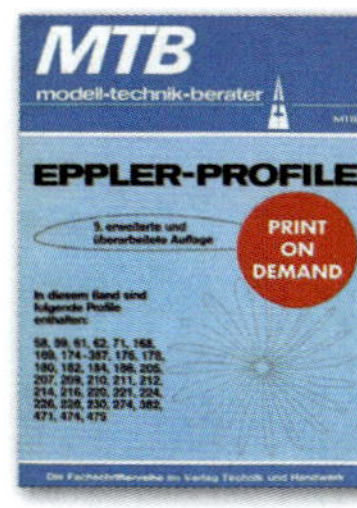

ArtNr: 3120001
Preis: 49,90 €

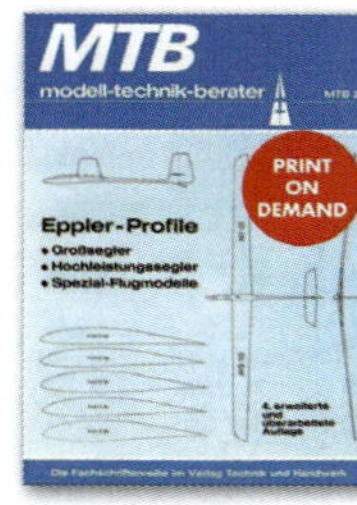

ArtNr: 3120002
Preis: 49,90 €

ArtNr: 3120003
Preis: 39,90 €

ArtNr: 3120004
Preis: 39,90 €

ArtNr: 3120005
Preis: 34,90 €

ArtNr: 3120009
Preis: 49,90 €

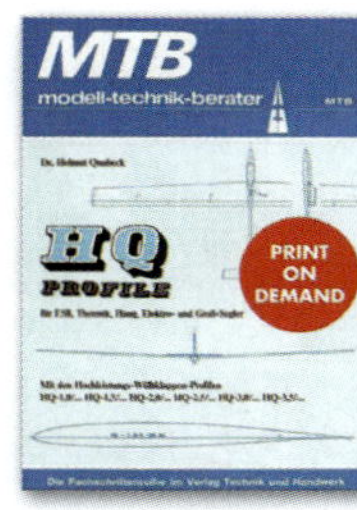

ArtNr: 3120007
Preis: 34,90 €

ArtNr: 3120010
Preis: 34,90 €

ArtNr: 3120011
Preis: 34,90 €

ArtNr: 3120014
Preis: 39,90 €

ArtNr: 3120013
Preis: 39,90 €

ArtNr: 3120015
Preis: 34,90 €

ArtNr: 3120017
Preis: 49,90 €

ArtNr: 3120020
Preis: 39,90 €

ArtNr: 3120022
Preis: 39,90 €

ArtNr: 3120023
Preis: 49,90 €

ArtNr: 3120029
Preis: 39,90 €

Print-on-Demand-Artikel sind vom Widerruf ausgeschlossen.

ArtNr: 3102128
Preis: 29,90 €

ArtNr: 3102228
Preis: 49,90 €

ArtNr: 3102119
Preis: 29,90 €

ArtNr: 3102144
Preis: 29,90 €

ArtNr: 3102150
Preis: 34,90 €

ArtNr: 3102184
Preis: 49,90 €

ArtNr: 3102175
Preis: 49,90 €

ArtNr: 3102157
Preis: 49,90 €

ArtNr: 3102168
Preis: 49,90 €

ArtNr: 3102188
Preis: 49,90 €

ArtNr: 3102153
Preis: 49,90 €

ArtNr: 3102175
Preis: 49,90 €

ArtNr: 3102205
Preis: 49,90 €

ArtNr: 3120028
Preis: 49,90 €

ArtNr: 3102148
Preis: 34,90 €

ArtNr: 3102153
Preis: 49,90 €

ArtNr: 3102019
Preis: 29,90 €

ArtNr: 3100011
Preis: 49,90 €

ArtNr: 3102023
Preis: 49,90 €

ArtNr: 3102041
Preis: 49,90 €

ArtNr: 3102046
Preis: 29,90 €

ArtNr: 3102025
Preis: 34,90 €

ArtNr: 3102036
Preis: 34,90 €

ArtNr: 3102042
Preis: 39,90 €

ArtNr: 3102043
Preis: 29,90 €

ArtNr: 3102038
Preis: 29,90 €

ArtNr: 3102034
Preis: 34,90 €

ArtNr: 3102040
Preis: 49,90 €

ArtNr: 3102045
Preis: 39,90 €

ArtNr: 3102057
Preis: 34,90 €

ArtNr: 3102059
Preis: 34,90 €

ArtNr: 3102060
Preis: 29,90 €

ArtNr: 3102065
Preis: 39,90 €

ArtNr: 3102072
Preis: 34,90 €

ArtNr: 3102074
Preis: 39,90 €

ArtNr: 3102077
Preis: 34,90 €

ArtNr: 3102087
Preis: 34,90 €

ArtNr: 3102115
Preis: 34,90 €

ArtNr: 3102094
Preis: 29,90 €

ArtNr: 3102121
Preis: 39,90 €

ArtNr: 3102088
Preis: 49,90 €

ArtNr: 3102089
Preis: 49,90 €

ArtNr: 3102090
Preis: 49,90 €

ArtNr: 3102127
Preis: 34,90 €

ArtNr: 3102131
Preis: 34,90 €

ArtNr: 3102133
Preis: 34,90 €

ArtNr: 3120028
Preis: 49,90 €

ArtNr: 3120030
Preis: 39,90 €

ArtNr: 3102160
Preis: 34,90 €

ArtNr: 3102138
Preis: 34,90 €

Print-on-Demand-Artikel sind vom Widerruf ausgeschlossen.

Truck/ Straße

ArtNr: 3102006
Preis: 49,90 €

ArtNr: 3102007
Preis: 49,90 €

ArtNr: 3102011
Preis: 34,90 €

ArtNr: 3102024
Preis: 29,90 €

ArtNr: 3102032
Preis: 34,90 €

ArtNr: 3102050
Preis: 29,90 €

ArtNr: 3102053
Preis: 34,90 €

ArtNr: 3102056
Preis: 49,90 €

ArtNr: 3102082
Preis: 34,90 €

ArtNr: 3102085
Preis: 34,90 €

ArtNr: 3102062
Preis: 49,90 €

ArtNr: 3102196
Preis: 49,90 €

ArtNr: 3102227
Preis: 59,90 €

ArtNr: 3120025
Preis: 39,90 €

ArtNr: 3120021
Preis: 34,90 €

ArtNr: 3120018
Preis: 34,90 €

ArtNr: 3120019
Preis: 34,90 €

ArtNr: 3120024
Preis: 39,90 €

ArtNr: 3120026
Preis: 34,90 €

ArtNr: 3120008
Preis: 34,90 €

Maschinen/ Werkstatt

ArtNr: 3102159
Preis: 34,90 €

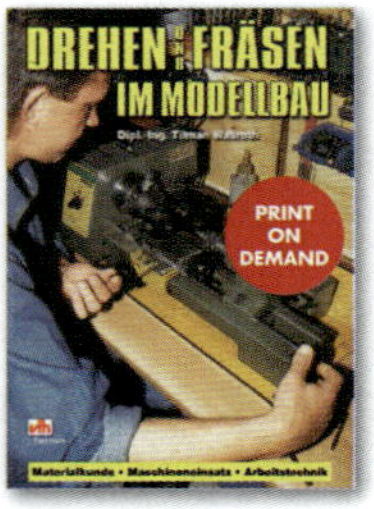

ArtNr: 3102037
Preis: 49,90 €

ArtNr: 3102152
Preis: 34,90 €

ArtNr: 3102099
Preis: 34,90 €

ArtNr: 3102171
Preis: 49,90 €

Einfach
näher dran!
Jugendförderung im Modellflug
Der Deutsche Modellflieger Verband ist mit 100.000 Mitgliedern die größte Interessensvertretung mit einem umfassenden Versicherungs- und Leistungsangebot. Mit Jugendleiterseminaren, bundesweiten Wettbewerben und Kooperationen fördern wir den Nachwuchs.
Komm zur Nummer eins!
Werde jetzt Mitglied im größten Modellflugverband Deutschlands!
DMFV
FLIEGEN AUS LEIDENSCHAFT
FSV-BLITZ
Amöneburg
#näherdr
www.dmfv.ae